Peter Katz

THE NEW URBANISM

新城市主义

走向一种社区建筑学

〔美〕彼得·卡茨 著 | 万美文 译

目录

序

彼得・卡茨
(Peter Katz)

1991 年夏天，当我着手编这本书时，一场新的城市设计运动正在形成。诸如《大西洋月刊》、《漫旅》、《人物》和《史密森尼杂志》等刊物都专题介绍了当时所谓的“新传统”规划。好几家电视网也都对其进行了报道。建筑刊物倒是落在了后面，因为这与它们习惯的论资排辈的名人体系格格不入。

《时代周刊》上的一篇长文介绍了安德雷斯・杜安伊和伊丽莎白・普拉特－兹贝克夫妇以及彼得・卡尔索普的工作，那篇文章对我的触动很大。一场全新的建筑和城市设计运动已经成为主流，而我认识的建筑师却没有几个人知道它。于是，我下决心一定要做这本书。

我认为新城市主义会对美国未来的规划工作产生重大影响。它尝试应对当前无序蔓延或“摊大饼”式（sprawl）的发展模式所带来的各种弊病，并试图重现令人怀念的美国图景：组织紧凑、联系紧密的社区。

人类历史的大部分时期当中，人们为了共同的安全或者为了靠近重要资源（水、食物，到最近又有了港口、铁路枢纽以及就业中心）而聚在一起。汽车以及其他一系列要素出现以后，人们才有机会分散到步行或电车线路覆盖的范围之外。曾经毒害了城市中心的人口拥挤、犯罪和疾病也让人们有了充分的理由离开聚居的城市。于是，到了二战以后，郊区生活成为大多数美国人首选的生活方式。

虽然这种新的生活方式好处很多，但它也让我们的社会支离破碎，把我们与亲朋好友分开，并且破坏了许多曾让美国受益匪浅的社会纽带。

我们拥有的各种实体和电子的网络（公路、电话、电视等）越来越发达，可是社会支离破碎的状况却并没有改变。可惜，这些网络无法取代真正的社区。

所以我认为，新城市主义来得太是时候

加利福尼亚州西萨克拉门托市的南港社区。邻里中心的二楼有一家远程工作站，而一楼是日托中心、便利店、咖啡馆和报亭。

规划者安德列斯·杜亚尼和伊丽莎白·普拉特－兹贝克在镇上设计了好几个这样的中心。图由查尔斯·巴内特和曼纽尔·费曼得斯－诺瓦尔绘制。

了。现在人们越发清楚地认识到：20 世纪四五十年代以来占据主导的郊区模式已经不能支撑新一代的发展了。

实际上为郊区蔓延付出的沉重代价就近在咫尺：我们随处可见那些曾令人自豪的邻里已日渐衰落，社会阶层日益疏离，犯罪率持续上升，环境恶化不断扩大。虽然速度缓慢（因而很多人都没注意到），但是这些变化已经让我们的世界面目全非，而我们直到现在才开始了解它们到底是如何改变世界的。

《无处之地的地理》（*The Geography of Nowhere*）是詹姆斯·霍华德·康斯乐（James Howard Kunstler）写的一本好书。它全面地观察了美国郊区发生的场所危机（crisis of place）。康斯乐也找出了危机的原因：汽车和石油利益集团以及开发商的贪婪和地方官员的短视等因素。他认为，从四十年代开始我们像“开车兜风”一样肆意往郊区发展，结果我们的建成环境遭到了彻底破坏。现在，无忧无虑的兜风结束了，我们也该为其承担后果了。

新城市主义就是要对付这一难题。它或许和我们上代人的美国梦（住上郊区别墅）有不一样的内容，但它可能最终会给我们这代人（婴儿潮世代）一个更好的选择。我们曾受到美国梦美好承诺的撩拨，却未能真正享受到这个所谓的“梦想”的好处。

比如，新城市主义提议重新启用好几种我祖父那一代就不再采用的住房形式。它们在我祖父那一代就被有计划地消灭了。我这里说的是真正高质量的公寓、联排住宅和民宿等体面的住所，以及各种附属单元、双户或四户住宅。所有这些过去经过检验的可选方案，似乎又再次契合了当今多元社会的需要。

但是，新城市主义不仅仅是复兴旧的东西。虽然大量借用了传统的规划理念（特别是 20 世纪初至 20 年代的理念，那一时期被视为城市设计史上的分水岭），可是新城市主义者指出，必须考虑到现代生活新出现的实际情况，比如说汽车和“大盒子”式的商场。

新城市主义者绝不是让我们放弃现代生活的便利；相反，要回归他们所倡导到的那种社区，事实上还要借助新技术的力量。例如，有了电脑和调制解调器的帮助，人们可以在家庭办公室或社区的工作中心进行远程办公。不用长途驱车上班可以节省时间和金钱，也让人能有更多的时间陪家人和朋友。这些好处都是显而易见的。在那些开展了试点项目的地方（如华盛顿州），单位员工对这个能在家附近工作的机会都跃跃欲试。

在《第五新区》（*Penturbia*）一书中，经济学家杰克·莱辛格（Jack Lessinger）预测道：这样转变的工作模式会使郊区衰落，并将引发当前还是度假休闲目的地的乡村地区急剧发展。《纽约时报》最近有篇文章就指出这种转变可能会很快出现；文中援引的报告称已经有农村地区60年来首次出现了人口增长。

尽管农村扩散会比近来出现的撤出郊区的现象更具破坏性，人们还是希望高效用地的新城市主义规划方法能力挽狂澜。在这一点上，必须注意到新城市主义的实践者当中存在着一个重大的哲学分歧，这在本书一分为二的架构中也反映出来。有些人认为：只有在穷尽了所有填充的可能性之后，才能开发区域的边缘；而其他人则认为：既然当前的经济、政治情况支持边缘地带的发展，那么最好让新的增长按照更具持续性的开发模式来实现，因为那种模式能保证不吸走附近已建成的城市中心的活力。

在这里提到这两种策略不是要扩大分歧，而是要说明新城市主义的原则（接下来的三篇文章将会详细阐述）如何能在密度和尺度各异以及全国各不同区域和不同情形中（既有新开发项目也有填充项目）应用。

展望新世纪，在一个全球各类资源日益紧张的未来，人们确实有充足理由担心未来的生活质量。因此，本书提出的所有策略都应该对照着现行的发展模式受到仔细的考察，检验，再检验。如果新城市主义真的被证明可以为大多数国民带来更高和更加可持续的生活质量，我们就只求它能被奉为塑造美国社区的新典范。

区域

彼得・卡尔索普
(Peter Calthorpe)

新城市主义既关注局部地区也关注城市区域整体。相应地，它将城市设计原则应用到一个大都市区域的方式有两种。第一种强调应该把新城市主义——其本质特征包括多样性、步行尺度、公共空间和有界邻里的结构等——应用到大都市区域内的所有位置，无论是郊区、新增长区还是城里。第二种则强调城市区域整体也应当根据相似的城市设计原则来“设计”。和邻里一样，整个城市区域也应该由公共空间组织起来，其交通系统应当便利步行，它应该具有多样性而且等级分明，同时还要有清晰可辨的边界。

第一种应用方式是这场运动一个简单而特别的贡献。城市主义用在城市里很好理解，但是很少有应用到郊区的实践。尽管战后以来已经有很多超越城乡界限的例子出现，但是直到简・雅各布斯、文森特・斯卡里、阿尔多・罗西、莱昂・克里尔和很多别的人清晰地阐释了城市主义传统之后，城市主义的原则才真正得以重现。与以往不同的是，这些原则被应用到郊区乃至以外的地方。我们过于习惯于在高密度的市中心背景上理解城市主义的美学、空间和策划的原则，而新城市主义却证明了这些理念如何能在当今的郊区条件下实现，如何在不同密度的环境中确立成文的规范。这就说明：不论高度或体量如何，建筑都可以与公共空间构成符合“城市”特征的关系；空间的等级体系和连通性也不必受土地利用强度所限制；步行生活可以存在于独户别墅社区，也可以在满是公寓楼的街道出现。将这些原则应用到现代郊区等看似不可行的地方，并应对那里的经济和社会需求，这是新城市主义的一大贡献。

第二种应用方式认识到：无论是从社会、经济还是生态的角度来看，应当把城市、郊区及其自然环境三者视作一个整体。在处理现在面临的很多问题时，我们习惯于分开考虑三者的情况；我们缺乏在大都市区域尺度上的整体治理，也正好直接体现了这一点。如果将其看作一个整体，那么在设计大都市时应该与设计邻里采用相同的思路：要设立明确的边界（即UGB，城市增长边界），交通系统要方便行人（即，要有区域性交通系统提供支持），公共空间应该是有意塑造的而不是剩余空间（即，要预留出大片的开放空间网络），公共区域和私人区域应该形成互补的等级结构（即，文化中心、商业区和居住邻里要有密切的相互关联），人口构成和土地用途应该多样化（即，提供足够的经济适用房并实现职住平衡）。发展这样一种城市区域架构，可以为各个邻里、城区以及市中心区实现健康的城市化创造良好的环境。所以说，这两种形式的城市主义是相辅相成的。

发展危机

要理解新城市主义如何在区域背景下发挥作用，就必先了解（即便是以非常粗略的形式，而在这里也只能如此）现代美国大都市的演进史。过去四十年的增长很大程度上是由郊区人口迁入、公路通行能力提高和联邦政府的房贷政策所带动的。典型的开发周期一开始一般都是由“卧室社区”拉动大都市区域最偏远的地带发展。

有了联邦及各州政府对公路的投资，这些看似离现有的主要就业中心十分遥远的郊区和小镇也可以通勤到达。这些地方为大都市区域内的劳动力提供了廉价土地和经济适用住房。零售业、服务业、娱乐业和市政服务也因为住房所创造的需求而相应发展起来。

发展到一定程度时，这些新兴郊区便开始吸引就业。作家乔尔·格瑞奥（Joel Garreau）所说的“边缘城市”将快速形成。随着这些分散的新兴就业中心的发展，这个过程又会重新开始——从这些工作中心出发，向外蔓延，形成新一轮扩张。现在，从郊区到郊区的通勤量在全部通勤出行中占到40%，而郊区到市区的通勤仅占20%。

现代大都市这样的演进方式让人们深深地感到挫败和漂泊无依。每个地方原本有着独特的自然环境，而现在上面却都笼罩了千篇一律的连锁商店式的建筑、尺度失调的办公园区和单调的住宅小区。但因为我们匆匆穿行而过，或是隔离在车里或住所里面，甚至连这样一些仅有的特征也显得模糊不清。在极端情况下，这些新建筑形式仿佛会让人产生一种空虚感，让我们更加游离不定，让家庭也不稳定。快速移动时我们只能辨识一些泛泛的符号，那也难怪我们会觉得现在的人造环境是那么乏味无趣。

美国人最初搬到郊区是为了拥有私密的空间、行动灵活、环境安全和拥有属于自己的房子。而我们现在有的却是孤独、交通拥堵、犯罪猖獗、环境污染和其他难以承受的代价——这些代价最终是要纳税人、企业和环境来承担。城市边缘地带这种无序蔓延的增长模式，现在只会妨碍而不是改善日常生活。与此同时，城市中心却因为经济活力被吸引到郊区而衰落了。

具有讽刺意味的是，美国梦与当今的文化已经脱节了。我们的家庭构成已经发生了巨大的变化，工作场所和劳动力也已经发生改变，家庭财富日益缩水，严重的环境问题也日益凸显。而我们却还在大量新建二战后的那种郊区，好像一切还像原来那样：家庭很庞大，却只有一个人挣钱养家，工作都在市中心，土地和能源无穷无尽，再建条高速公路就能解决交通拥堵。

居住形态是社会的实体基础，而它们也和我们的社会一样，越来越支离破碎。开发模式和地方的区划法规将不同的年龄群体、收入群体、民族群体和各种家庭形式隔离开来。它们把各种人和活动隔离在交通拥堵和充满污染的低效网络之中，而不是让他们融入具有多样性并且以人为本的社区中。公共意识和对政府的信任在任何一个有生机的民主国家中都是极其重要的，但它们却渐渐在郊区丧失殆尽。因为那些郊区的设计，首先考虑的是车而不是人，更多地考虑目标客户和细分市场而非真正的社区。在今天的政治形势下，各类特殊利益群体取代了大社区，就像有着大门围墙的封闭小区取代了真正的邻里那样。

我们的社区曾经是镶嵌在自然环境之中的。自然环境帮助各个地方确立自身的特征和社区的实体边界。曾经，当地气候、植被、景观、海湾和山峦形成每个值得回忆的地方的特色。而今天，烟雾、硬地面、有毒的土壤、退化的自然生境和被污染的水一同彻底地破坏了邻里和家园。

过去，我们威胁大自然；而现在，大自然反过来威胁我们：阳光能引发皮肤癌，空气能伤害我们的肺，雨水可以毁坏树木，溪流受到污染，土壤变得有毒。所以，理解每个地方的自然特征，将其表现在社区设计中并融合到城镇里，以及尊重自然的平衡，对于保持人类生活场所的可持续性和精神繁荣是至关重要的。

增长的分类

从规模、程序或位置等方面限制开发并不能解决增长问题。要解决它们就必须在各种具体的情况中，反思增长本身的本质和特征。人们关于增长一直进行着激烈的争论：在哪里发展、多大规模、什么类型、密度如何以及是否真的必要。无序蔓延不好，填充可行（只要不在我们社区），新城镇会破坏开放空间，总体规划的社区缺乏活力，城市改造对“别人”有好处。任何一个急需发展的地区都有多种选择。它可以：1）尝试限制总体增长；2）让市区周边的城镇和郊区肆意发展，直至成为一个连续不断的整体；3）尝试协调统筹城市填充和改造区的发展；4）在市区周边合理的交通行程范围内规划新城镇和新的增长区。

每个地区都需要适当地搭配这几种相去甚远的方案。每一种策略本身都有其内在的优势和问题，我们必须清楚地了解。

限制局部地区的增长而没有对整个区域进行恰当的管控，常常会让发展扩张到更容易产生无序蔓延的偏远地区。这会增加通勤距离并产生我们熟知的“跳房子”式的土地利用格局。

有时被称作“受控”增长或“慢”增长的策略，通常是个别行政区为了减免区域内应有的经济适用住房份额或减少公共交通发展而采取的。但是，除非有一个区域性的增长限制策略，否则局部的限制只会将问题扩大并转移到别处。

另一个极端是，让现有郊区和城镇不受控制地增长是最常见的增长战略。而它会导致我们最熟悉的后果：蔓延、交通拥堵，而且曾经也许风格鲜明的邻里、村庄和城镇会丧失掉原有的特色。而且这个策略似乎一定会让市民坚决抵制增长并给发展带来其他的限制，从而又引发新一轮区域性的蔓延。

填充和改造

最能充分利用现有基础设施并且最有机会保护开放空间的策略，莫过于填充和改造。所以，填充和改造理应在一个地区的发展政策中占据核心地位。可是，寄希望于填充区能吸收掉全部或大部分新开发项目是不现实的。有时是因为没有足够多的土地来满足需求，有时则是因为拒绝增长的社区团体往往会对这样的填充进行抵制。和前面提到的情况一样，如果没有政治力量来协调区域经济发展和环境保护的整体需求与单个社区抵制填充的倾向，这样的增长策略即使要发挥其极为有限的潜力，希望也很渺茫。而且，除了司空见惯的邻避主义（即，NIMBY“不要在我后院”）这种政治问题以外，城市和郊区的填充地块还有特殊的难题和限制。

过去三十多年里，城市填充和改造一直是很多城市的首要目标。有成功的例子，但也有很多失败了。这其中遇到的问题和限制难以胜数：种族关系紧张、城市士绅化、经济停滞、官僚体制、学校衰落、设计变更审查等等。其实有很多方法能消除或者削弱这些限制，在未来的城市填充工作中也一定要考虑到。可是这显然还不够，要推进城市填充还需要别的办法。

俄勒冈州的波特兰市突破了传统的模式，为城市和区域推动城市填充和复兴树立了良好的典范。它通过两种渐进的方法成功地推动了填充：一是设立城市增长边界，二是规划的功能分区能让公共交通系统以中心市区为焦点。城市增长边界是俄勒冈州在 1972 年针对大都市区域周边的增长而强制设立的边界。这两者都是关于区域整体的新城市主义观点的核心，即：区域性的开放空间和公共交通系统，加上便利行人的开发模式，能助力城市中心复兴并为郊区增长带来秩序。波特兰市中心区，因为其轻轨系统、敏感的城市规划和区域边界，与郊区形成了良性的关系。波特兰的城市增长边界和不断扩张的轻轨系统都有助于将新的开发和经济活动引导回蓬勃发展的市中心。

与城市的填充相比，郊区填充又有着另一套问题和限制。就在郊区开发的成本越来越高的时候，抵制增长或主张慢增长的社区团体却往往反对高密度和混合用途。原有的街道系统和区划法规是创建步行社区需要克服的又一道障碍。最后，郊区蔓延地带典型的密度和布局让公共交通成为了巨额补贴的安全网，而不能真正成为私家车的替代方案。所以说，如果要通过郊区填充的形式来实现巨大增长，那么很多东西都得变。首当其冲的就是，当地居民必须懂得在拒绝增长或蔓延之外还有别的选择。要协调局部地区的关切和整个区域的需求——公平合理地布局经济适用房和就业，保护开放空间和农业用地，建立能够维持自身生存的公共交通系统。这就需要有政策和治理来教育并引导经济、生态、科技、法律和社会公平之间复杂的相互作用。

新增长区和卫星城镇

当城市和郊区填充不能适应区域增长的量或速度时，可以考虑开发新增长区和卫星城镇。

新的增长区最容易按照以公共交通或行人为导向的模式进行开发。但是，需要说明一点：它们会扩大城市规模。卫星城镇通常比新增长区大一些，而且能提供一套完整的购物、就业和市政设施。但是，如果规划得当并以公共交通为导向的话，那么它们也都可以和填充形成互补，并有助于组织和复兴整个大都市区域。

一个有效的公共交通系统能做很多事情。它能给市中心带来活力，因为公共交通总是以中心商业区为焦点的。而在大都市区域边缘增加更多的蔓延郊区，只会让市中心停车和公路通行的压力更大，而且会与市区在就业和零售活动上形成竞争。

与此相反，公共交通将人们送到城市中心，可以减少停车的需要，也能避免具有破坏性的城市道路工程。增加以公共交通为主导的新增长区和卫星城镇，可以巩固城市作为区域文化、经济中心的职能。公共交通系统在城市区域边缘有新增长区的支持，也能反过来促进区域中心的再开发和填充。

但是，“新城镇”和新增长区（有时也叫总体规划社区）最近的发展经验却让这样的开发项目背上了恶名。除了少数几处个例外，欧洲的新城镇普遍缺乏生机，而且骨子里缺乏城市的特质。而美国的新城镇不只缺乏生机而土气，更严重的是经济衰败。不过，我们还是得问清楚：这些特征到底是新城镇天生的还是因为错误的设计哲学产生的？倘若设计得更高明，设立新城镇会不会因此变得理由充分而且必要呢？

要回答这些问题，先了解一下新城镇规划的发展史是很有用的。在世纪之交和大萧条时期，新城镇理论朝着多个不同的方向发展。英国的埃比尼泽·霍华德（Ebenezer Howard）和田园城市运动勾画出勒德分子（Luddite，害怕或厌恶机器和技术的工人）的梦想：专为工人而建的小镇，周围环绕着绿带，兼有城市和乡村的优点。这样的小镇围绕火车站而建，形式上融合了浪漫主义和学院派的城市设计传统：中间是巨大的公共空间，四周是村庄大小的邻里。同一时期，法国建筑师托尼·嘎涅（Tony Garnier）提出了最早的现代主义城镇规划方法：隔离工业，将不同用途分开，把建筑从街道中解放出来。他是最早一个这般展望20世纪城市的。在大萧条时期，勒·柯布西耶（Le Corbusier）和弗兰克·劳埃德·赖特（Frank Lloyd Wright）将这个愿景在城市和郊区的背景中进一步拓展，同时保留了基本的现代主义原则：分离功能，热衷于汽车，以及让私人空间凌驾于公共空间之上。在这些乌托邦里（二战后开始指导我们的开发模式），作为社区共同居住场所的街道变得支离破碎。即使在战后那些最循序渐进地发展的小城镇和总体规划社区，这些基本的现代主义理念就算没有彻底阻止也多少妨碍了它们发展成生气勃勃的社区。所以，新城市主义的任务就是要从这些失败中汲取教训，避免新城镇产生死气沉沉和不符合城市特质的特征，同时确立一种有助于修补大都市的增长形式。

片段的城市主义

一个大都市区域的特质将决定哪种增长策略对它来说是必需而有用的。增长速度非常缓慢的城市区域也许就只需要渐进地填充。而有的地方增长速度很快而且有大量未开发的郊区土地，那么对它来说填充和新增长区开发项目都是有利的。还有的地方可能需要同时采用三种策略（包括建设卫星城镇）来吸收海量的增长，同时保持原来的地方特色。不管怎样，有一点是确定的：无论怎样组合增长策略，增长最主要的问题和机遇都取决于开发的质量，而不仅仅是位置或规模。

蔓延在任何一种增长策略中都是具有破坏性的。现在的郊区（以及很多所谓的“现代”新城镇和边缘城市）之所以衰败，是因为它们缺乏真正的小镇应有的基本品质：步行尺度、清晰可辨的中心和边界、融合多样化的功能和人群，以及明确划定的公共空间。尽管现在的郊区可能确实有着多样化的功能和人群，但是这些多样的元素却被汽车隔离开了。没有地方给它们随意而自发地互动，而那正是创造有活力的邻里、小区或城镇所必需的。所以，除非城市填充区、郊区新开发区和卫星城镇具有新城市主义的品质，不然它们也一定会衰败。因此，不管在什么样的背景中（即，无论是在市中心、郊区，还是更加边缘的地带），城市区域中的新开发项目都应该像个真正小镇一样具有符合以下原则的条件：为多样化的人口提供住房，充分融合各种功能，可步行的街道，积极的公共空间，综合性的公用和商业中心，以公共交通为导向，以及方便到达的开放空间。

城市填充项目经常能成功，那是因为那些城市特征早就有了，所以只需要保留而不必从头开始打造。不过，我们看到很多城市填充项目却将这些原有的可取品质给摧毁了。所以，对现有城市邻里中的小地块开发项目来说，其任务就是要在尊重当地特色的前提下，补充社区所缺乏的功能。而对于郊区场地，就算有政治上的限制，也可以填充多功能的邻里。不过，这些郊区填充场地绝非白板一块，有的可能有深厚的历史积淀，或者有无序蔓延的包袱需要克服。

相比于其他地价更高的地区，大都市区域边缘外围的卫星城镇能便利地提供它们无法提供的条件：绿带、公共交通、经济适用房等等。同时，有绿带在周围作缓冲，卫星城镇有助于为整个城市区域建立永久性边界。而如果没有围绕着绿带的卫星城镇或者稳定的城市增长边界，快速增长的城市区域就会不断地扩张并威胁到它周围的自然边界和开放空间。此外，通过吸收过多的开发项目，卫星城镇还能帮助发展较早的郊区和卫星城镇控制增长。

整体的城市主义

前面所说的片段如何组织为一个整体，也属于新城市主义的内容。除了要平衡新增长和填充，控制两者的城市特征，还有一大挑战就是：创造一种真正符合城市特征的大都市形态：以公共空间而非私人空间为主导，多样化，等级分明和步行尺度。

显然，城市的增长边界相当于邻里的清晰边界。这些边界构成了区域整体的特征同一性，也体现了以限制人类居住地的方式来保护自然的需要。类似地，区域内主要的公共空间可以视为一个超大尺度的“村庄绿地”。与边界一样，区域内部的这块公共绿地确立了生态环保价值，也有助于奠定区域特征的基调。

区域尺度的城市主义（与邻里尺度的城市主义）还有其他的可比之处。步行尺度转换为公共交通系统。就像街道网络组织起邻里那样，公共交通系统可以让城市区域规整而有秩序，并为遍及整个区域的步行生活提供支持。

无论是在邻里还是城市区域的尺度上，多样性都是城市主义最基本的组成要素。在区域尺度上，多样性往往被当作理所当然的，但是缺乏联系的多样性（被隔离的多样性）不管在什么尺度上都不符合城市应有的特征。区域内多样的人口和功能应该有一个能产生相互联系的结构，从而让区域富有生机并具有包容性。而我们目前的公路和主干道网络却将区域内的各种要素各自为政、孤立起来，而没有联系到一起。

最后，城市主义清楚地表达了公共与私人、市政与商业之间分明的等级结构。在区域的尺度上，这意味着遍布整个区域的多样性和差异之中应该寻求一个互补而宏大的秩序。我的意思是，各个邻里和功能区不应该千篇一律，就像邻里中的私人建筑和公共建筑那样，而应该找到各自合适的位置来体现焦点，突出侧重点。

这两个维度（邻里中的城市主义和确定城市区域形态的城市主义）都要教育并引导人们在由城市、郊区和乡镇组成的现有框架内进行干预。填充、新开发或者重建都能够而且必将塑造关于整体的城市主义的原则。

新城市主义的目标是将最佳的城市设计应用到区域和邻里——将其应用到新的背景和新的尺度。新城市主义不只是与城市或郊区有关，而是与我们如何理解社区、如何塑造城市区域有密切关系——它是关于各种环境背景下的多样性、尺度和公共空间的。

邻里、功能区和交通走廊

安德雷斯·杜安伊和伊丽莎白·普拉特－兹贝克
（Andres Duany and Elizabeth Plater-Zyberk）

新城市主义的基本组织要素是邻里、功能区和交通走廊。邻里是均衡地融合了各种人类活动的城市化区域；功能区是由单一活动占主导的区域；而交通走廊是连接和分隔各个邻里和功能区的要素。

景观中的单独存在邻里就是村庄。城镇都是由多个邻里和城区组成的，并通过交通走廊或开放空间组织起来。邻里、城区和交通走廊都是城市元素。与此相对的，郊区（由分离功能的区划法规产生）则是由住宅小区、公路和间隙空间（interstitial spaces）组成。

邻里

虽然对邻里的叫法可能有所不同，但是关于其实体构成却存在着广泛的共识。《1929年纽约区域规划》中的“邻里单元”（neighborhood unit）、莱昂·克里尔（Leon Krier）提出的“片区”（quartier）、“传统邻里开发区”（TND）以及“公交导向型开发区”（TOD）都有相似的属性。它们都提出了这样的城市模型：限定在一定范围之内，并且围绕一个确定的中心组织起来。虽然人口密度可能会根据其所处的背景而有所不同，但每个这样的模型都提出要均衡地混合住宅、工作场所、商店、市政建筑和公园。

与任何一个物种的栖息地一样，邻里具有一套可以从实体的角度来描述的自然逻辑。理想的邻里设计应遵循以下原则：1）邻里要有一个中心和一条边界；2）邻里最理想的规模是从中心到边界距离400米；3）邻里应均衡各种活动：居住、购物、工作、上学、礼拜和休闲娱乐；4）邻里通过交叉的街道所组成的完善网络来组织建筑用地和交通；5）邻里应优先考虑公共空间，并为市政建筑安排适当的位置。

*邻里要有一个中心和一条边界。*同时有焦点和边界有助于社区形成社会认同。中心

是必不可少的，而边界却不总是必需的。邻里中心应该是一片公共空间，它可以是广场、绿地或者重要的十字路口。除非受地理环境所迫而另选他处，否则邻里中心应该位于城市区域的中心位置附近。如果有临水岸线、交通走廊或引人入胜的景色，邻里中心偏离区域的中心位置也是合理的。

邻里中心通常坐落着这个邻里的公共建筑，最典型的包括邮局、会议厅、日托中心，有时也有宗教或文化机构。商店和工作场所通常和邻里中心在一块，在村庄中这一点尤为明显。而在镇里或城市中多个邻里汇集的地方，零售建筑和工作场所可能处在邻里的边缘位置，这样它们可以与其他建筑组合到一起，促进商业和社区活动。

邻里边界是多种多样的：可以是自然形成的（比如一片森林），也可以是人造的（比如基础设施）。村庄通常由用来耕种的土地（如农场，果园和苗圃）或要保持其自然状态的土地（如林地、沙漠、湿地或悬崖）确立边界。4 万平米以上的超低密度住宅用地也可以指定边界。当社区不能提供大片的公共开放用地时，这种大型的私有地产也是维持绿色边界的一种方式。

在城市和乡镇中，边界可以通过邻里中的公园、学校运动场和高尔夫球场等休闲性开放空间之间的系统衔接而形成。有一点非常重要，高尔夫球场应限定在邻里的边缘，以防球道阻碍通往邻里中心的步行道路。如本顿·麦凯（Benton McKaye）在 20 年代所描述的那样，这些连续的绿色边界可以融入更大的交通走廊网络，将城市开放空间与农村环境衔接起来。

在高密度的城市地区，邻里边界通常由基础设施（如铁路和繁忙的交通要道）划定，而且最好保持在邻里外围。交通要道两旁如果栽有茂密的树木，就可以让邻里边界更清晰，并且绵延较长的距离之后便形成连接城市邻里的走廊。

邻里最理想的规模是从中心到边界距离 400 米。这个距离相当于以轻松的步伐走 5 分钟的距离。这样划出的范围就是严格意义上的邻里区域，这要与绿色边界相区别，因为后者超出了 400 米的规定距离。这个限定区域内聚集着邻里的人口，他们的很多日常需求在步行距离之内就能得到满足，比如便利店、邮局、社区派出所、自动取款机、学校、日托中心和交通站点。

公交站点与其他社区服务在一起，而且就在家或者工作地点的步行距离范围内，这让公共交通系统非常方便。如果必须开车才能到达公交站点，那么多数潜在乘客会选择继续开车前往目的地。但是，邻里如果能把必需的用户人群聚集到站点的步行距离内，那就会有足够的密度支撑公共交通顺利运营，而通常的郊区模式无法维持这样的密度。

便利行人并以公交为导向的邻里让人们

可以不必依赖汽车就能方便地到达区域内的城市、城镇和村庄。这样的交通系统连通了主要的文化和社会机构、各种商店和广泛的劳动力来源，而后者只有集合多个邻里的大量人口才能支撑。

*邻里应均衡各种活动：居住、购物、工作、上学、礼拜和休闲娱乐。*这对于那些不能开车因而要依赖他人才能出行的人而言尤为重要。例如，青少年如果能自己步行或骑自行车去上学和参加其他活动，父母就可以从开车接送孩子上下学的重复单调责任中解脱出来。此外，学校规模应根据能从附近的邻里步行或骑自行车上学的儿童人数来确定。

那些还能自己走路并且无意自己开车的老人，也可以体面地原地养老（age in place），而不是被迫搬到伴随着郊区模式而产生的专业养老社区。

即使对那些开车出行并不算负担的人来说，他们也能享受到间接的好处。靠近日常目的地又公共交通便利，这可以大大减少出行的数量和距离，缓解了他们出行赶时间的压力，并最大限度地降低了因为道路建设和大气污染造成的公共支出。

邻里中充分混合的活动中包含了为不同收入提供的多种住房类型，从富有的企业主到学校教师和园丁都有合适他们的住房。而城郊地区往往根据收入多少而分出三六九等，所以不是面向社会各个阶层的。但是，真正的邻里应该为各类人群提供负担得起的住房，例如带车库公寓的单户住宅、商铺楼上的公寓和靠近购物中心和工作场所的公寓楼等。可是在郊区开发格局中不会有后两种过渡性用地，因为郊区土地的用途都是严格分开的。

邻里让家庭少买几辆车并因此节省了相关的开支，这就是对经济适用房做的最大贡献。家庭每少拥有一辆汽车，每年就能节约5,000美元的运营成本，这笔钱可以用来增加5万美元（利率按10%算）的按揭贷款。所以说，合理组织邻里的规划，是设计师减轻中产阶级买房压力的最佳途径。

*邻里以相互连接的街道所组成的精致网络来组织建筑用地和交通。*邻里街道的布局，要划出有恰当的建筑用地的街区，并缩短步行的路程。邻里中的街道要设计得让当地的车辆不用上区域性道路，并让过境车辆远离当地街道。相互连通的街道格局通过提供多条路线来疏导交通拥堵。

这与郊区模式中普遍的容易拥挤的单向道形成鲜明对比：街尾环岛（cul-de-sac）汇聚到支线路上，支线路在各个单独的点上连到干线公路，而干线公路又再连到高速公路。郊区的交通模型更关注让过境车辆快速通过一个地方，而根本不在乎地方本身的特征；而且往往假定行人都在别的“人行道”上或根本没有。

设置不同类型的邻里街道，以便给行人舒适的同时让车辆能顺畅通行。降低车速和增加步行活动，能够促进居民日常交往相遇，有助于形成社区纽带。

*邻里应优先考虑公共空间，并优先为市政建筑安排适当的位置。*公共空间和公共建筑共同展现着社区的特征，并能培养人们的自豪感。邻里规划通过组织街道和街区，确立起公共空间的等级结构并为公共建筑划定位置。广场和街道的大小和形状要根据营造特定场所的目的来确定。公共建筑应该占据重要位置，要俯瞰广场或成为街景尽头的背景。

郊区那种根据用地成本来规划政府建筑、礼拜场所、学校甚至公共艺术的做法是徒劳的。因为选择合适的位置就能凸显这些市政和社区建筑的重要性，不用额外增加基础设施建设负担。

功能区

功能区是指具有专门功能的城市化区域。虽然各个功能区不会有完整社区所必需的全部活动，但它也不是郊区那种严格意义上的单一活动区：例如办公园区、住宅小区或是购物中心。功能区的专门化并不排斥多种活动支持其首要特征。其中典型的情况包括：剧院区有餐馆和酒吧来丰富居民的夜生活；旅游区聚集了酒店、零售活动和娱乐场所；此外还有由大型机构主导的议会区和大学校园。其它的功能区容纳着大规模运输或制造业，比如机场、集装箱码头和炼油厂。

虽然某些城市区域有了一定程度的专业化后能加强其特征并提高效率，但实际上，很少有纯粹的分区是真正合理的。由于产业演化和环境监管，分离功能的理由也越来越弱。北美现代化的工作场所也不再是住宅和商店的坏邻居。

功能区与邻里有类似的组织架构；而且为了很好地融入更大的区域，功能区也同样要依赖于它和交通系统之间的关系。可识别的中心可以促进特殊共同体的形成，例如工人一起午餐的公园，让看演出的观众碰面的广场，市民聚会的林荫路。清晰的边界和范围方便形成专门的征税或管理机构。相互连通的交通线路可以方便行人，让公共交通足以维持自身运行并确保交通安全。而且，和邻里一样，关注公共空间特征会让其使用者形成场所感，即便他们家住在别处。

交通走廊

交通走廊同时承担着连接和分隔邻里和功能区的任务，既可以是自然形成的，也可以是人为创造的，涵盖了从野生动物行走的小径到铁路线等多种形式。交通走廊不是郊区住宅小区和购物中心外面的随意剩余的空间。相反，它是一个具有视觉连续性特征的城市元素，由其周围的功能区和邻里围成并提供进入其中的通道。

走廊的位置和类型取决于其技术密集度

和附近区域的密度。重型轨道走廊应经过城镇边缘，并穿过城市的工业区。轻轨和电车可以出现在邻里边缘的林荫大道中间。所以，交通走廊的排布要便于行人使用并与建筑物的正面相协调。公共汽车走廊可以沿平常的街道穿过社区中心。所有这些交通走廊都应该做好景观设计以加强其连续性。

在低密度区域，交通走廊可以是邻里之间连续的绿色边界，可供长途步行、自行车骑行，开展其他娱乐休闲活动，还是一片连绵不断的自然栖息地。

交通走廊由于天生具有公共市政属性，所以是新城市主义中一个重要的元素。在这个大都市时代，村庄、城镇、邻里和功能区以前所未有的数量不断聚集，使用得最频繁和普遍的公共空间就是用于连接和流动的交通走廊。邻里、功能区和交通走廊三个要素中，后者的最佳形式是最难实现的，因为那需要协调整个区域。

小结

传统郊区将各种功能分隔到不同区域的做法是“黑暗撒旦磨坊”（译者注：比喻蒸汽革命后的大工厂）的遗毒，后者曾一度对公共福利造成了切实的危害。在上个世纪住宅与工作场所的分离是新生的规划专业所取得的巨大成就，并在区划法规中固定下来。今天的郊区和城市依然把居住、工作、购物、上学、礼拜和休闲娱乐等活动分开，而这些人类活动本来就是紧密联系的。

这种功能分离带来的困扰由于汽车的普及而不断减弱，这反过来也增强了人们对车辆移动性的需求。过去四十年里，以牺牲其他公共项目为代价而优先建设公路的做法已经给我们的国家带来环境恶化、经济破产和社会解体等多重危机。

新城市主义为城市区域建设和重建提供了一种替代方案。紧凑、混合多种功能并适宜步行的邻里，位置和特征适宜的功能区，以及运行良好且风景优美的交通走廊，能将自然环境与人造社区整合为一个可持续的整体。

街道、街区和建筑

伊丽莎白・穆尔和斯特法诺・波利佐伊迪斯
(Elizabeth Moule and Stefanos Polyzoides)

新城市主义的形式（form）是由街道、街区和建筑精心组合而成。在美国的城市传统中，景观中最先呈现的是街道网格划分。在这个营造场所的活动中，空间既要分给公共用途也要分配给私人用途，既要分给建筑也要分给开放空间。可以说，塑造城市空间是一项履行民主责任的行为。管理机构通过制定规划来管理私人和公共建设其中的各个部分。公共机构、市民和企业家慢慢地产生出街道、广场和公园。街区里逐渐增加的单体建筑将最终决定开放空间的特征。正是在这最基本的尺度上，经过每天无数稍纵即逝而又鲜活的瞬间，建筑与城市相互限定着。

可是，这个简单的美国城市营造模型实际上近来已经被遗弃了。过去半个世纪里，公共区域（public realm）的建设中极少考虑它将服务的人以及它将带来什么样的生活品质。建筑越来越成为过度地自我表达的工具。单个建筑常常被当成完全属于个人的、只与其自身有关的东西，无法形成公共区域。

相反，我们用来控制城市增长的区划管理体系变得过于繁冗，而且异常复杂，根本不能准确地指导城市的实体形式（特别是因为区划法规中的一切都可以讨价还价）。而功能区划与土地用途、密度以及形态等有着极其紧密的关系，于是这就导致美国城市往往都是不可控而且外观上杂乱无章的。不仅如此，以交通运输为主导的基础设施建设也优先考虑车辆而不是人的需求，结果公共区域的目标使用者反而完全被忽略了。很多人误以为城市景观缺乏治理而且很不友好，实际上那是由错误的规划设计标准和不加批判的设计所导致的。

因为当今社会已经很擅长创造并神化个人的东西，所以我们应该聚焦的问题是建设我们共同拥有的东西。从城市营造的角度来说，这叫做公共区域。正是社会中的共享空间让人们聚集到一起，把大家相互联系起来或是分开。

新城市主义寻求一种全新的范式，通过所有的单体建筑来保障和组织公共区域。建筑、街区和街道是相互依存的，其中每一个都在一定程度上包含了其他两个要素。任何一个以某种特定方式设计街道的决策都将决定街区和建筑物的形式。具有特色的街区也能够决定对应的街道和建筑。具有特色的建筑又将主导它们所在的街区和四周的街道。

我们强调街道、街区和确立新城市主义原则的背景或出发点是设计——而不是政策规划——而且最终的落脚点是一种美学立场。但是，这一立场并非关于界定风格的，特别是复古主义风格。它也不是要限制设计自由。相反，它是一种植根于原动力和历史先例的设计方法。它是一种尊重文化多样性的表达态度，而文化多样性内生于气候的、社会的、经济的和技术的差异。它还是一种职业伦理，强调综合建筑、工程和设计各个学科，让各专业的从业者积极合作，并让公众参与到设计过程中来。

最重要的一点是，新城市主义首先是要确保有公共区域存在。城市是人造之物，是各种场所和事物集合而成的。它是我们出生和谢世的地方。我们共同拥有的，不只是我们和活人一起共有的东西，还包括与我们的前人和后人分享的东西。所以说，城市是基于永恒的。

一个（社会意义上和物理意义上）可以到达而且真正得到广泛分享的场所，能够在最基本的尺度上通过以下城市主义原则得到保障。这些原则是以人为本，而不是以车为本；平衡私人和公共的利益；使用简单而实体特征明确的规划设计方法，而不是那些复杂而只考虑法律问题的方法。

街道

街道并不是城市中的分界线，而应该是公共活动的空间和通道。

格局（pattern）——任何一条街道都是属于某个街道网络的。网络中连通性和运动的连贯性能促进城市里的多种功能混合。有多种可选路线来连通各个目的地，将最大程度地降低每条街道的交通负荷。

等级体系（hierarchy）——根据行人和车辆的负荷不同而有多种不同的街道。无论如何，街道不能仅限车辆通行。反过来，限定街道只供行人使用也会破坏其活力。各路口之间的距离要支持街道便于步行，并让街区中的建筑形式有合适的节奏。

外形（figure）——街道的建筑学特征主要基于其平面和剖面的形状。建筑高度应该与道路的宽度成一定的比例。车道数量要综合考虑车流和过路口的行人。街道剖面中的尺度变化应该通过景观设计、建筑轮廓以及其他垂直的街景元素体现。

细节（detail）——街道设计应该方便行

人的合理使用。这里的指导原则有：尽量减小街区半径以减缓路口之间的车辆速度，以方便行人轻松过马路；通过景观隔离带让街道看起来没那么宽；双向道要提高行人过马路的安全性；路口的路缘石和人行道要设计合理，以方便残疾人。另外，沿街停车要让行人不受车流实际伤害或者心理上感到危险。

街区

街区是城市中建筑肌理和公共区域得以呈现的地方。作为功能多样而又古老的工具，传统街区能让都市空间的人和车形成一种互利互惠的关系。

规模（size）——街区的形状可以是方形的、矩形或不规则形状。历史上最佳的街区边长在 75 米到 180 米之间。这个尺寸范围内，各种密度的单体建筑都能方便地延伸到街边。它也迫使停车场远离人行道，要么放到地下，要么设在街区里面或者就在街边停车。

布局（configuration）——与形状不同，城市街区划分成了大大小小的地块，使得街区的各条边都能确定公共空间。各地块不同的宽度和进深决定了建筑类型和密度的变化范围。而建筑类型和密度将最终确定未来的城市肌理。初步划分地块就要考虑到这一点。街巷应该承担停车和其他服务功能，从而让街区外围更方便步行。

街面（streetground）——街区的四周划分出绿化道、人行便道和退让区（setback）。街区内，各种大小不一的门厅、一楼大厅和公共花园都应视为城市公共空间的延伸。

街墙（streetwall）——所有建筑物的主要视觉特征都取决于其围护结构的属性：建筑的高度、强制退让和突起确定了街道的围合界面。建筑的最大宽度加上高度确定了建筑的体量。每个街区四周边界的后退线和贴线率（the percentage build-to）确立了其开放空间和建筑形式之间的基本韵律。后退红线上的临界元素，比如拱廊、门廊、游廊、台阶、楼梯、阳台、房檐、飞檐、凉廊、烟囱、门和窗户等等，都是建筑物连接并决定街道生活的工具。

停车场所（Parking）——公共区域里无所不在的车辆会威胁到城市的活力。所以，停车场所的设计必须首先考虑照顾行人的需求。车辆最好停放在街区中间或地下。停车楼的一层靠近人行道的一侧用来服务行人。停车楼应该是常设建筑，也需要有美观的外形，而且要留出多余的空间好在未来用于停车之外的其他用途。如果不得不设立地面停车场，那么停车场同时也要担当起到公园的角色。

景观（landscape）——街区四周有规则地种植的树木，将确定街道和人行道的整体空间和尺度。这些是人类与自然的长期接触中创造的产物，到现在也仍然是城市主义在精神层面上非常重要的元素。树种和排列方

式的选择将影响光影、颜色和景色——这些都是场所体验的主要方面。各种类型的公共开放空间（市政公园、社区公园等）应该设计成人们栖息生活的场所，而不只是用来观赏的景观。半公共的开放空间（方院、庭院、露台等）应该为城市街区赋予活力和内在气质。

建筑

建筑是城市当中最小的增长单位。其恰当的布局和位置关系决定了每个聚落的特征。

功能（use）——现代主义运动提出的关于建筑功能的两种极端观点（建筑的功能决定一切和功能是绝对自由的）都没有充分强调建筑在营造城市（或乡镇）中所起的作用。它们导致了具有排他性的功能区划，让城市的各部分支离破碎、相互隔离。

建筑是按照不同的类型设计的，而不是仅仅按功能。这就允许建筑随着时间推移改变用途或进行多次改造，而不破坏建筑形式或者让其废弃。从环保的角度来看，这一点也是极为重要的。

建筑类型要按照居住、工作、机构运作等首要功能来分。这些类型要根据那一类建筑所共有的建筑元素来定义。

密度（density）——基于容积率（FAR）的区划规范太抽象了，而且会偏向那些将建筑当作独立物体的设计。所以，要改用围护结构设计标准，对公共区域中可预见的实体特征和建筑学特征提出规定，并将其与审批联系起来。关于密度的规定在陈述中应该独立于建筑的功能和停车场所。对停车场所的要求应该以邻里和地区为基础来设立，而不是着眼于每栋建筑物。这些规定要陈述其预期对建筑和城市产生的影响，而不只是列一些数量上的要求。

形式（form）——建筑有两种：肌理（fabric）建筑和纪念性建筑。肌理建筑要遵守跟街道和街区相关的全部规则，并与同类建筑在形式上保持一致。而纪念性建筑在形式上可以不受任何的约束。它们可以独一无二、别具一格，成为城市中浓缩的社会意义。

建筑形式和景观形式是相辅相成的。建筑物与公共区域之间的关系应该是相互的。正面性（frontality）允许三种尺度的建筑表达：一种强调街道的公共属性；第二种是反映街区内部开放空间的半公共属性；第三种则是对街巷和后院的服务属性做出回应。

每栋建筑物和每座林园都有特定的形式类型。每一形式类型都是根据一组决定性的形式特征来定义。相邻且具有某些相同特征的建筑和林园，会在城市中形成联结紧密的框架。每个按照稳定的建筑形式设计的建筑师，是产生各种建筑类型的源泉。

建筑与全国各个地区的文化有着非常密切的联系。城市或乡镇的历史连续性来源于建筑类型，而不是建筑风格。深化设计要先研究历史的类型和地域的类型为什么成立，并探讨新创造或引进的建筑类型在当地能不能应用。只有综合考察经过时间考验的和全新的建筑模型，才能发现真正的地域建筑差异。

建筑的社会内容决定了它们的特征和尺度。建筑物绝不是用来消费的对象，而是用于各种社会目的的：形成公共领域，体现公共机构的重要性，以及改善全体市民的日常工作和家庭生活。

单体建筑在材料和能源使用上要适应生态环境的差异。应该优先采用在一个地区内得到证明的建造方法和在当地就能方便获取且可循环利用的建筑材料，而不是盲目地推广国外技术。在经济允许的地方，建造过程应该首选劳动力密集的方法。必须追求低能耗、无污染运营。

建筑物是构建时代和场所的工具，而不是消费完就遗弃的物品。无论是为了何种实际或者象征性的目的而建，建筑物都会永久地固定在景观和城市中。所以，在设计中应采用优质的材料和技术，让它们可以被不断修缮以及良好地重复使用，即便是过了抵押期之后。

规范制定

针对公共或私人开发项目，特定的街道、街区和建筑的设计规则，应该设计得有代表性，并以规范的形式体现。这些规范应该叙述简明扼要，并辅以浅显易懂的图示。其要求应该简洁而具体。其内容应该成为项目的业主、设计师和使用者共同认可的契约。因为这些个人利益和个体行为最终将逐渐而且不可避免地形成公共区域。

审慎地运用规范，是要形成一个由建筑、开放空间和园林景观共同组成的多元、美观而且可预见的肌理，它能把村庄、乡镇、城市以及整个大都市区域组织起来。建筑设计和城市规划不应该分开；同样，形式、社会、经济和技术 / 功能问题也不能单独考虑。

规范制定过程完全是在这样的美国城市传统下运行的：既要保护公共区域，同时又要给单体建筑的设计师充分的自由。美国城市未来的生活质量如何，就全看怎样平衡公共和私人的利益和关切了。

规划美国梦

托德·W. 布雷西
（Todd W. Bressi）

本书选取的项目所体现的“新城市主义”到底是什么？从某种意义上来说，它是对塑造了美国那些最宜居和最令人难忘的社区的规划和建筑传统的再发现。那些社区里既有市中心（比如说像波士顿的后湾区和南卡罗莱纳州的查尔斯顿市中心），也有邻里（如西雅图的“国会山”和费城的日耳曼敦）和传统小镇（那些地方的生活围绕在政府广场、公共草地、市场、火车站或主街道的周围）。对信奉新城市主义的规划师和建筑师们来说，这样的地方为新社区的设计提供了灵感和无数的实践经验。

然而，新城市主义并不是一场想入非非、不切实际的运动；它反映了一个更深层次的议题。本书所探索的规划和设计方法，复兴了实际上已被忽略半个多世纪的社区建设原则：公共空间（如街道、广场和公园）应该成为进行日常生活的场所；邻里应该容纳各种不同的人和活动；社区应该让人可以在其中工作，完成各种日常琐事（比如买菜或者带孩子去托儿所），或者徒步走到周围的社区去。下文列举的项目将展示传统的社区建设方法是如何重新应用到城郊和城市填充项目（其实直到最近人们才发现这些地方与传统社区完全不同）中的。

新城市主义也代表了美国城市规划史上一个新的篇章。在这一百年来，这个不断变革的专业，抱着消灭各种将要压垮工业城市的人群拥挤、贫困、疾病和人口过剩等弊病以及为城市发展创造一个合理而高效的增长框架（它几乎彻底抛弃了传统的城镇开发模式）这两个目标，指导着城市再开发和郊区扩张。可是，这些努力的结果却是一个饱受一系列全新的问题困扰的大都市景观：交通拥堵，空气质量糟糕，房价昂贵，社会隔离，邻里的实体特征完全由标准的开发活动和房地产营销策略所决定。而现在，新城市主义者正怀着规划师们此前丧失已久的活力和创

汽车和独户住宅作为美国梦的标志出现。政府公路建设计划和住房政策推动了与传统城市主义相背离的景观（左图）和生活方式（下图）。

造性来应对这些问题。

设计作品在本书中得以展示的那些规划师和建筑师们，站在了越来越多参与这个议题的设计师群体的最前沿。他们的作品没有笼罩在晦涩的理论或花言巧语之中，而是吸引了评论家、学者，以及那些真正能造成变革的人（市民维权团体、当地的和区域性规划机构，甚至私人开发商）的注意。毫无疑问，这些设计师所倡导的方法将在未来几十年里塑造美国城市和郊区的面貌。

从城市到郊区：美国规划和城市设计的一个世纪

美国城市上个世纪所经历的郊区扩散在很多方面都取得了令人瞩目的成就。首先，迁往郊区的增长总量和社会、经济群体的广泛程度都是空前的。其次，郊区已经突破了原来“卧室”社区的角色，现在可以供人购物、工作和开展文化活动，减少了郊区居民对市中心的依赖。最后，在此次扩散中，住宅、商业建筑和公共空间都发展出与传统形式有着鲜明差异的新建筑类型。而且这些新类型也已经注入中心城区的项目中了。

这次空前的郊区扩张与美国中产阶级空前的扩大，及其改善城市工薪阶层生活状况的愿望是同步发展的。最有号召力的中产阶级理想标志——围绕着宽敞院子的单户独栋

住宅——其实来源于维多利亚时代的神话：独栋住宅被视为培育（和滋养）新兴的独立核心家庭的摇篮和能让妇女儿童免受工业城市祸害的堡垒。这样的房子为家庭提供了专门的地方进行社交、私生活以及做家务，并且通过室外景观美化和室内装修为表现个人品味提供了机会。而且，住宅在封闭的小区内保护着，有宽敞的庭院围绕着，能给人提供私密性，可以排除外来的纷扰。郊区的邻里和住宅也为中产阶级提供了亲近自然的机会：浪漫主义风格、风景如画的场地规划，弯曲的街道，奢侈的绿化，展示了自然与人造环境之间的平衡；非常规的房屋形式（比如门廊和凸窗）被视为有机复合体的标志；而庭院则展示了家庭与土地之间的紧密联系。

交通运输的革新大大方便了中产阶级搬进郊区的独户住宅。20 世纪 20 年代以前，大部分郊区都是与有轨电车、铁路线同步发展起来的。那时候的郊区一般都是紧凑

人们对汽车越来越依赖，这让住宅的设计也出现了令人不安的变化。外观和规划都由车库支配了。

威斯康星州的科勒镇是一个工业小镇，由维尔纳·黑格曼和奥姆斯特德兄弟设计，是20世纪早期城镇规划的范例。

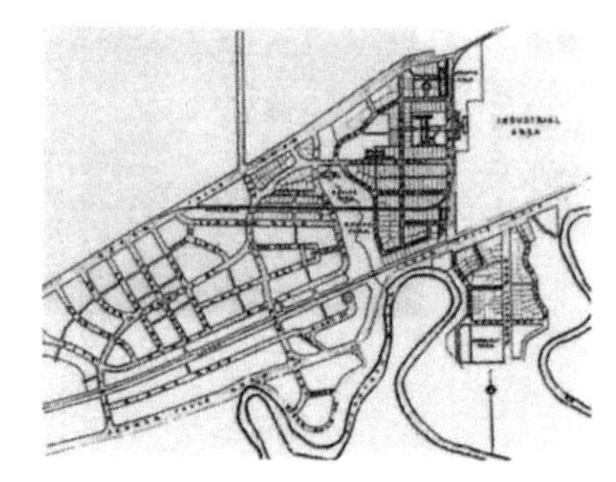

的聚团，延伸最远也不会超过让人能从家轻松地走到电车站的距离；一般集中在几个紧密的街道网格中，这方便土地高效地细分和出售。住宅通常由小型建造商承建，一般沿袭当地的建造实践是从一堆简便易行的设计图中择一实施。根据区域、居民的品味和财富的区别，住宅的风格和类型多种多样，有费城的联排住宅（row house）、双户住宅（double home），中西部富丽堂皇的维多利亚式住宅（Victorian），以及加利福尼亚州的木工小屋或小平房（Craftsman bungalow）。

一战后，汽车塑造了郊区发展，也成为郊区生活的第二个理想标志：小汽车给人前所未有的流动性，让人能自由地决定出行，并且通过将那些无力购买和维护车辆的人排除在外，加强了郊区的中产阶级属性。汽车让大片的土地有了开发的可能；而汽车制造和维修产业极大地推动了经济发展，其作用远远超过了高效的有轨电车。

随着车辆保有量飙升，政府热切地建造了由林荫大道、绿化公路和高速公路组成的道路网络，并以路网为框架让开发扩散得更加宽广而稀疏。有车族觉得独栋住宅特别方便，因为这样的房子存放车辆特别简单。在汽车还是新鲜事物的时候，车库只是作为后院的附属建筑物出现；汽车成为家庭标配时，车库就紧靠着住宅边上；而当家里买了好几辆车时，车库就移到了房子前面。这一路走来，车库扩大了两三倍；它们现在已经成为每栋房子的正立面乃至整个街景当中最显著的视觉元素。

到20年代时，城市规划专业逐渐制度化。规划师试图通过行政管理改革（比如制定规范）和更积极的行动（比如清除并重建衰退区域）改造城市。他们还想通过为高效的大都市区域制定规范来促进郊区的有序发展，因为大都市区域的居住区与商业和制造业活动谨慎地分开了，但同时又通过公路网便捷地连通了。

重建城市结构的尝试中，最大胆的是芝加哥1893年世界哥伦布博览会。它向人们展示了巴洛克式规划和新古典主义建筑的组合如何给混乱的工业城市带来秩序、文明和目标。这些努力，很大程度上借鉴了法国的学院派（Beaux Arts），被称为“城市美化”（City Beautiful）运动。城市美化运动的规划一般力求确立形式上的市政中心（其中的建筑和公共空间被视为统一整体）和高效的主干道网络（以提高车辆在传统街道网格中的通行速度）。

受到英国的花园城市（Garden City）项目及他们为军工业工人设计新社区的经验所启发，当时最具雄心壮志的规划师也寻求设计新乡镇的委托。他们同时也从历史上有名的欧洲小镇的建筑设计和规划当中获得灵感，那些在比如卡米洛·西特

国防住房项目，比如圣迭戈外围的林达维斯塔，为战后住房建造业的大批量生产定下了基调。

50 年代，越来越多的美国人迁往郊区，购物中心和工作场所也紧随其后。明尼阿波利斯附近的南谷（左图），是美国首个封闭的、控制气候的购物中心（维克多·格伦，建于 1957 年）。

位于康涅狄格州布卢姆菲尔德的康涅狄格大众人寿保险公司总部（下页图片）（SOM，建于 1954–1957 年）。

（Camillo Sitte）等人的书里都有详细记录。然而，除了在工业城市和旅游城市以外，他们的方案很难吸引到财力雄厚的支持者。仅存的几个实例当中最著名的要数佛罗里达州的威尼斯（Venice）、俄亥俄的马利蒙特（Mariemont）和田纳西的金斯波特（Kingsport）。

对郊区规划影响更大的一个概念是建筑师克拉伦斯·佩里（Clarence A. Perry）提出的“邻里单元”。它进一步巩固这样一个维多利亚时代的观念：一个邻里就是一片具有保护功能的独立区域，必须与商业、工作和交通隔开；邻里的功能中心和实际的中心位置应该是一所小学。每个邻里外围的街道应该宽阔到足以应付过境交通，而内部的街道要设计得方便通行。当地的商店应该沿主干道分布，最好是在毗邻其它邻里的路口附近。

规划师发现，在私人开放商能自主决定邻里设计的地方建立管理框架是最容易的。土地细分规则控制着未开发土地变为建筑用地的过程，而且通常规定了地块大小和形状、街道宽度、街区边长和预留的开放空间。区划规则规定了：地块上可以进行的活动，建筑物的规模，前院、后院、侧院的面积，以及比如停车等功能的要求。

美国商务部和纽约区域规划协会这样的机构会发布示范性的土地细分和区划法规；然后无数的社区照搬过去，通常根据当地实际情况做细微调整。这些规范机制不会规定用哪种类型的设计，但是为了处理数以百计甚至数千相似的房产而制定了分类体系，这样就将郊区开发项目的统一性带到了全新的层次。

一般来说，规划法规的基本目标是保护土地价值，营造家庭环境，以及维持一定程度的经济和社会隔离。而在实践中，区划法规往往将商业和住宅用地分开；把独户住宅和公寓楼分开；还规定了宽阔的后退距离，而那需要大块的土地，这样一来房屋成本自然就提高了。

随着交通总量扩大，这些标准都被修改了，目标是让汽车更安全、高效地通行，同时保护住宅区的特征。最后，它们要求街道要足够宽，以便同时停车和通行；转弯半径要足够大，以便服务车辆和应急车辆可以顺利通过任何一个街尾环岛（cul-de-sac）和 T 形路口，这样可以尽可能减少车流交汇。规划者将车流分散到由主干道、支线公路和当地街道组成的等级分明的道路网中。网格系统渐渐失去规划师的青睐，因为那会让过境车辆出现在住宅区的街道上；而街尾环岛在新标准中被奉为圭臬，因为它们可以防止过境车流进住宅区。

30 年代的罗斯福新政提高了住宅拥有率并大大刺激了遵循这些设计原则的住宅产业，而这些是地方的规划者绝不可能做到的。这些新政提出了前所未有的标准化要求：贷款条款、房产估价方法、贷款担保标准等等。从本质上来说，新政提出的一系列国家标准决定了一栋房屋值多少钱，能否贷款购买；这些标准逐渐发展成房屋设计、地块和庭院配置以及街道布局的标准，并成为住宅建造业的规范。再提一下，单户独栋住宅有一个特别的好处——其贷款机制比在多户住宅中买房要简单得多。

住宅建造业发生的重重变化也对这次标准化形成补充：在为军工业工人建造房屋时，住宅建造业从中学习到了大批量生产工艺；并且（由于新经济政策和退伍军人住房项目）有大批复原军人急切地过上郊区生活。1945年以前，普通承包商每年最多建5栋房子；到1959年时，承包商平均一年要建22栋。而现在，开发商通常一次性批下40公顷的地，然后分拆成小块给不同的建造商。考虑到规划、建造和营销的成本，各承建商的项目一般都至少有150套独栋住宅或100套公寓。为了简化生产，大部分建造商都只提供几种房屋模型，而且区域性的或全国性的建造商会将同样的模型复制到很多地方。

二战以来，郊区变得多样化，曾经市中心才有的功能也开始跟随其顾客和劳动力资源外流。工业活动也受到引诱迁往郊区，因为可以扩张到宽阔土地上的低层厂房，而且那里能便捷地连通到快速扩张的洲际公路网。50年代初，区域性购物中心开始在郊区兴盛起来。70年代时，随着许多公司打入全新的劳动力市场，白领“后端业务”的功能在郊区找到新家：因为郊区到处都是未充分就业的妇女，其中很多都受过良好教育，没有加入工会，而且着急找一份能挣钱的工作。

尽管如此，这样的开发项目也只是零星地出现。而银行家、建造商和规划者制定出各种标准，将功能分离的框架和主次分明、对汽车友好的交通网络延伸到这些新型开发区。高效的土地使用审批流程，促使每个商业和住宅项目都只考虑自身，而很少顾及它们所在的开发区。结果就是，购物中心、办公楼和住宅用地直接跳到人烟较为稀少的区域，比如主干道或高速立交桥附近，与周围环境没有建立丝毫视觉的或空间的联系。

城市更新计划提供了联邦资金和法律工具来将这些郊区开发策略应用到市区。而城市的建筑师和规划师提倡先清理掉“衰退”的住宅和工业建筑，将其替换成新式的公寓

市中心的城市更新项目，比如旧金山的金门桥，撕开具有历史意义的城市肌理（拆除的建筑地基裸露在外面），并代之以“国际主义风格”的超级街区。

（沃斯特、贝尔纳迪和埃蒙斯建筑师事务所，建于1965年）

和办公楼。尽管这些努力的表面理由是要改善城市的社会经济状况；但是，通过清理复杂的街道、所有权和租赁模式，它们也为大量资本投入开辟了道路。

按照一些建筑师和规划师（比如勒·柯布西耶）的想法，城市更新建筑抛弃了传统的城市形式，独自矗立在广场、公园式的开放空间或停车场当中。为方便汽车交通，也要重新组织城市：为了建造没有汽车的“超级街区”大院，小街小巷都被关闭了；剩下的街道被扩宽、拉直，用来充当高速干道。环线和支线高速公路贯通了中心城区，以输送更大容量的车辆进出城市。

过去一百年的郊区建设和城市规划造成了什么结果？大体上说，这些努力的目的基本达到了。很多人都从拥挤、不健康的居住条件中解放出来了。一个社会、经济和规范框架建立起来，促进大都市海量的开发。但是，新出现的土地利用和交通格局也产生出新的问题，而且其中很多似乎比工业城市造成的问题更加棘手。

住宅所有权是郊区生活的基石，现在却已经成为越来越多的家庭遥不可及的目标。很多家庭并不符合典型的由上班的丈夫、家庭主妇和两个孩子组成的家庭模式，这让传统的独门独户、占地广阔的住宅越来越不合用。为低密度的独户住宅开发区配套的基础设施投入是很惊人的。在加州北部，这样的投入会让每栋新建住宅成本提高3万美元。即便是双收入家庭也很难买得起理想的三室两卫三车库、占地达1000多平米的住宅。雪上加霜的还有夸张的车辆开支：养两台车每年会增加1万美元的开支。

无序蔓延的低密度郊区开发项目正破坏着郊区通常承诺的生活质量。首先，更多的空闲时间花在了通勤上。一个小时的通勤路程，每周就要花费十个小时；而且交通拥堵和住宅与上班地点离得太远，逼得有些人每趟通勤要花上两三个小时。其次，对汽车的依赖给不会开车或买不起车的人造成了沉重的打击：孩子们没法去上学或参加集体活动，除非有人开车送他们；青少年需要车才能享有独立的社交生活，所以必须做课余兼职来养车，可是那又将挤占大量学习和社交的时间；老人们没有了驾照，就没法再出门买东西、访友或是看医生了。第三，虽然郊区曾一度为肮脏的工业城市提供了一剂良药，但是汽车正产生着严重的空气污染，特别是在大都市（比如丹佛、洛杉矶和休斯敦）的郊区。最后，全国各地引人入胜的乡村风景正相继消失，就算是约翰·斯坦贝克（John Steinbeck）小说中写到过的萨利纳斯山谷（Salinas Valley）也难以幸免。

其实问题最严重的是郊区扩散和城市更新对公民生活的影响。社会科学家关于实体设计能在多大程度上塑造或反映社会状况一直存在争论。但是，现今大都市的居住形态

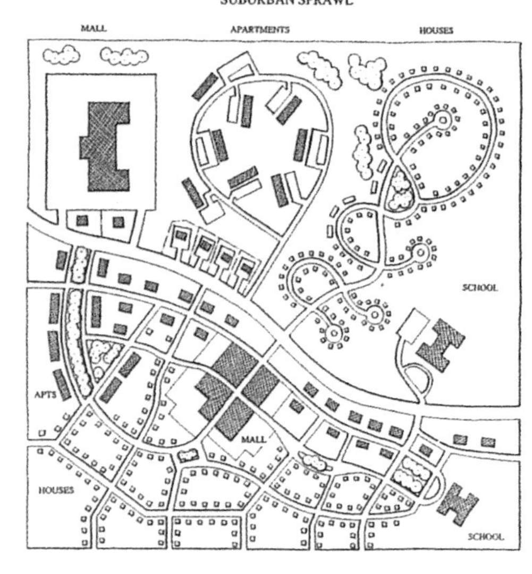

低密度蔓延与传统开发的比较。图是由安德雷斯·杜安伊和伊丽莎白·普拉特－兹贝克绘制的。

已经明显地加剧了社会、阶层和种族隔离，并且使得那些供有着不同背景和前途的人们打交道的共同场所也失去了意义。它们加剧而非改善了城市的社会、经济衰落，并创造出城市危机全新而鲜活的象征。通过把人隔离在房屋、汽车里面，把家庭分离到同质的住宅基地内，20世纪后期的大都市郊区已经很难再像原来那样恢复城市活力，也很难在日益多样化的社会里培养亟需的公民责任。

运行中的新城市主义

新城市主义者对这些问题提出了看似简单的应对。这些应对都基于一个同样简单的原则：社区规划和设计必须维护公共利益高于私人利益的地位。关于建立新社区做层层决定时，可以参考这个原则——如何让建筑设计与建筑面临的街道关联起来，如何使土地利用和密度格局与区域性的公共交通线路相匹配。人们也正同样精力旺盛地把新城市主义的规划和设计方法应用到郊区边缘、远郊乡镇和市内填充地块的新社区：

每个邻里的中心应该由一个公共空间来确定，并且由面向本地的市政和商业设施来激活。这些场所不应该扔到邻里边缘剩余的场地，其形式和形象应该得到周围的建筑形式、建筑设计和街道模式的衬托和加强。

每个邻里都要容纳各种不同的家庭类型和土地用途。每个邻里都是生活、购物和工作的地方。其中的建筑类型应该多样化，以容纳如此丰富的活动；同时应该足够灵活，这样方便改造以承担不同的功能。

要正确看待汽车。用地模式、街道布局和密度应该促使步行、骑车和公共交通成为开车的可行替代方案，尤其是例行的、日常的出行。街道要让行人感到安全、有趣而舒适。改善交通流应该只是规划街道和设计邻里时要考虑的诸多问题之一。

建筑应该对周边的建筑肌理、空间以及当地的传统有所回应。建筑物不应该被视为独立于环境的东西，而应该是要对街道、公园、绿地、院落和其他开放空间的空间限定产生影响。

新城市主义者广泛地从各个设计传统中汲取灵感。他们关于规划和建筑关系的想法来源于“城市美化”和“城镇规划”运动，而后两者又可以追溯到文艺复兴和古典时期的城市。他们对土地用途和公共交通之间的联系的看法，来源于电车郊区的发展实践和20世纪初区域规划者所提倡的理念。

人们甚至还能在新城市主义者的思维

中发现一丝20年代“高效城市”和“功能城市”的影响。彼得·卡尔索普和安德雷斯·杜安伊/伊丽莎白·普拉特－兹贝克夫妇的项目及理念都获得很多关注，他们都含蓄地承认：郊区应该有某种标准的发展顺序；任何新社区的正确焦点都应该是一个公共空间，为公民活动、当地商业用途和连接邻里与城市区域的公交站点提供场所。他们相信，这个基本结构能在各种不同尺度上给人以看得见摸得着的秩序感和认同感。

彼得·卡尔索普的区域规划以“公交导向型开发”(即TOD)为基础模板，将增长引导到轻轨和公交网络沿线的离散节点上。TOD就像是电车郊区与边缘城市的结合体，它利用了交通运输和土地用途的一个基本关系：把更多的出发点和目的地放在能轻松走到公交站点的范围内，就会有更多的人选择使用公共交通出行了。每个TOD将是稠密且联系紧密的社区，其中在公交站附近紧致而可步行的区域中混合有商店、住宅和办公室。卡尔索普写道，理论上车站周围约400米的步行距离内，也就是大约48000平方米的范围完全能容纳在2000套住房和90000平米的商业空间、公园、学校和日托中心。在同样的空间里，普通的郊区和开发商大约只能建720栋独户住宅。

离车站最近的空间是给零售、服务业、专业办公、餐馆、健身俱乐部、文化设施和公共用途使用的。这样，TOD里的居民和公共交通系统的乘客不用开车就能轻松地工作、购物、娱乐和享受各类服务。靠近邻里中心

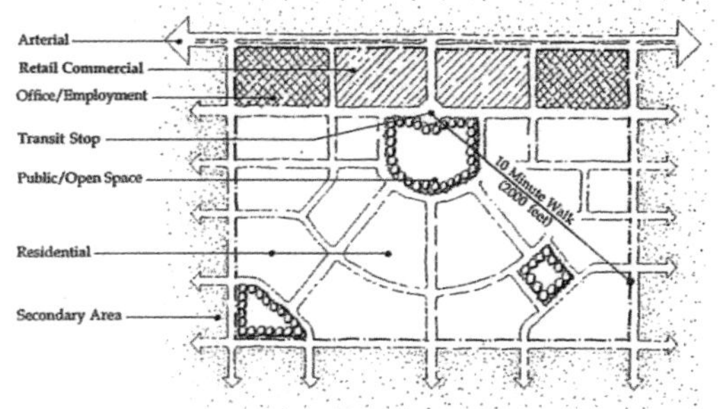

卡尔索普事务所的TOD（交通主导式开发）概念将区域性交通及土地使用策略与为交通主导社区制定的详细规划相结合（底图及右图）。

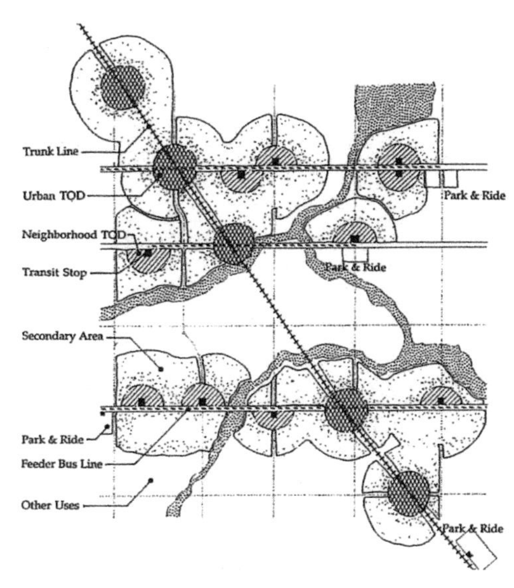

的建筑可以有大型空间，以供后台业务和批发使用。它们可以是多层，这样能将商业、办公，甚至住宅都容纳在内。而且它们所需的停车场面积会更少，因为距离公交站点和住宅区都很近，而且高峰期相互错开的行业（比如电影院和办公楼）还能共享停车场。

商业区附近将混合各种小地块的独户住宅、双户住宅、联排式住宅以及公寓楼，家庭、单身者、空巢父母、学生和老人都能在其中找到合用而能承担得起的住房。住宅将紧紧围绕在庭院或公园周围，那里连接了更大的公共空间、日托中心和休闲设施。开发区的最外围，在距离中心400米的地方，会

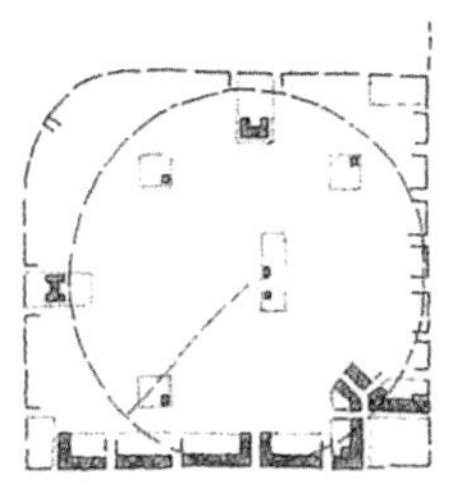
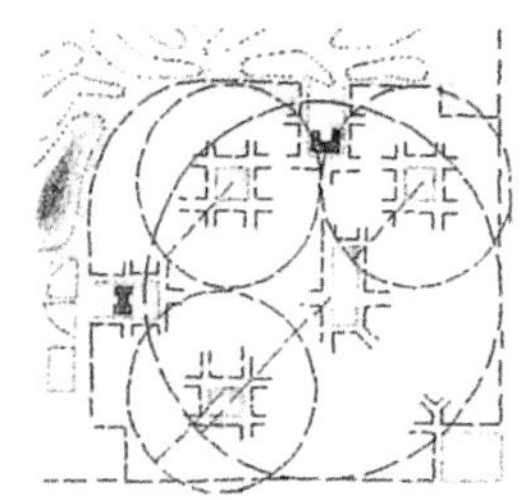

杜安伊和普拉特－兹贝克的 TND 模式设想：步行五分钟（不超过 400 米）就能满足人们的日常需要，最多步行三分钟就能走到邻里公园。

是独栋别墅或大型商业企业。尽管这听起来和普通的郊区开发很像，但是卡尔索普主张平均密度不能低于每公顷 25 到 38 套住宅（已经足以开通一条巴士线路），并且将邻里集中在商店、日托机构和公园周围。

卡尔索普为波特兰、萨克拉门托和圣迭戈制定的规划中建议设立一系列的 TOD："城市 TOD"，直接位于主要公共交通路线旁边，适合于能产生就业的和高强度的土地用途，如办公、零售中心和高密度住宅；"邻里 TOD"，位于公交支线上，以住宅和服务社区的商店为焦点。这些 TOD 不仅可以位于新增长区，还能放在填充和再开发区域，这可以将汽车主导的地方转变为由行人主导。比如，里奥维斯塔西是在圣迭戈规划的一个 TOD，其中有个 11000 平方米的折扣零售商场。

由安德雷斯·杜安伊和伊丽莎白·普拉特－兹贝克（其事务所叫作"DPZ"）提出的"传统邻里开发"（TND）方法和其它在更小尺度上使用的规划方法，与比卡尔索普的方法相比有更精细的规定和更加因地制宜的变化，而且更少地依赖区域性规划和强调公共交通的重要性。各种场景下的 TND 式总体规划已经制定出来，从度假社区（佛罗里达的海滨小镇和温莎）到再开发的商业中心（马萨诸塞州的马什皮），到房车公园（亚利桑那州梅萨的罗萨维斯塔），以及传统的郊区环境（马里兰州盖瑟斯堡的肯特兰镇）。

DPZ 的社区规划中最基本的组成要素是邻里，其规模（16 至 80 公顷）和布局（半径不超过 400 米）使得从大部分住宅步行到社区公园不会超过三分钟，到中心广场或公共草地不到五分钟。而议会大厅、日托中心、公交站、便利店都在社区中心。每个邻里将容纳多种住宅形式以适应各种家庭类型和收入群体。

在大部分 DPZ 的项目中，邻里被嵌入或划分到更大的单元（村庄或乡镇）之中；每个社区的独一无二之处就是重叠和连接的方式各不相同，相邻的两个绝不会重复。邻里群组成村庄，各个村庄一般由环绕的绿带分隔开，但又有主街道将其连在一起。村庄学校可能位于多个邻里交会的地方。服务于村庄或更广大区域的市政（比如消防队、会议中心或者养老院）和商业用途（比如休闲设施或者电影院）通常位于主干道沿线，并紧挨着公共空间。

城镇，是由多个村庄和邻里组成，可以容纳种类更多的商业和机构性功能。奥兰多的阿瓦隆公园，包括好几个为全区域服务的专业化小镇。其中一个有所大学和一些文化设施；还有个小镇中很大一块是办公空间和相关的服务；其他的镇主要是区域性购物中心和普通商业街的零售活动。

有一点在新城市主义者的不同方案中是同样重要的，那就是各个邻里和社区整合到一起的方式。DPZ 大力地提倡社区按照网格

卡尔索普事务所为圣迭戈市制定的规划展示了TOD概念怎样在不同的尺度上同时运行。

这份规划首先认可了一项扩展遍布全城的轻轨线路的方案，并展示了以公交为导向的开发节点如何能沿轻轨网络扩散。（下方左图）

但是，只有当土地用途多样，并且有便捷的步行道路通往公交站点时，才能鼓励人们选择乘坐公共交通。

传统开发与TOD方案的规划图对比。特科洛特路周边（中部上下两图），停车区、干道和街尾环岛被改成精细的街道网络，街道在交通站点和邻近的公园汇聚。

大学城中心（右方上下两图），为了在交通站点和购物中心之间创造一个步行环境，购物中心的停车场被改造了。

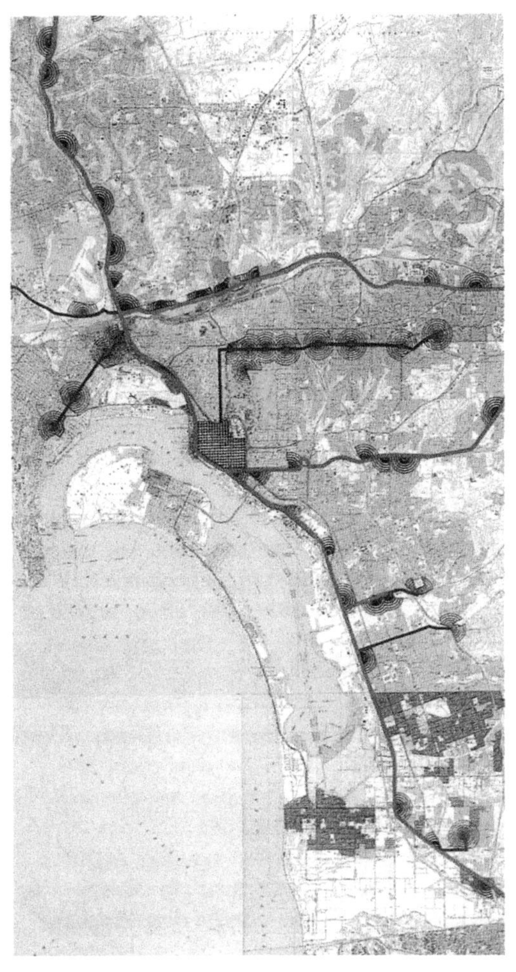

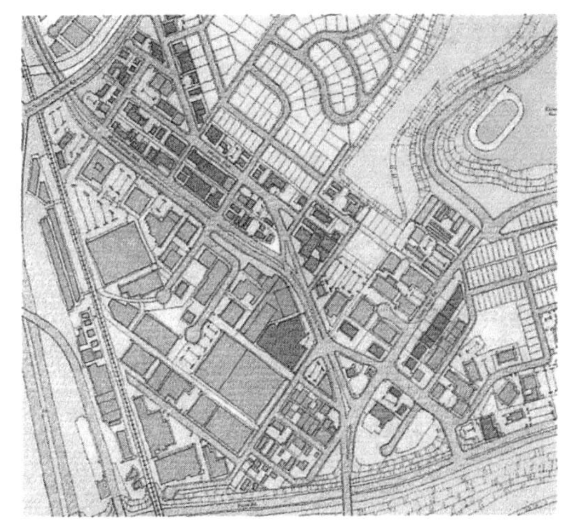

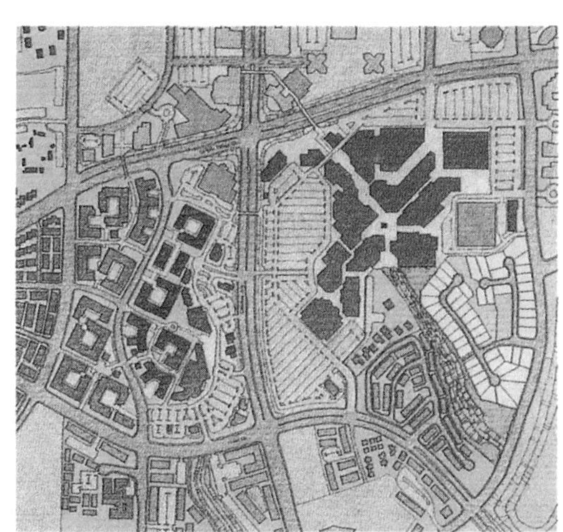

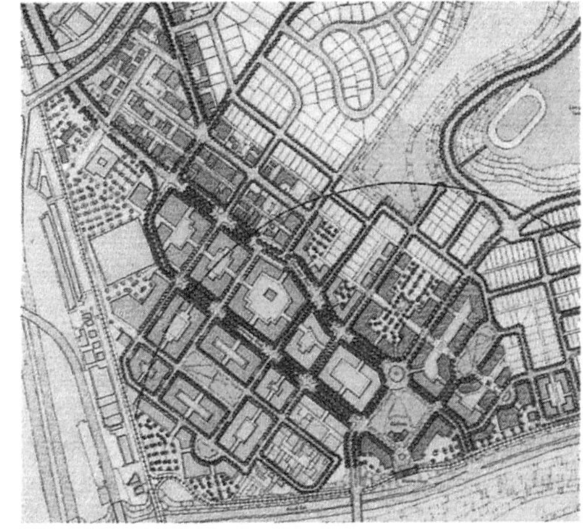

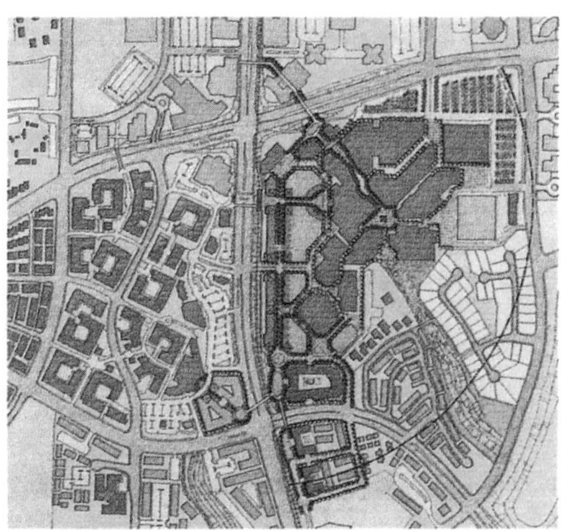

安排街道布局，就像20年代常用的手法那样。他们认为，有着频密路口的街道网络让各个方向的车都有替代路线可供选择，这样就能缓解交通拥堵，尽管那也会让车频繁地停下。这样的网络减缓了车流的速度，与主次分明的街道系统相比行程也更短，行人和自行车的活动就更方便了。再加上混合土地用途的要求，这样的街道网络就让步行成为社区里日常出行最现实的选择。不仅如此，每隔一段相同的距离就有一个十字路口，这能带来一种在通常的土地细分中少见的尺度感和秩序感，也能提高人们的方向感。

网格的形象并不意味着所有的街道会设计成一个样子。DPZ的规范中有时需要十多种不同的街道——林荫大道、街道、院子、公路、小道、巷子等——每一种都规定了尺寸而且详细规定街道和人行道的宽度、树木种植、街边停车、交通速度和行人过路口的时间。这样，每条街道的特征都能更加精确地反映其位置和用途，和一般郊区常见的那种千篇一律、过大的支线街道和集散街道差别很大。而卡尔索普的TOD规划常常由一层中心向四周辐射而出的放射状街道。他指出，放射状的街道对行人是最有效率的，因为它们缩短了去往社区中心的路程。它们与支线道路形成鲜明对比，让郊区少有地体现出市民的存在和尊贵，并且加强了社区中心的明确性和特征。

在卡尔索普的规划中具有同样重要地位的是，各个TOD社区与区域连接的方式——每个邻里都能通达其他邻里，并通过轻轨和巴士线路组成的网络连到现有的各个社区。不管每个邻里多么适于步行，也不论邻里当中有多少商店和工作机会，在这个流动性极高的社会，人们不可能一辈子就生活在一个社区里。如今，郊区出行模式像一张纠缠的网，而绝不是仅仅往来中心城区的轮辐式布局。但是，当这些四散的出行模式扩张到低密度区域时，公共交通就不可行了。通过把开发项目引向更稠密的路网节点上，新城市主义者将更多的出行疏导到分散而有公共交通服务的交通走廊上。

新城市主义构想的这些邻里最大的不同就在于绿地、广场和公园等公共空间。就像传统的乡镇公共草地或法院广场，这些空间被视为邻里中的公共焦点。它们位于中心的显著位置，主要有服务本地的商业，而且通常与主干道相连。社区设施（如日托中心、教堂、学校或议会厅）分布在这些公共空间周边的指定位置，进一步凸显了这些设施和公共空间在社区生活中的重要性。

新城市主义采用多种设计策略来强化这些公共空间的特征和地位。它们可能被当作造型元素；其位置、形状、容积都设计得明确可辨。公共空间周围的建筑要受特殊的城市设计规范制约，特别是街墙和后退距离必须满足特定条件，以确保公共空间的容积。

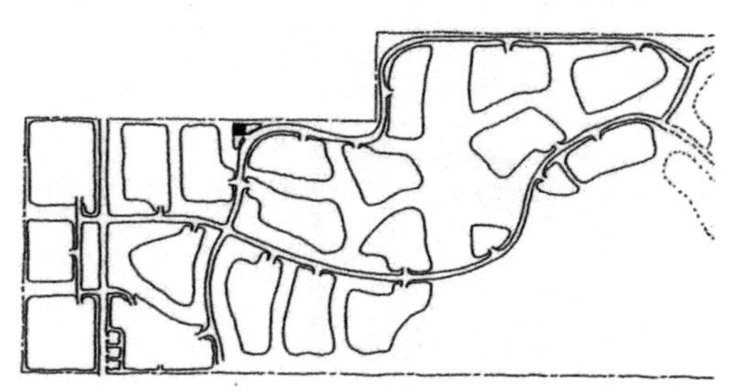

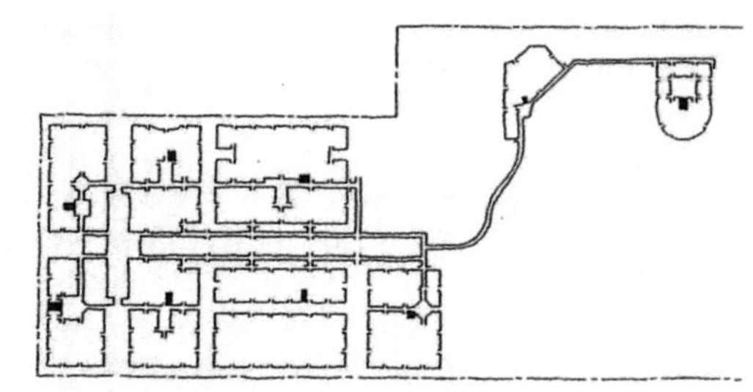

典型的郊区蔓延（左图）与新城市主义方案（右图）比较。街道系统将一组轮廓分明的邻里组织起来。教堂和其他公共建筑将社区的开放空间固定下来，而不是游离于停车场之间。

草图由DCKCV为佛罗里达州珍宝海岸区域规划委员会所作。

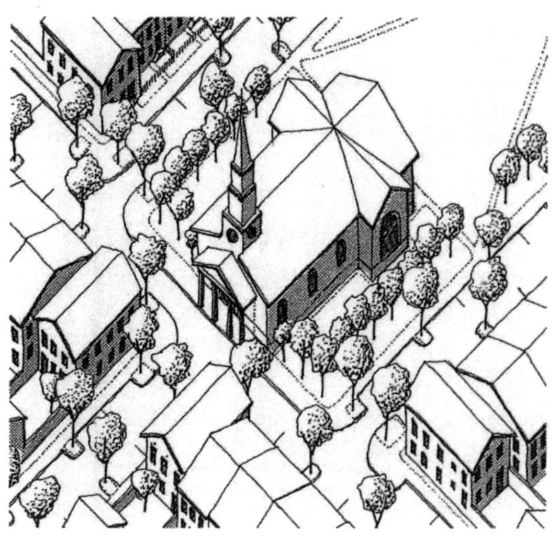

肯特兰镇老农场（Old Farm）邻里的公共绿地就有很多鲜明的特征：它旁边是翻新却带着历史感的农场建筑；一行行联排住宅和组织紧密的独栋住宅围在它两边；它位于邻里中的一个高点；而且它中间有一片本来就有的树林。

同样的原则也适用于街道设计。新城市主义者为了更好地确定公共街道和私人庭院的空间，改变了独栋住宅的位置：一排有着整齐的后退距离的住宅能让街道变成一个积极空间。DPZ的规范规定了建筑高度和街道宽度的比例，确保每种类型的街道都有独特的空间特征。在商业区和多户住宅区，建筑要面向街道或公园等公共空间；停车场被藏在房屋后面或者（如果放屋后不可行的话）放在侧面，但绝不会在街道和建筑之间。

街道也要设计得让行人感到舒服、安全而且感到有趣。在拉古纳西（Laguna West），主街道与现有六车道的区域主干道相垂直。这样，交通、噪音和污染都不会侵入到中心的购物和办公区。居住区街道比普通郊区的街道要窄些，减慢了车流，让出了更宽的人行道。停车道旁边栽种的树木也能减缓车速，并且传递了这样一种感觉：街道延续着更小的以人为本的空间。

新城市主义者也密切关注着建筑设计——特别是建筑在地块上的选址、体量和外部细节。他们主张，只有特定类型的建筑和空间能创造成功社区需要的公共空间和私人空间。比如说，大多数郊区的区划产生只适合核心家庭的住宅，让公共空间环绕在住宅四周并

独户住宅经过调整之后，能更好地连接到街道的公共生活，私有空间也更加合用。
示意图由 DCKCV 所作。

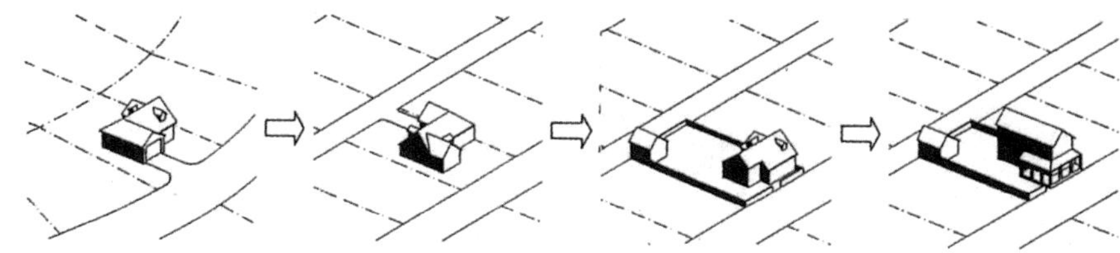

将其与其他住宅和街道隔开。这些维多利亚时代的遗产，很少会留出那种曾经遍布传统城镇的界限清晰的邻里聚集场所，并且它们提供的住房也只适合越来越少的美国家庭。

新城市主义者构想的邻里一般有着比传统郊区邻里更丰富的建筑类型——侧院住宅、联排住宅、半独立住宅、小别墅、附属住宅单元、庭院公寓、多层公寓以及上面带住宅的商铺或办公楼。开发要受到这样限制：每个地块只能建造指定的建筑类型，而且还有后退规定被用来制造功能性开放空间并在建筑与街道之间建立牢固的关系。

新城市主义者的工作中，规划得最详细的层面是建筑设计规范。DPZ 的规范是最详尽、最严格的——有时甚至对砖之间的砂浆厚度都有要求。这些规范，每个城镇都不一样，而且通常以传统风格和当地民间风格为基础，覆盖了各种元素的设计和布置（比如窗户、车库门、阳台、装饰柱）、材料的选取和组合、体量和屋顶坡度等等。这些规定施加的控制程度（特别是对面向大众的住宅）异乎寻常，而且一般都朝着美丽如画的城镇风光倾斜。但是他们的目的是要迫使人们更加注重细节，好让郊区建筑富有活力，并让街道景观显得更加彬彬有礼。

打造“新美国梦”

我们都知道金融机构、各州的公路管理机构（其中的 Caltrans，外号“加州五角大楼”）、土地拥有者和开放商对地方规划决策能发挥多么重大的影响，那么新城市主义者的影响力又如何呢？

出乎意料的是，他们身后正聚集着举足轻重的民意。1989 年，一次盖洛普民意调查问人们想住在什么样的地方，有 34% 的人选择小镇，24% 选择郊区，22% 选择农场，还有 19% 选了城市。对郊区生活的不满确实在这样的民意中反映出来了：对旧金山地区居民的调查显示，交通拥堵和经济适用住房不足是人们最担忧的民生问题。

随着对拥堵、敏感地区开发、房价、空气质量等问题越来越不满，公共机构正被迫采取行动。行动产生的一个结果就是阐明了这样的政治共识：发展是好的；市民们经常投票反对开发方案是因为他们预计发展只会让生活质量更差；有很多社区正在采取措施限制甚至中止发展。很讽刺的是，新开发项目却更加乱来，让原有的那些问题变本加厉。

同时，很多州级和城市区域级的规划措施为新城市主义的理念赢得人心。洛杉矶和萨克拉门托的空气质量委员会正给地方政府施压，要求其重新考虑现在用车需求过大的用地模式。华盛顿州出台严格的增长管理法，令西雅图研究如何在其规划的轻轨系统沿线容纳 TOD 式的“城中村”。弗吉尼亚的劳顿县（Loudoun County）居民担心那里绵延的耕地会变成华盛顿特区的下一圈郊区，政

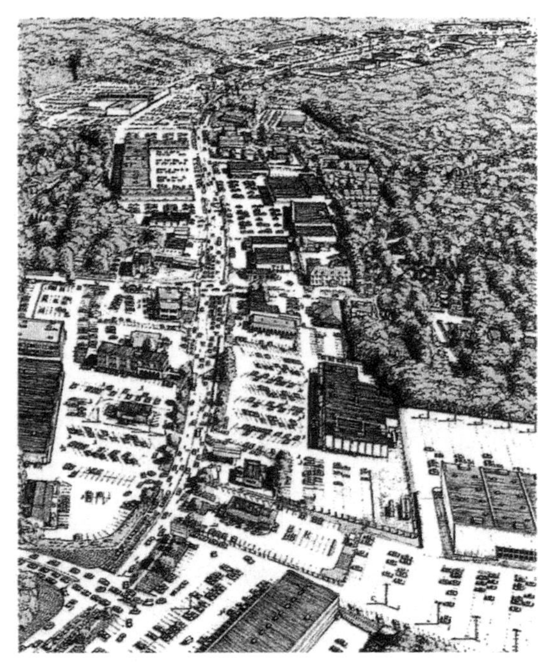

纽约区域规划协会使用这样的图来展示纽约市大都市区域不同的发展景象。商业街（最左图）与更加紧致、聚团的开发（左图）。

杜安伊和普拉特－兹贝克用这些精细绘制的彩色效果图以传达其方案浪漫主义和历史主义的感觉。这幅图画的是加利福尼亚州北部一个规划的社区（底部），它让人想到意大利的山区城镇。

府为了安抚他们，批准了支持传统小村庄的TND式功能分区。加利福尼亚州最近立法要求各地区接受某种形式的附属住宅单元。那个州的选民赞成通过好几项增税措施，用以建设新的大众公交系统，而且还讨论在某些公交线路沿线部署TOD式开发。

倡议团体正施压，要求开发政策响应新城市主义理念。加州的地方政府委员会发布了一个小册子，《更宜居场所的土地利用规划》，里面就有很多新城市主义的建议。区域规划协会，一个由企业赞助的研究与倡议团体，正力劝纽约/新泽西/康涅狄格大都市区的市政当局在其区域性的通勤线路周边规划TOD式的“紧致聚团”。有家铁路机构，“新泽西运输”，正研究如何在其站点附近推动公交友好型开发。市民组织“俄勒冈千友会”（1000 Friends of Oregon）委托卡尔索普制定了一份沿波特兰的麦克斯（MAX）轻轨系统的区域级TOD规划。与此类似，珍宝海岸（Treasure Coast）区域规划委员会请DCKCV（一家迈阿密的设计规划事务所）根据TND原则制定了一份区域性规划。

新城市主义者相信，改变郊区开发格局的最佳途径就是改变游戏规则。他们专注于制定细分法规、区划规范和区域性规划，还有达成赢得草根阶层必需的共识和建立对其方案的政治认同。他们的成功有几个方面的原因：具有包容性的规划编制方法，非常有力而且目标明确的汇报演示，提出方案直接解决难题的能力，对其理念的自信和决心产生的毅力，以及能接受妥协的实用主义。

由杜安伊和普拉特－兹贝克主持的集中研讨（左图），其中有地方官员、社区领袖、居民和当地设计师共同筹划新社区的规划。这有助于每个项目获得更多支持。

DVKCV 制作了生动的电脑模拟图来帮助社区居民理解其方案对未来的影响。这幅图展示的是佛罗里达州戴维市四分之一英里研究区域（左图）的景象，展示了这个镇现有城市肌理中存在着的巨大空隙。

根据新城市主义原则改造之后，同一区域（下图）可以容纳更大的密度。

DPZ 的现场研讨会，是将一个项目的大部分工作集中到几天内的密集活动中；实践已经证明这种方法对赢得社区的支持极有价值。在研讨会上，这家事务所会与当地官员、社区领袖和利益团体一同协商；组织公开会议和演示；把当地的建筑师、规划师和市民请来协作。集中讨论的项目成为一项活动，并通过普通的规划活动从未有过的方式吸引着人们的关注。

新城市主义者非常重视用决策者和普通市民容易理解的话来跟他们交流。他们的方案汇报无论是形式还是内容上都很扎实。卡尔索普和杜安伊能胜任兼具魅力和说服力的演说家。DPZ 的方案通常配有迷人（有时会过于理想化）的透视图（由查尔斯·巴内特绘制，曼纽尔·费曼得斯－诺瓦尔上色），这突出了他们事务所的乡镇规划和建筑有如画般的视觉品质。DCKCV 则制作了融合计算机技术和摄影的现实模拟画面，用来展示现状和方案建成后的效果。

不同于纯粹的空想方案，新城市主义者的工作也表现出对方案如何实施的现实考量。DCKCV 的一项研究解释了：由分布在街道网格中的一系列传统邻里构成的

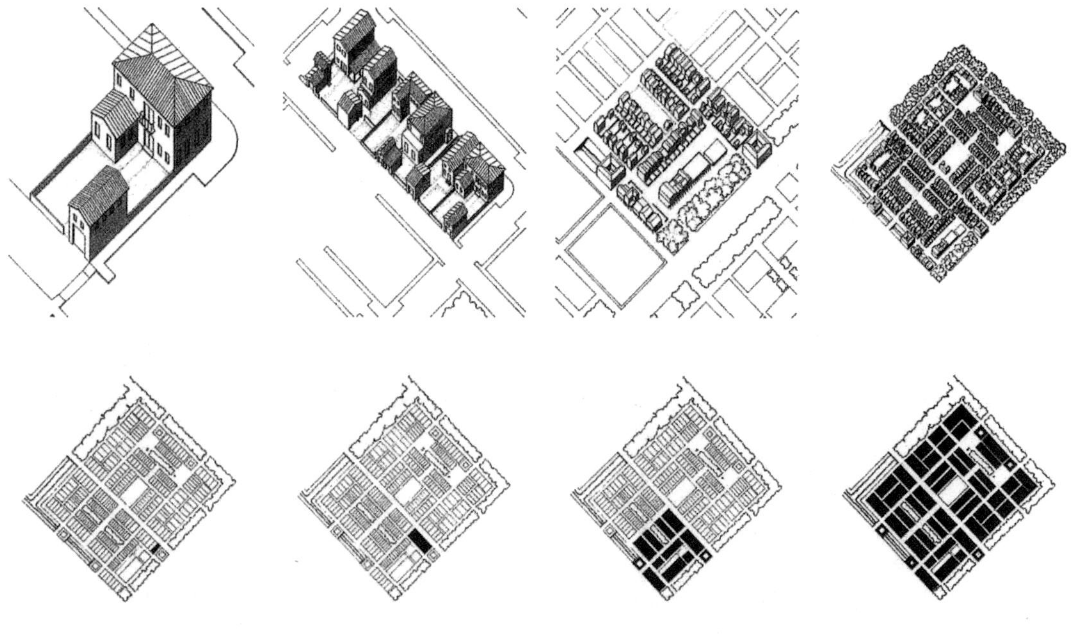

DCKCV 所绘的这一组图展示了新城市主义方案可以按照传统郊区的开发面积分包给独立建造商。

这些方案包括（从最左往右）每次一个地块、半个街区、一个小区或一个完整的邻里。

开发项目怎样能像大型开发项目那样，分成很多小的部分，由多个建造商历经多年建成。有的 DPZ 方案当中会有“控制性规划”，能让当地政府重掌几十年前出于效率的考虑让渡给私人开放商的街道规划的权力和土地细分权。普通的控制性规划由三个层面的规则组成；方案越是符合控规，它要面对的审查就会越少。DPZ 提出的 TND 规范是样板式的规划文件，地方政府可以采纳，开发商也可以直接实施而不必组织激烈的设计研讨会。它遵循了计划单元综合开发（the planned unit development）的法律先例，但是设计完全是按传统的邻里布局和建筑形式做的。

然而，企业和官员也设置了难题。早期版本的 TOD 是由卡尔索普、道格拉斯·凯尔博和丹尼尔·所罗门等设计师兼教育者提出的，其中并不包含“第二圈”独栋住宅；卡尔索普将其加进来，以迎合开发商对更高比例的单户独栋别墅的要求。当拉古纳西的开发商要求把网格换成标准的街尾环岛格局时，卡尔索普再次妥协。不过他在应该是直行过境街道的地方设计了步行连接通道。在肯特兰，DPZ 规划了一个两层的日托中心配合附近的市民空间，但是没有一家全国连锁的日托机构愿意入住运营，因为单层建筑需要的员工和保险费用都更少。（幸好终于有家本地的运营商同意入驻。）这座城市一直不愿意建窄于 6 米的街道，因为担心消防车通不过，直到建造商同意在那些窄街道两旁的房屋内安装自动喷水灭火系统。

在更大的尺度上，要整合 TOD 邻里和公共交通一直都很难。在加利福尼亚州圣克拉拉县，原有的轻轨线路正在扩张，开放商却一直无法在车站附近获得大块土地，而当地官员也不愿意利用再开发的力量把场地合并到一起。在萨克拉门托，尽管那里制定了为卡尔索普的拉古纳西项目服务的轻轨长期规划，但是没有任何保障。这就意味着，可能要等到开发出现之后公共交通系统才会得到落实，或者公交主导型开发可能要落后公交线路扩张几十年。

加利福尼亚州西萨克拉门托市的南港社区规划，杜安伊和普拉特－兹贝克为其制定了独特的实施策略。它既降低了获批难度，也让开发商心甘情愿地遵守一个高度详细的控制性规划。

这个"胡萝卜"（利诱）方案勾画了三个等级的顺从。第一级的规划（下方左图）确定了所有街道、街区和公共空间的形式。

开发商为这样的规划申请批准，需要交纳少量的费用并等待六周。这与漫长而昂贵的环境评估和公共审批程序形成鲜明对比，而后者是加利福尼亚州大部分地区开发项目的标准流程。

第二级（下方中图）要求主街道、零售中心、公共建筑和公园按照总体规划选址。遵守规划的项目需要等六个月，费用也稍微多一些。

第三级的开发（下方右图）在尺度上和见于郊区的多数"住宅小区"项目相似。这种方案只确定最大的辅助干道、活动中心、学校和每个开发区域之间的绿带的位置。

遭遇这种情形的开发商，要为这样的项目面临"正常"的大量评估。这往往意味着要拖上数年，而且通常要为专家、诉讼以及缓和项目影响付上昂贵的费用。

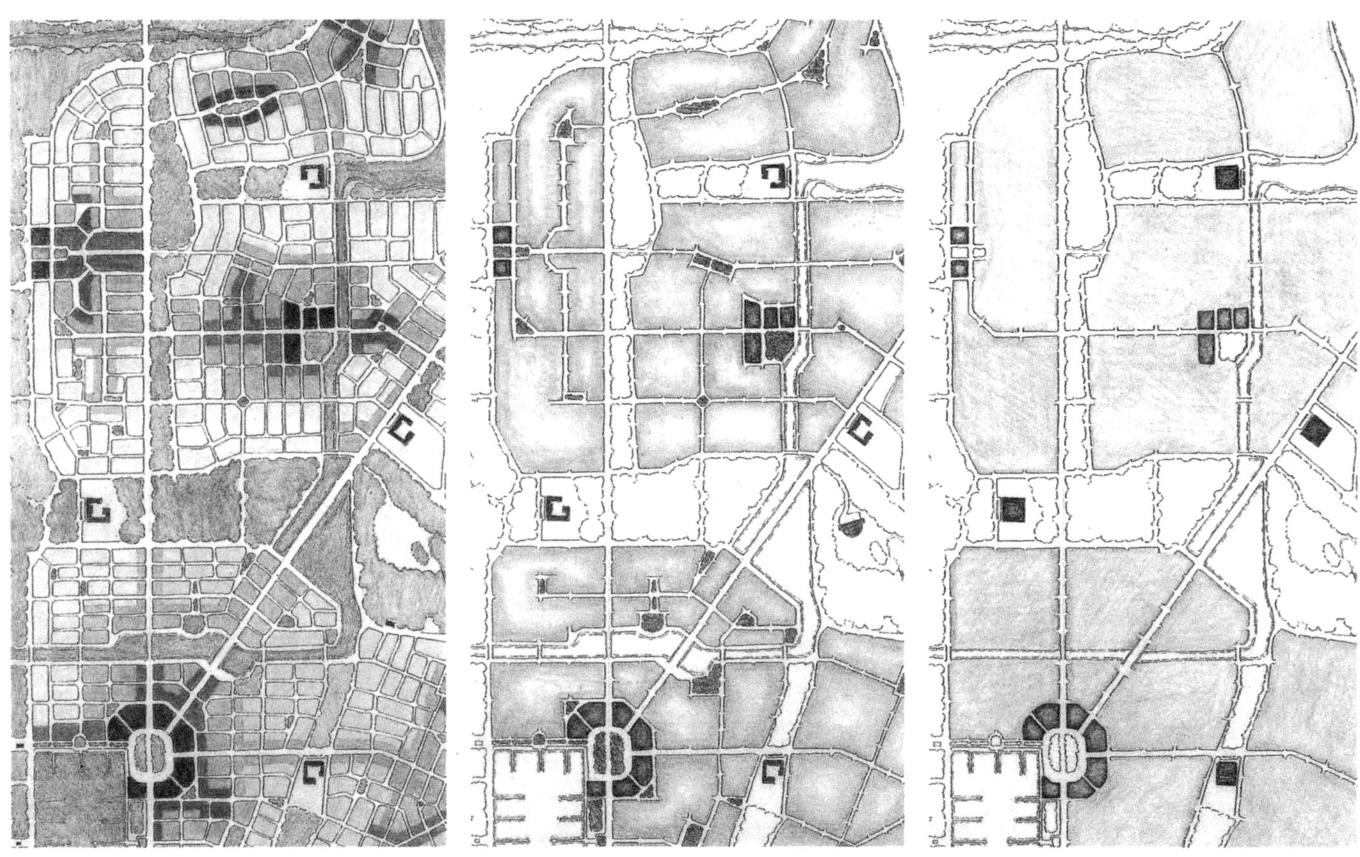

使命湾（下图），为改造旧金山一个大型工业区所制定的方案，建立在由街区、排屋和邻里商业街以及开放空间组成的城市格局当中。

根特广场（底部左图）位于弗吉尼亚州诺福克市，是一个整合现有历史邻里的再开发项目。（哈利·威斯事务所，1970 年—1990 年）

波士顿的港角（底部中图），部分被废弃的公共住房项目（底部右图）被改造成混合不同收入阶层的住房。填充的排屋和新的街道网络为建筑物、街道和公共空间之间建立起良好的关系。

炮台公园市（右图）将纽约的街道网格延伸到滨水填河造陆区，并要求公寓楼的体量和外观让人想到曼哈顿的历史公寓街区。

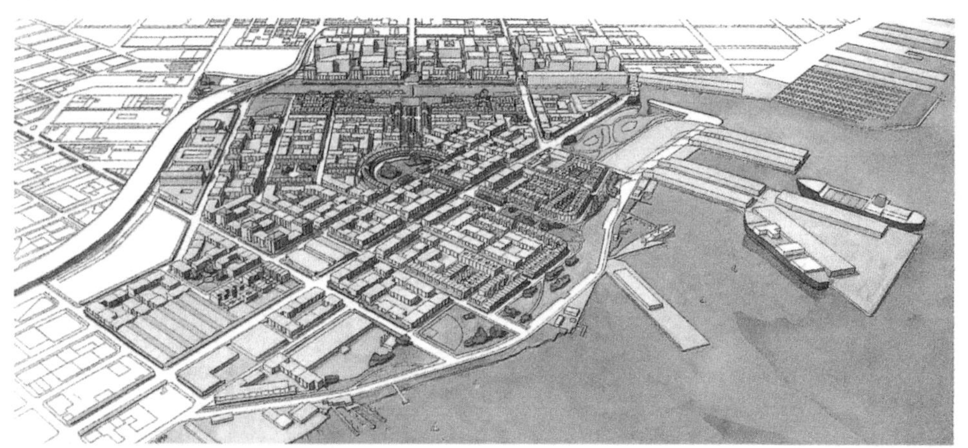

但是，有人会主张：只要公共交通或者TOD就绪之后，最终公共交通和更密集的开发很可能就会联系起来。这正在旧金山区域的BART轻轨系统的各个车站周围发生着，那些地方密集的车站区开发过去几十年曾一直遭到抵制。现在，像康科德（Concord）、普莱森特希尔（Pleasant Hill）和海沃德（Hayward）这样的城市正在规划着车站周边新一带的增长。

新城市主义的前景

本书展示的项目实在难以揭示新城市主义到底在多大程度上影响着美国城市和郊区设计。有无数的事务所和规划机构在再开发规划、设计评审准则和区划法规中都推崇新城市主义策略。比如，多伦多正在研究如何通过区划和设计规范推动主街道两旁的小型填充项目，那些街道本来就是步行主导的交通走廊。过去十年间，纽约市一直在重写其受勒·柯布西耶影响的“园中孤塔”式的区划条例，以鼓励建造较低矮的建筑，比如像纽约闻名遐迩的“褐石屋”（brownstones）、派克大道（Park Avenue）的公寓以及“结婚蛋糕”式的办公楼。

正如海滨小镇让传统邻里开发（TND）的理念得到实现，曼哈顿的炮台公园市1979年总体规划（由亚历山大·库伯和斯坦顿·埃克斯特制定）证明了传统的街道模式和建筑形式如何能引入城市填充和再开发地块中。很多类似的规划也在推进当中，最有名的有洛杉矶（普莱亚维斯塔，由穆尔和波利佐伊迪斯、摩尔·鲁布·亚戴尔、DPZ和汉娜/奥林设计）、旧金山（使命湾，由EDAW、ELS、所罗门、SOM设计）和波士顿（海湾点，由古蒂·克兰西设计）等地。在纽约，彼得森/里滕伯格制定的克林顿再开发规划在原来的曼哈顿网格中加入了新的具有创新性的街区内部公共空间。

甚至新建的棒球场在设计时都遵循了新城市主义的原则。比如，巴尔的摩卡姆登园金莺球场（HOK Sports）很好地融入现有的网格中（巩固了街道的公共空间），连接到附近的轻轨和通勤铁路线（在汽车之外提供了新的出行选择），并且在不远的步行距离内就有住宅、零售和办公设施（增加了当地活动的多样性）。克利夫兰的新市中心规划和棒球馆（佐佐木设计事务所）等项目，都强化了市中心区作为区域性活动中心的角色，而其设计一反几十年的惯例：一座堡垒式球场在中间，周围是好几亩宽的停车场。

虽然新城市主义中体现的设计准则极有可能在未来很多年影响新建社区的形态，但是它们对人们的生活会造成什么样的影响恐怕就没那么确定了。其中的原因有很多：首先，有批评家指出新城市主义的项目（特别是DPZ的）强调视觉风格胜过规划实质。那会产生这样的危险：新城市主义运动会被描

巴尔的摩广受称赞的金莺公园球场（右图与底部左图）被视为一个规划的成功案例，因为它重新评估了市区在更大区域中的重要性，它尊重了城市街道规划和邻近的历史肌理，并且连接了公共交通。

克利夫兰市盖特韦区（Gateway Cleveland）是一个城市复兴项目（底部右图），其中包含一个与金莺公园球场有类似设计的体育场。这样的一些项目调和了依赖汽车的大尺度用地和传统城市尺度的用地之间的矛盾。

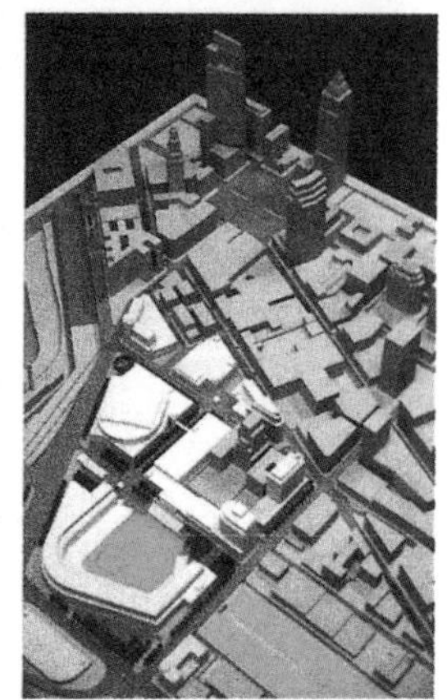

述成复古的房屋设计风格加小镇式的邻里规划，而其实质的规划理念却因为遇到挫折或不受关注而被抛弃。（扫一眼随便一张报纸上的房地产版面就会看到，很多新项目都只是肤浅地运用了新城市主义设计方法，就用“新城市主义”作营销的“噱头”。）其次，有人批评新城市主义近郊和远郊的大尺度规划是给无序蔓延正名，而不去仔细考察它在规划和设计上有什么改进之处。实际上，虽然那些很可能会兴建的孤立而分散的项目确实能改善社区居民的生活水平，但是除非区域性的规划措施能将新城市主义进行到底（比如像萨克拉门托、圣迭戈、波特兰、西雅图和多伦多等地所做的），除非这些原则能照例应用到城市填充项目中，否则新城市主义在更大尺度上的影响可能微乎其微。

同样，有一些事关大都市发展的基础性问题，新城市主义还没有完全解决。对于生态问题，新城市主义在局部和区域尺度上只是有极少的处理（卡尔索普打算在他即将出版的新书中处理这个问题）。而且，对于处理美国日益尖锐的经济、社会分离，书中的项目顶多只是采取了一些尝试性措施。比如，它们只是很有限地扩大了拥有住房的机会；为低收入家庭和有特殊需要的人群提供住房还需要政府花更大的力气。

最后，新城市主义者设想的那些社区不大可能单靠设计方面的努力而实现。一个项目一旦完成，就会发展出一级级的社区组织。描绘得那么美丽的社区公共空间将控制在私人业主协会手中，还是将真正属于公共的？像日托中心、教堂和会议厅等社区机构会对所有人开放吗？所有权的合作体系，比如欧洲实行的公有住房（cohousing）和互助居住（mutual housing）模型，能否为社区凝聚力提供更强有力的基础？

新城市主义令人欢欣鼓舞地往前进了一步，但也只有一步而已。这场运动充其量让公众的注意力再一次更加集中地聚焦到我们社区的设计如何能对生活产生非常现实的影响。如果这些项目的出现可以激发人们对美国社区的本性进行更加广泛而持久的公众讨论，如果海滨小镇，拉古纳西、里维埃拉海滩及其后继者能创造出生动的替代方案，以取代当前原子化、私人化的开发模式，那么新城市主义也许真的要开始重塑美国梦了。

确立城市格局

我们只有学会了艺术性地规划，才能获得美丽的城市和乡村。正如伦敦、巴黎以及国内的很多例子所证明的那样，改造能大大地帮助我们，但是修修补补而成的东西绝对没法与一蹴而就的相比。

查尔斯·马尔福德·罗宾逊，《城镇的改进》，1907 年

SPEED
LIMIT
15
SLOW
CHILDREN
PLAYING

海滨镇

沃尔顿县，佛罗里达州，1981 年

海滨镇规划（下图）的设计目标是为全体居民优化临水通道和景观，而不只是为海滨豪宅服务。

这个社区中靠着房屋门廊的街道和人行道（对页）都最终通往海滩或镇中心。镇中心是半个八边形（规划底部中间），隔着贯穿全镇的主街道，与墨西哥湾相对而视。

海滨镇主要的公共场所包括（规划图靠左端）一个学校、镇议会厅（十字形建筑）和广场，还有镇中心北侧的露天市场和网球俱乐部（上方右侧）。

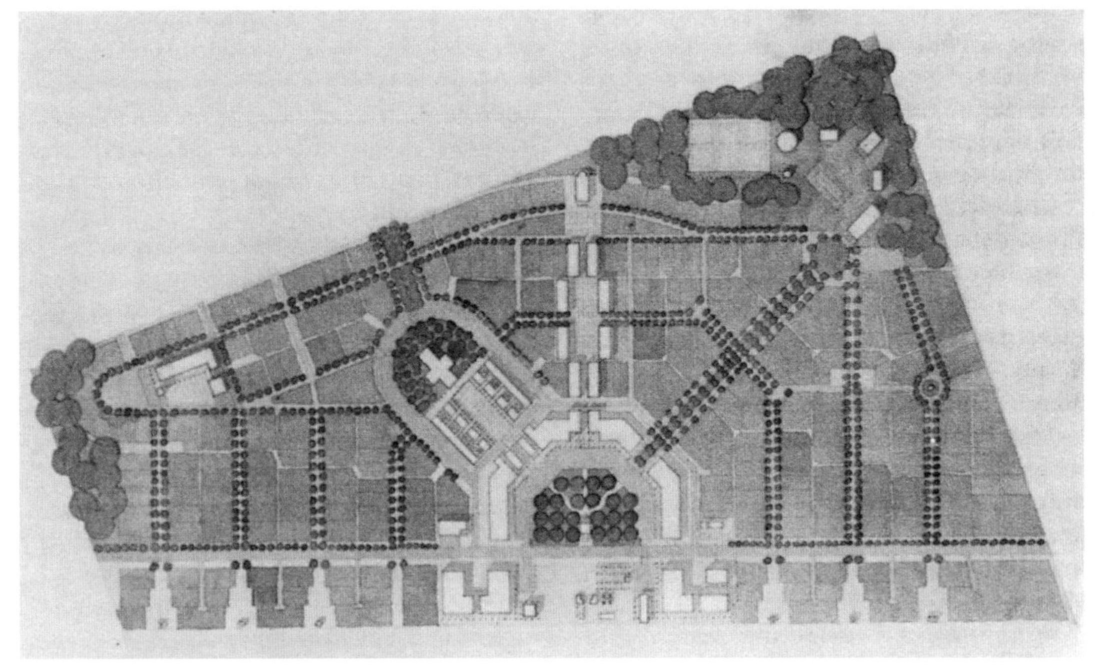

私人住宅、公寓楼、出租公寓和零售商业占据了佛罗里达的海湾北岸（左图），有人称这里为“乡下的里维埃拉”。和很多海岸地区一样，这片区域长久以来的规划都很糟糕。

尽管墨西哥湾沿岸的海滩是最好的，但是海滨镇周边的大多数社区都很少能让公众接触并享受到这一自然资源。

虽然只有 10 岁大小，占地也仅有 32.4 公顷（大约只有中等规模的区域性购物中心那么大），佛罗里达州“锅柄”状的狭长海岸边的海滨小镇却成为一个对美国城市生活具有重要意义的地方。尽管有评论家斥其“太小”，不是“真正的镇子”，但是这个仍在不断发展的新社区自建立之日起就成为了媒体持续关注的焦点。《时代周刊》1990 年将其评为“十年最佳”设计，《美国新闻与世界报道》《史密森尼杂志》《漫旅》《人物》和《大西洋月刊》也都报道过它。多家电视网都拍过这个小镇的专题片，还有查尔斯王子也在他关于建筑的 BBC 电视节目里以及后续的书里讲过它。

海滨小镇的高曝光度和创新的规划理念已经促使人们反思美国新社区的设计。它的不同之处不仅仅在于其外观，海滨镇还展示了造就它的规划原理和工作方法与其他地方的差异。

这个小镇的首席设计师，建筑师安德雷斯·杜安伊和伊丽莎白·普拉特 – 兹贝克，四十多张手绘，探索了海滨镇多种建筑形态组合的可能情况（如右图），帮助设计团队改进了小镇规范的标准。

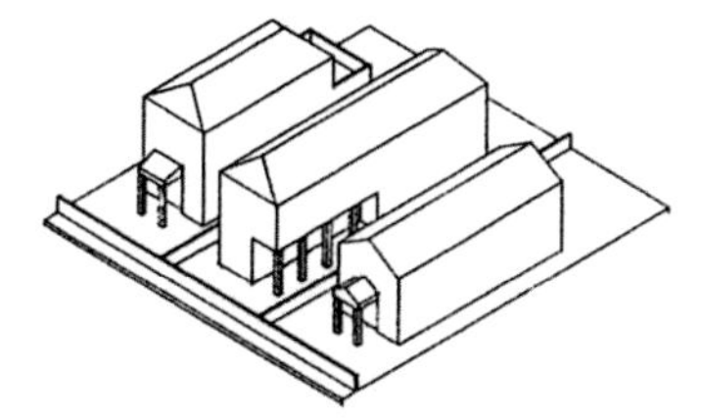

海滨镇的设计强调了公共空间（右页），包括了从主广场到街区中心只能步行的步道等多种形式。

在这个小镇的构想中所追求的首要目标就是：营造强烈的社区感。强调这一点是要力图反转他们在当代郊区生活的很多方面都发现的疏远趋势。在他们看来，这种疏远和相关的社会弊病是乡镇和城市原有的公共领域日益私有化造成的。所以他们提出，海滨小镇要反其道而行之，明确强调公共空间优先于私有空间。

按照这一策略，杜安伊和普拉特－兹贝克首先划定了小镇的公共空间——不仅包括人们通常以为的像公园、广场那种公共空间，还包括街道、林荫大道、人行道，以及当地的自然特征，比如海滩和沙丘。然后，通过运用新式的规范策略，让私人建筑逐渐填充到公共空间周围。随着完成度不断提高，规划也越来越清晰。典型的郊区环境发生增长时，通常能见到公共空间遭到侵蚀；而海滨镇这种累加的过程与其有明显的区别。

为了促进社区互动，海滨镇紧致的布局服从了“步行五分钟”的原则：大部分人步行四分之一英里（约 400 米）所需的时间是五分钟。人们的日常需求在这个距离内就能得到满足，所以这个小镇非常适合步行。它减少了对汽车的依赖，促进了居民日常的交往。

海滨镇规划的人口规模是 2000 人，并在其中混合了多种功能，这与美国 20 世纪二三十年代的小镇或城市邻里很像。小镇预计最终将建成 350 栋独立住宅和 300 套其他类型的住宅，其中包括公寓、附属房屋和酒店客房。这里主要的公共设施有学校、市政厅、露天市场、网球俱乐部、圆形露天剧场和一个很小的邮局。规划中还包括了商店和办公场所。

海滨镇原来被设计成一个平价的海滨度假社区，现在却更像高档度假村。这个小镇自奠基之日起，就吸引着全世界开发商的兴趣，10 年以来住宅的地价已经涨了 10 倍。如果考虑到周边的地价同期一直保持稳定甚至下跌时，这个数字看起来就更加令人瞩目了。这个社区的住宅用地都已全部售出，而且已经建成 225 栋住房。这个镇的规划已经完成了 70%。因为剩下的建设主要是市政和商业区，所以要评判这个镇作为完成的社区运行得到底怎样，现在还为时过早。

但无可争辩的是，海滨镇的名气和影响力已经超过了任何人（包括其开发商和设计者）的设想。普拉特－兹贝克称这个小镇的成功纯属“天意”，并指出自己和丈夫杜安伊并不打算在海滨镇的设计中“解决美国所有的城市问题”。这个小镇能够生存发展起来，足可以作为其他新开发项目的典范，她将此归功于前期的大量研究。这些研究是与事务所配合融洽的客户——开发商罗伯特·戴维斯合作开展的。

就在戴维斯决定开发这块地之后不久，他、他的妻子和建筑师杜安伊便到这一带漫游，想探寻到底是什么使得这些历史悠久的南方小镇运行得这么好。根据旅行中的观察以及对过去经典规划模型的研究，他们逐渐形成了这个小镇的设计策略。

海滨镇的设计过程中有一个关键事件，那就是一个为期两周的现场会议，其中牵涉到很多人：客户、员工、设计师同行、当地

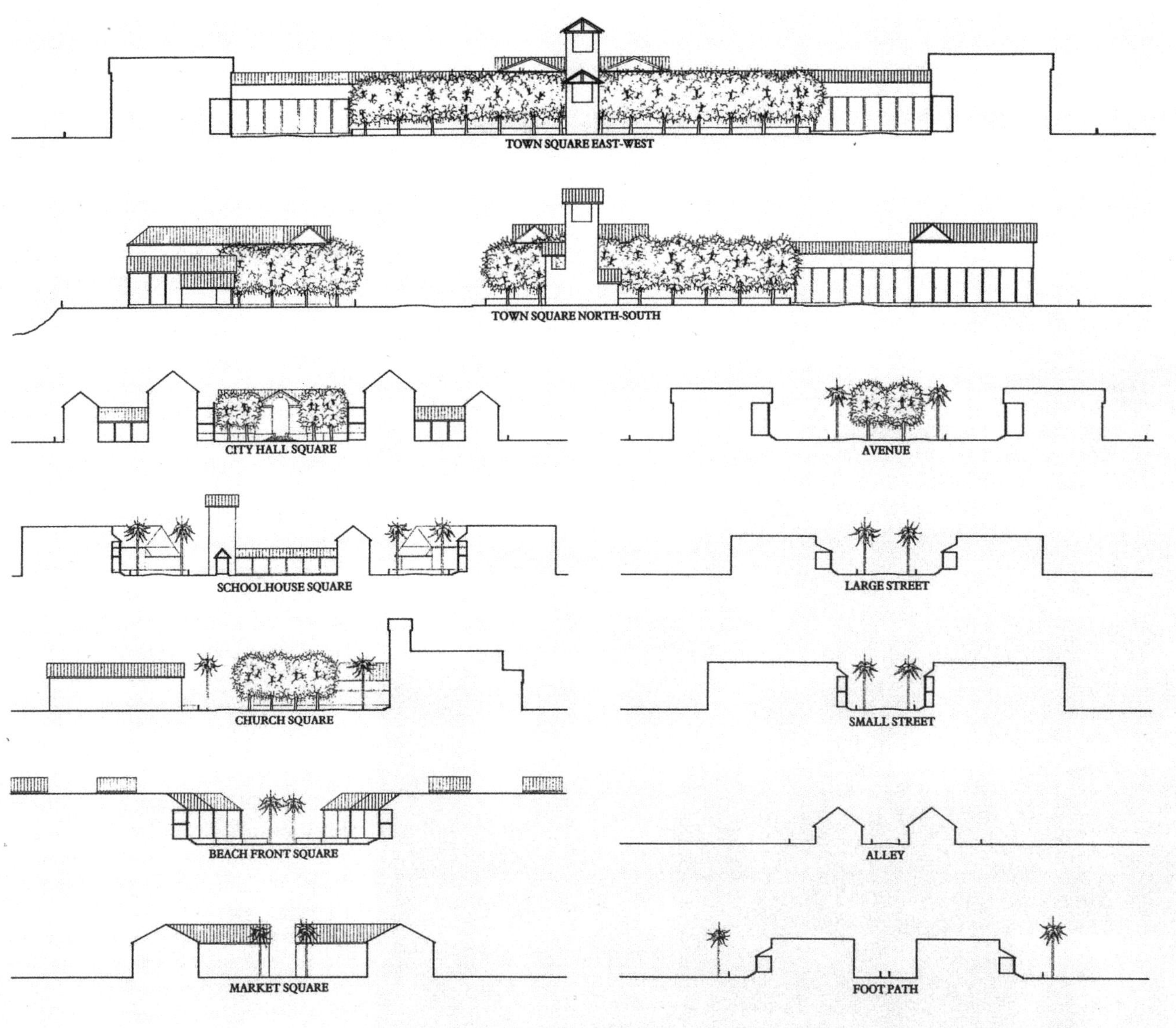
TOWN SQUARE EAST-WEST
TOWN SQUARE NORTH-SOUTH
CITY HALL SQUARE
AVENUE
SCHOOLHOUSE SQUARE
LARGE STREET
CHURCH SQUARE
SMALL STREET
BEACH FRONT SQUARE
ALLEY
MARKET SQUARE
FOOT PATH

官员和其他一些顾问。这是这家事务所第一次使用“研讨会”（charette）的方法做参与式规划。DPZ 连同其他一些事务所从那以后就将这种工作方式作为一项标准工作流程来使用。

为了保证小镇的多元性，规划者将单体建筑的设计留给了

海滨镇备受吹捧的社区感主要由房屋到其他房屋和街道的距离较近产生的（见下图）。小镇的设计规范强制要求所有的私人建筑物都必须紧靠统一的建筑红线，这样有助于限定街道的公共空间。

南北向的街道上，一致的后退距离留出了通往大海的视线走廊。前门廊很小并与街道靠得很近，这是海滨镇城市规范的另一元素。

虽然区划、建筑设计和景观法规都有严格的规定，海滨镇中仍然有着相当丰富的多样性。这里的每栋房子都是独一无二的，分别采用了各不相同的多种建筑风格。

别人。尽管人们都说海滨小镇是已成名和初出茅庐的建筑师的舞台，但是这里最成功的那些住宅却有很多是由建造商或业主设计的。

小镇的城市设计规范，区区一张海报，也许恰恰能让非专业人士自由地构想并实现自己的设计。这个规范是规范性的而不是限制性的，它指出建筑可以和应该建成什么样，而不是相反。规范上的规则通过一系列简单的图示和客观描述特定建筑类型的文字说明来传达。海滨小镇的规范中首次形成的一些想法成为 DPZ 事务所在后来的项目（本书收入了好几个）中所采用的传统邻里开发（TND）标准的基础。

设计者引以为傲的是：小镇实现了他们所追求的那种强烈的社区感，同时还严格服从着他们预想的实体规划。和近来的其他总体规划不同，有些像是将各个年代最流行的建筑风格收集而成的建筑“名录”，而海滨镇富有弹性的城市结构似乎没有这种问题。有个证据就是它优雅从容地将风格迥异的建筑吸纳其中：维多利亚、新古典、牛仔（Cracker）、现代、后现代，甚至解构主义。

尽管在最严格的意义上说，仅靠各种风格和策划元素的组合并不足以构成“真正的小镇”，但不可否认的是：在海滨镇提出的关于社区的强有力的理念已经为美国未来的城市化提供了重要的经验。

海滨镇备受吹捧的社区感主要由房屋到其他房屋和街道的距离较近产生的（见下页图）。小镇的设计规范强制要求所有的私人建筑物都必须紧靠统一的建筑红线，这样有助于限定街道的公共空间。

南北向的街道上，一致的后退距离留出了通往大海的视线走廊。前门廊很小并与街道靠得很近，这是海滨镇城市规范的另一元素。

虽然区划、建筑设计和景观法规都有严格的规定，海滨镇中仍然有着相当丰富的多样性。这里的每栋房子都是独一无二的，分别采用了各不相同的多种建筑风格。

海滨镇的航拍照片（下图），摄于1989年，展示了完整的街道网格。镇子东部的街区差不多被建成的房屋填满，而西部只有少量房屋。

街道（底部）上原来铺的是碎贝壳，后来都铺上了地砖。钢板是在海滨镇使用最多的屋面材料（右图），也是小镇规范中建议的多种选项之一。

海滨镇有着一个海滨社区应该有的那些特征。沙子铺就的步道网络（对页）穿插于街区之间，让人们可以舒服地光脚走到沙滩。

“克里尔步道”是以建筑师莱昂·克里尔命名的，这些步道正是他提出的。这些步道有时充当着住宅地块后方通往附属建筑的主要通道。

海滨镇的海滩开发项目整合了公共和私人用途。和其他州不同，佛罗里达州并不限制私人的海滨建筑。但是，在这份规划中公共沙滩占据主导。

一组名为“蜜月小屋”（下方左图）的六个完全一样的租住单元，和少量独户住宅（例如底部左图）是岸边主路在海滩上仅有的私有住房。

其他的建筑物，比如亭子和栈桥（下方右图和本页背面），以及海滩本身都被视为给所有居民和游客服务的公共设施。

海滨镇独具特色的海滩凉亭反映了开发商罗伯特·戴维斯对建筑和设计的浓厚兴趣。它们被称为“点景亭”，其主要功能是标出海滩入口并成为镇上街道景观的背景。

有些点景亭也充当着为去海滩的人提供各种服务设施的海滨小屋。所有的点景亭都设有座位，人们可以在那里欣赏海湾风景。

连接凉亭和海滩的栈桥是后来才加进来的，它们是对近来佛罗里达州为保护敏感的海滩和沙丘区域制定的法规所做出的回应。

彭萨科拉街上的海边凉亭（下方左图），由托尼·阿特金（Tony Atkin）设计，顶上是鹈鹕形的风标。现在它已经被用作镇里的小教堂。

东罗斯金街凉亭（下图）是由斯图亚特·科恩（Stuart Cohen）和安德斯·内瑞姆（Anders Nereim）设计；图珀洛街的凉亭（底图和对页）由埃内斯托·布赫（Ernesto Buch）设计。

公共和商业场所是海滨镇人群聚集的地方。镇上的市场区（下图）使用集装箱作为基本的建造模块。增添的人字形屋顶、木柱和布篷让其工业特征得到软化。

海滨镇第一座商业建筑（右图）由德博拉·伯克（Deborah Berke）和斯蒂文·霍尔（Steven Holl）设计。伯克设计的（照片左部）是一个市场，霍尔设计的（照片中部）房子包括了商铺、办公室以及上面的住房。

海滨镇的邮局（底部右图）是位于小镇规划焦点位置上一处很不起眼的设施。由罗伯特·戴维斯和罗伯特·拉马尔（Robert Lamar）设计，其新古典主义的设计和战略性的位置让它成为这个镇的一个建筑标志。

汽车旅馆的停车场（左图），由司各特·梅里尔（Scott Merrill）设计，是海滨镇上最大的停车场所。茂盛的树冠让这里成为一个对人和车都很舒适的地方。

在整个镇里，人们都能感受到个别建筑物和公共空间之间众星捧月式的关系。镇里的水塔，在地平线上能见到（下图），它是从有个小凉亭的图珀洛圆盘上能看到的街道景观终止的地方。

这些关系对人们在海滨镇里的方向感非常有用。各种多样和统一的元素共同营造出小镇景观，很有活力却又不显得杂乱。

尽管很多建筑师将海滨镇看作当代设计的圣地，但是这里大部分住宅（仅选几例，横贯这两页）表现出的是这个地区的地方传统。

美国东南部和加勒比海地区的民居风格奠定了海滨镇建筑规范的基础。正如人们预料的那样，由建造商和业主设计的大多数房屋都比较简单，直接遵循着小镇的设计规范。

最早的时候，海滨镇上受牛仔建筑启发的房屋（例如右图）反映了规划团队最初的意图和期望。随着地价升高，更大、更精致的住宅（下图）成了标准。

过去这些年，很多接触建筑师都在海滨镇设计了住宅。莱昂·克里尔，一位国际公认的建筑师、理论家和城镇规划师，设计了这栋房子（对页左图）。这栋房子完成于1989年，是克里尔第一件建成的作品。

施密特住宅（对页上方右图）由德博拉·伯克和凯里·麦克沃特（Carey McWhorter）设计，是对查尔斯顿侧院住宅的当代改造。伯克在小镇担任了多年的首席建筑师。

瓦尔特·查特汉姆为自己家里设计了这栋住房（对页底部右图）。尽管它要求门前的小草坪（照片中看不到）要有变化，这栋房子仍然完全符合小镇的设计规范。

海滨镇中混合的多种风格、建筑类型和用途（下图），赋予它以独特的肌理和真正的多样性，与人们通常认为的“规划社区”形成鲜明对比。

尽管没有任何整体性的主题或风格，海滨镇还是展示了风格迥异的建筑怎样能共同创造一个生机勃勃却又和谐统一的地方。海滨镇的总体规划和各种规范确保了单体建筑不会破坏小镇基础的城市结构。

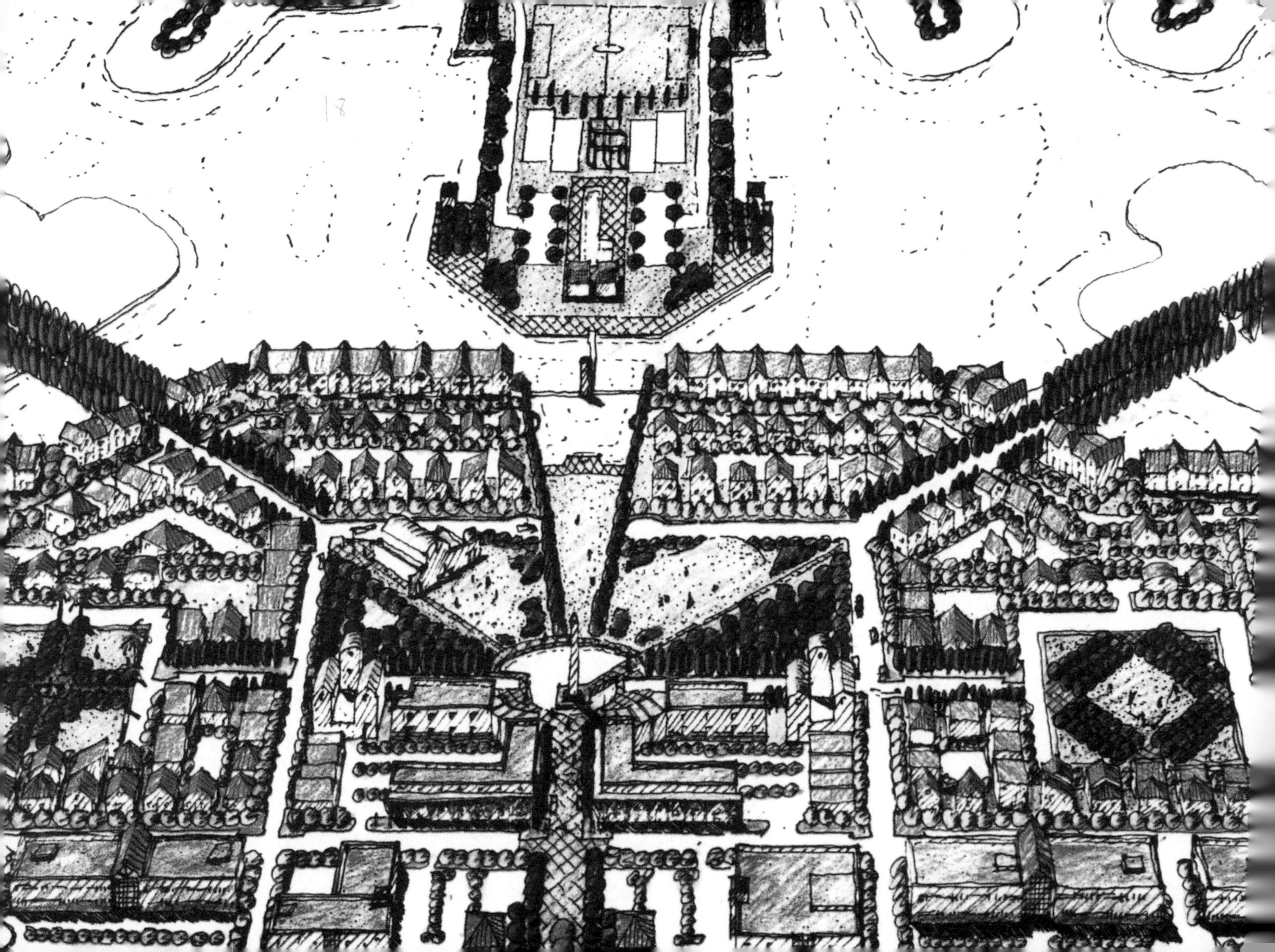

拉古纳西

萨克拉门托，加利福尼亚州，1990 年

这里本来会成为又一个让人过目即忘的郊区宅院和办公园区的聚集地，相反，开发商菲尔·安吉利德斯说服其合伙人和当地政府在拉古纳西这块 6300 多亩、离萨克拉门托仅 17 公里的地块上尝试新的开发策略。

卡尔索普设计师事务所提出的替代方案照搬了早已获得认可的传统方案中所有的创收元素，但是在确定的公共空间和公共设施（乡村绿地、市政厅、主街道和社区公园等）周边将它们重新组织起来。

拉古纳西被《洛杉矶时报》称为“更好的郊区”。它首次应用了卡尔索普的 TOD（公交导向型开发）原则。这些原则现在也在萨克拉门托市的总体规划中得到了应用。虽然目前还没有连通公共交通系统，但拉古纳西这个有 3400 套住房的社区包含了占地 600 亩的镇中心，在这个密度上设立公共交通服务非常合理（而大多数郊区都达不到这样的密度）。

拉古纳西新颖的规划理念帮助它在当地的房地产市场中获得一个高端的细分顾客群。最近有一项独立调查显示，这个社区中 84% 的居民相比于传统的格局更喜欢这里以步行为主导的设计。有人会说加州人绝不会放弃他们的汽车，而拉古纳西则证明：很多人都愿意生活在一个至少考虑了（除了开车以外的）其他选择的地方。

拉古纳西总体规划（下图）主要的焦点是 600 余亩的镇中心（对页，规划图上方中部）。其中包含了公共和商业用途，以及多种不同形式的中高密度的住房。

斜向的林荫道将这个稠密的中心区域和周围低密度独户住宅区所处的次级区域连接起来。一片约 400 亩的湖泊将两者隔开。湖中的两个岛提供了中等密度的住宅区。

市场状况决定了这个项目的开发分期。这里一开始聚焦于次级区域的独户住宅。拉古纳西的大部分公共基础设施也是第一期完成的。

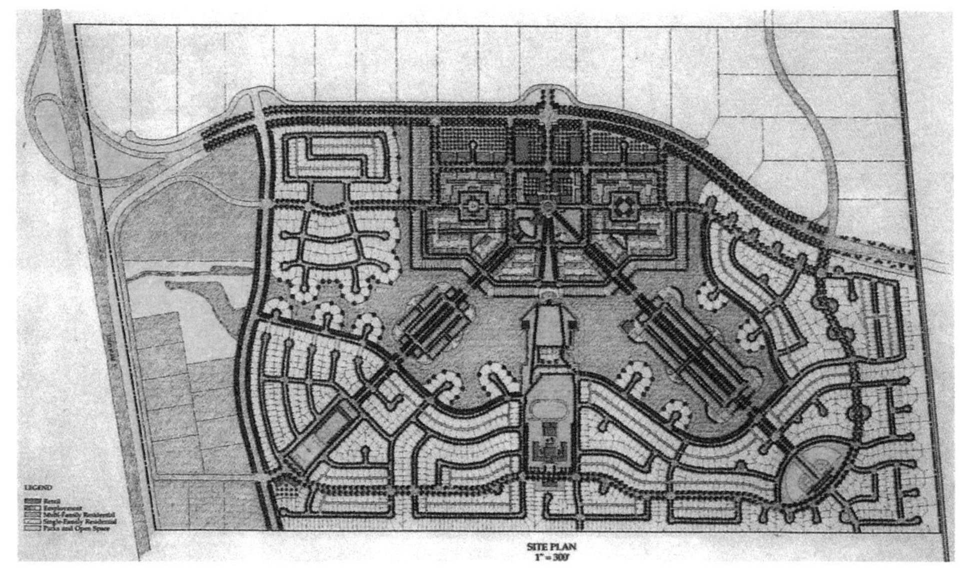

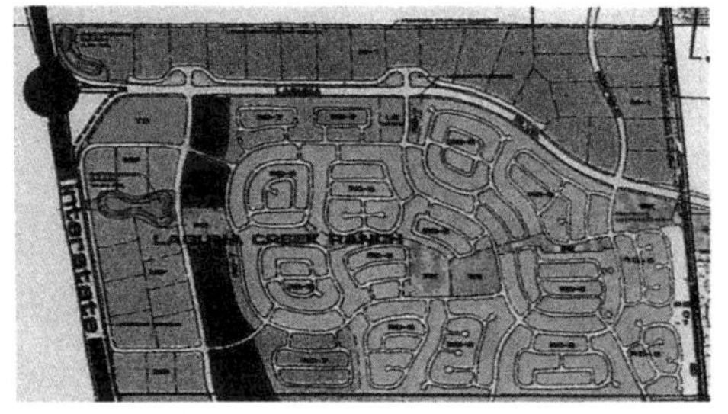

这块地先前的方案（左方规划图）将工作场所（紫色）和多户住宅（深褐色）安排在公路和主干道附近，以便为社区中的低密度独户住宅（金色）作缓冲。

与之形成鲜明对比的是，现在的总体规划（上图）将密度最高的住房放在商铺和各种服务设施周边。这让社区中更多的居民可以在步行范围之内满足各种日常需求。

拉古纳西主要的休闲区（对页上方左图与本页下图，照片中部）三面临水。这个公园里的游泳中心和跑道与旁边一所学校（照片中不可见）共用。

镇中心的街区既有住宅用地也有商业用地。拉古纳西密度最高的住宅围绕着两个小区广场（对页底部左图）。市政厅和日托中心位于一个更大的市政公园中（对页底部右图）。

拉古纳西中人们渴望的亲水通道和湖畔景观（下图及对页上方右图）在公共用途和私人开发项目之间得到平衡。

一条 6 米余宽的漫步道为通往湖畔提供了连续不断的步行通道。小半岛上的普通住房用地延伸到湖里。镇中心边上紧致的住宅区前是湖滨步道。

拉古纳西的南北向中轴线（下图）将关键的公用和商业元素组织起来。在人们进入并穿过小镇中心的过程中（从左往右），将依次看到它们。

轻工业和办公区域（紫色标出）紧靠着拉古纳林荫道的北侧，那是一条主要的东西向干道，连接着附近的公路和一个规划的轻轨站。

由四个街区组成的商业核心区，将郊区零售街常见的那些元素加以改造。街区外围的主力商店（橘黄色）在中轴线上能清晰看到，但是方向转了一下，都面朝社区的主街道。

街区内的小商店（红色）沿主街道和拉古纳西的中央转盘围出一道几乎连续不断的街墙。养老住宅（棕色）将这些街区补充完整。

这个社区主要的公用建筑（蓝色）占据了中央转盘周围最显要的位置。日托中心（一点钟位置）与市政厅/社区中心（四点钟位置）框住了小镇绿地的一端。

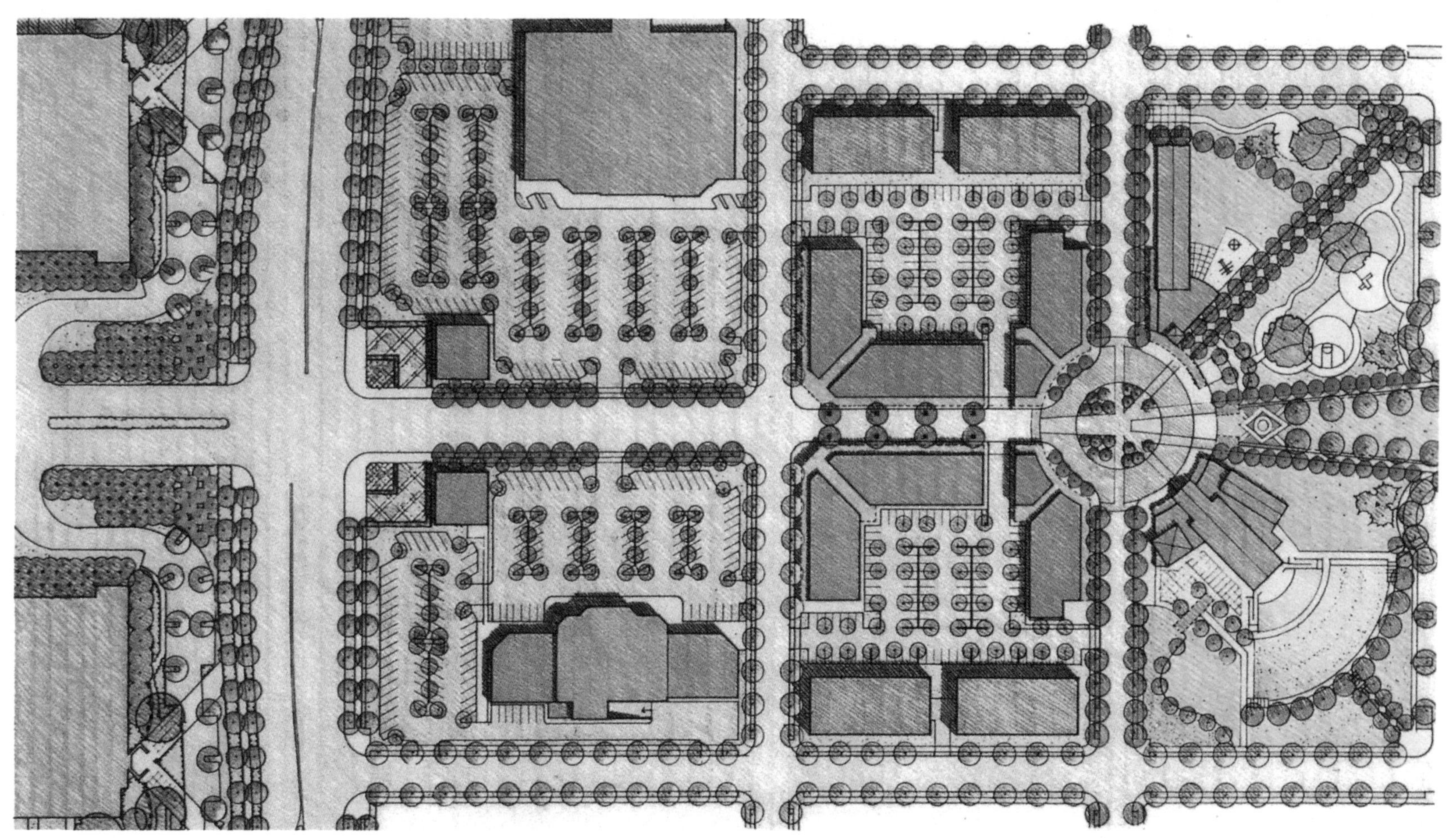

两三层楼高的公寓楼（金色）和带附属单元的紧凑的湖滨住宅在公用和商业核心周围组成一片中等密度的住宅。

有条连续不断的湖滨步道沿着镇中心的外部边缘。几座小桥让行人可以到达社区里的休闲娱乐区、游泳中心（蓝色）、小学和更远的独户住宅区。

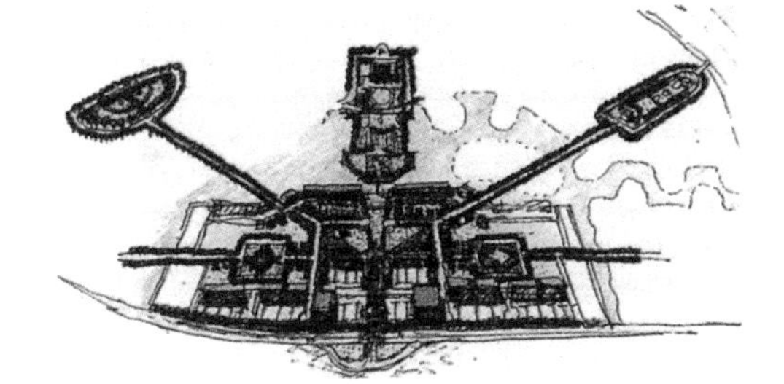

拉古纳西的街道网络和公共空间确定了这个社区的基本结构（左图）。两条辐射状的林荫大道将镇中心与独户住宅去周围的社区公园连接起来。

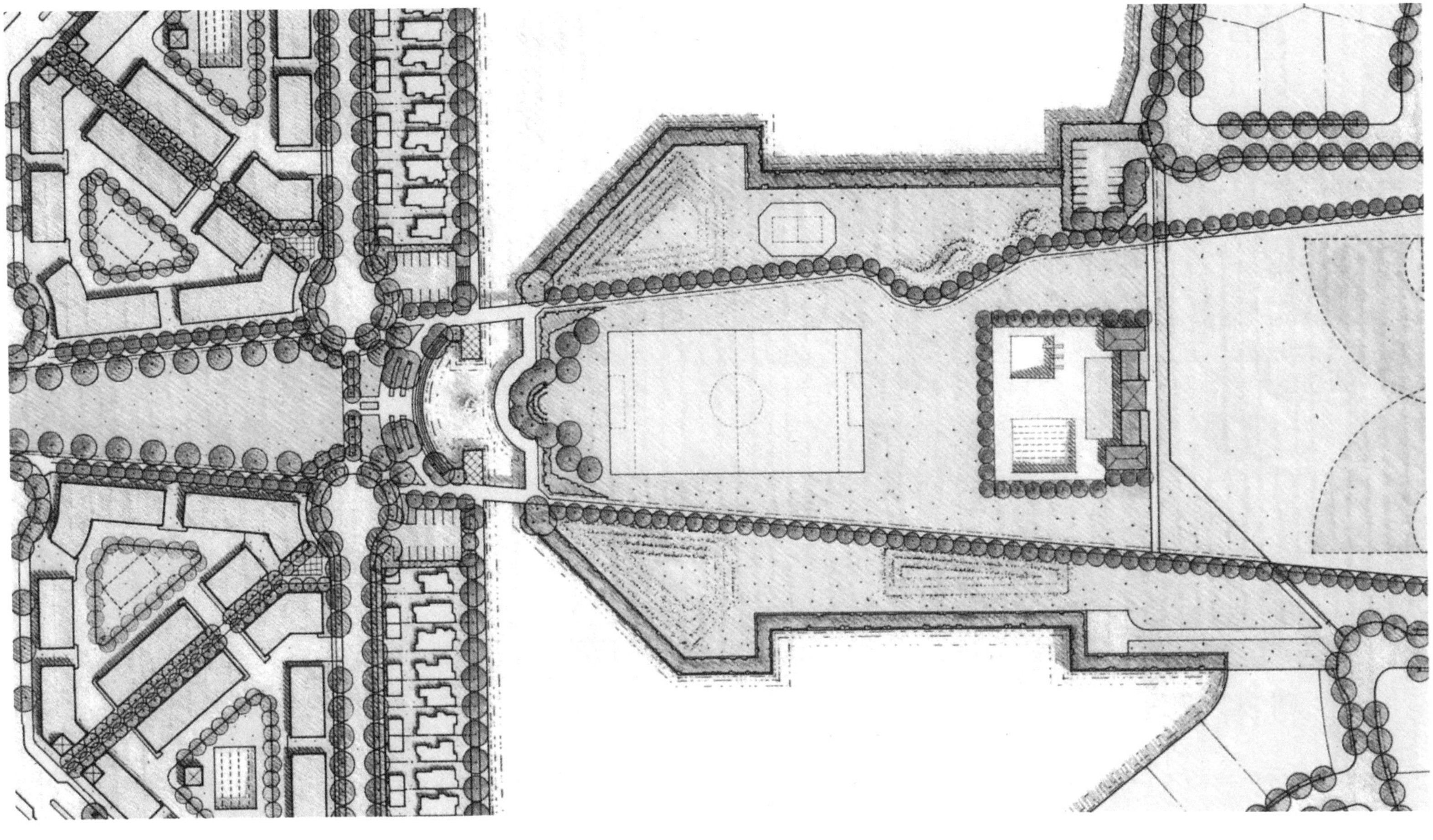

拉古纳西镇中心计划最先兴建的住宅是在湖滨步道旁由80套紧凑住宅构成的一个组团。加上附属单元后，这些独立住宅也能够达到和多户住宅差不多的密度（每英亩14个单元）。

有四种不同的平面方案可供选择。最小的单元102平方米，一层有两室两卫。最大的有167平方米，两层共三室和两个半卫生间。

针对广泛的客户群体，这些住宅吸引了首次购房置业者和“空巢者”。这些不太起眼的住宅因为临水所以有着特殊的优势。

湖滨步道就在这些住宅的正门口。门廊和抬高的游廊能促进居民和过路者的互动。

每两栋房子共享车道和停车区。这减少了每辆车所需的地面铺装面积。人行道旁，车库楼上的公寓有助于人们随时上街活动。

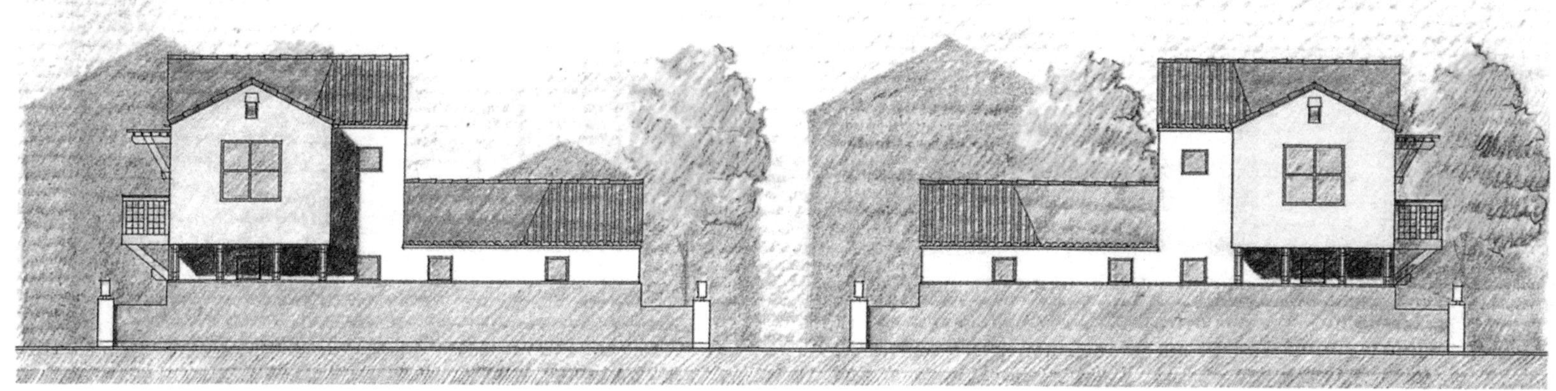

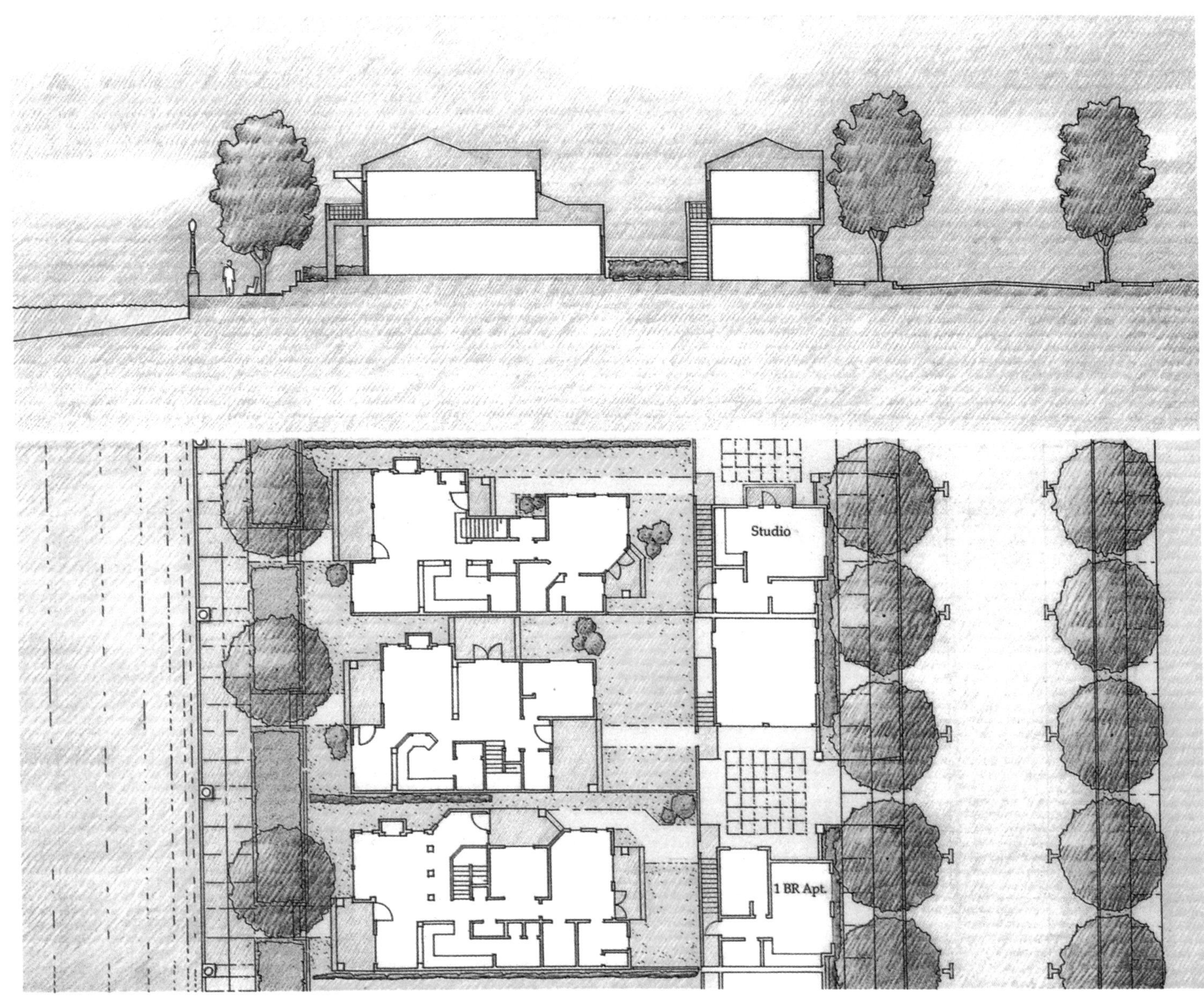
Studio
1 BR Apt.

SOUTHEAST ELEVATION (PARK)

SOUTHWEST ELEVATION (AMPHITHEATRE)

NORTHEAST ELEVATION (PLAZA)

拉古纳西最主要的公共建筑是市政厅（对页和本页下方右图）。这里兼有当地公园与休闲娱乐局的办公室、一个大礼堂、一个图书馆分馆和一座室外圆形露天剧场。

市政厅旁边的社区公园让人可以参加主动和被动的休闲活动（下方左图）。与开发项目强调公共空间的理念一致，拉古纳西最贵的土地专门用作公共用途。

苹果电脑将最新的一个工厂（底部左图）建在这个社区。它与镇中心隔着一条主干道，距大部分住宅区都不过五分钟的步行距离。

拉古纳西次级区域的房子（这两页）融合了多种传统元素。将这些元素应用到当代郊区开发项目中被认为是有新意的。
前门廊（下图和对页）正是这样的元素之一。近期的一项独立的市场调查表明，这个社区 80% 的居民都喜欢这一建筑元素，它通常是老社区和小镇才有的。
车库一般位于房子后面。“好莱坞”式车道用来减少院子里铺地砖的面积。拉古纳西的一些建造商还有马车房（对页左图）可供选择。
社区中还规划了大小和风格各异的多种独户住宅。这些房子风格多样，既有朴素的单层小屋（对页上方右图），也有更精致的多层住宅（对页底部右图）。
拉古纳西的设计规范控制着车库、门廊的位置以及房屋和街道、邻居之间的关系。规范中还对如何确立这个社区中住宅的建筑多样性提出了建议。

肯特兰镇

盖瑟斯堡，马里州，1988 年

肯特兰镇是首次将传统邻里开发（TND）原则应用到真实、全年的、实际运行着的社区。有评论家批评海滨镇只是一个孤立的度假小镇，因而并没有真正检验 TND 概念；而肯特兰社区则正好处于郊区发展的道路上，周边都是住宅区、购物中心和办公园区。

肯特兰位于盖瑟斯堡市，在华盛顿特区西北方向 37 公里处，坐落于被人称作“I-270 科技走廊”的中心位置。它已经被公认为一个由各具特色的邻里所组成的真实城镇，符合经典的美国传统。

这个社区（位于肯特农场 144 公顷的地块上）的总体规划，是通过由安德雷斯·杜安伊和伊丽莎白·普拉特－兹贝克领衔的一场广受报道的设计研讨会得出的。社区共包含六个邻里，每一个都组合了住宅、办公、市政、文化和零售等功能的元素。为了提高人口年龄和收入水平的多元性，这里规划了类型和规模不一的各种住宅。例如，马车房（carriage house），可能作为养老住宅，将出现在独户住宅和联排住宅的旁边，而出租公寓会安排在商铺楼上。

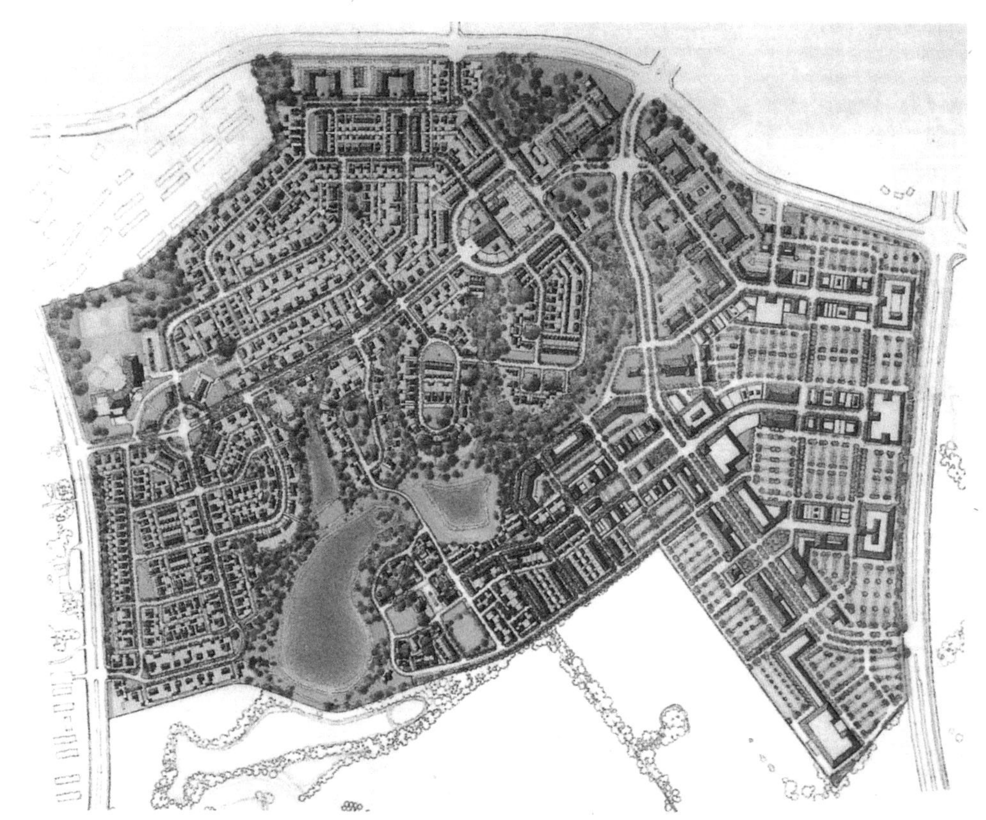

一栋宏伟堂皇的 19 世纪别墅，曾经是肯特农场的焦点，现在保留下来。肯特兰一些后来兴建的住宅（对页）使用了类似的建筑形式。

这份社区规划（上图）中包含六个各具特色的邻里和一个大型购物中心。这个版本的购物中心（规划图右边）有三条主街道，每条街道的尽头都有一个主力百货商店。

肯特农场原有的建筑、花园和景观特征影响了老农场邻里（下图）的设计。

一份早期规划计划恢复农场的观赏植物园（下图的右边中部）。这块地最终被用作肯特兰的乡镇绿地（见第 40 页）。

肯特兰有多种市政设施和公共开放空间。一片湖泊和湿地保护区、多个绿带和小广场有助于将各个邻里划分出来。社区里有一所学校和一家健身俱乐部，为社区提供了更多休闲区域。肯特农场原有的几栋建筑聚集在镇中绿地的一端，这里新建了一个文化中心。这个建筑群是老农场邻里的中心片区。

肯特兰镇主要的零售中心位于两条主干道之前。尽管这里一开始被定位为区域性购物中心，其中核心位置的主力店直接连通到镇里的主街道。而现在的规划则借鉴了更传统的郊区模型——这个模型后来被零售开发商称为“力量中心”。

最终建成的肯特兰镇包含 1600 个住宅单位，居民总数达到 5000 人。建设开始于 1989 年，而且从那以后，所有的道路、总水管和下水道已经全部完成了。小学现在正在运营，小镇的第一座教堂也将很快投入使用。几家本地的住宅建造商，连同肯特兰镇的创始开发商，已经售出了 750 块住宅用地。此时此刻，已经超过 300 个单位有人入住了。

经济形势严峻的时代，特别是零售业萧条，导致这个开发项目财务重组。它现在控制在这个项目的主要债权人（本地的一家储蓄银行）手中。尽管所有权有变动，设计团队的意图还是在肯特兰镇稳步完成的过程中得到了贯彻。

老农场的这块地上规划了一个文化中心，就安置在现有的一座谷仓和大房子之内（下图，分别在图中左右两边）。

这一公共用途是第一次设计研讨会时提出的。那些历史建筑被捐给了盖瑟斯堡市，并将由市里来运营。

这里有一棵非常显眼的树（人们叫它“老橡树”）被保留下来，成为一个小型住宅组团的焦点。

两条繁忙的主干道交叉路口上，一个区域性零售中心占据了肯特兰中相当大的一块地（下图和右图）。

在这个早期方案当中，一家传统的区域性购物中心将其食品区的入口与镇上的广场连通。这个综合性的中心体现着城市特征，这里的大部分居民都可以步行到达。

从附近的干道出发，这个中心与典型的含多家主力店的购物中心一样。购物中心周围的大型停车场分成块状，是为未来可能的发展而准备的。

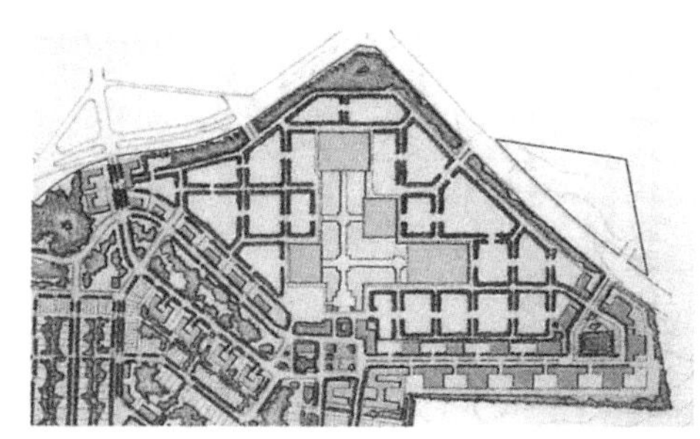

肯特兰的镇中（Midtown）邻里（本页）与区域性购物中心以及老农场邻里相邻。它为本地社区提供了商店、办公和公用设施。

作为小镇边缘地带有着繁忙的零售活动的区域性购物中心与住宅更多的邻里之间的过渡地带，镇中邻里的广场和街道提供了真正的公共领域。这在大部分城郊开发区是没有的。

历史小镇，比如弗吉尼亚州的亚历山大里亚和新泽西的普林斯顿，为这个邻里中设想的那种城市化提供了经过检验的示范。

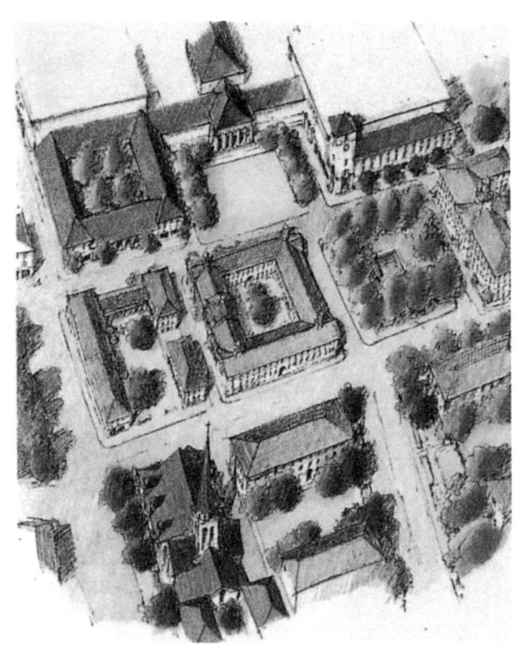

这张模型图（下图）展示了肯特兰一个住宅邻里中高度融合了多种用途和建筑类型。
这里被称为“学校区”，其中包含了镇里主要的公用和商业建筑，都坐落在显眼的转盘周围。邻里中的日托中心（左边）两旁是一座教堂和一家杂货店。
肯特兰的小学，现在已经完成（见第 41 页照片），坐落在日托中心（只有外景照片）后面，一条环形路边。
这些公共和商业建筑离居民区很近。虽然在老的社区和小镇上很常见，肯特兰整合多种功能的做法在今天的郊区却是不多的。

肯特兰6个邻里都有多种住房。大别墅（下图）紧靠在老农场邻里的公共绿地北边。庭院公寓（底部图片）位于镇广场和购物中心附近。

肯特兰最早的住宅中，这些联排住宅（右图）位于学校区。另一个联排住宅组团（后页）紧靠在镇公共绿地的南边，在之前提到的独栋别墅对面。

102
104

让肯特兰每个邻里都有公共建筑和公共空间是设计团队优先考虑的。
广阔的公共绿地（对页）在肯特农场现有的住房和谷仓（分别在照片中部和右边）旁边。这两个建筑都被用作未来盖瑟斯堡的文化中心。
一栋新房子和外屋（照片左边）与尺度相似的老农场住房仅一街之隔。
小学（下图）是肯特兰最先完成的公共建筑。学校古典风格的入口门廊成为旁边一条街道景观的背景。

肯特兰提供了各种规模、价格和风格不一的独户住宅（这两页）。很多郊区都是由同一个建造商造出大片同样的房子，而这里的房子建造方式更加循序渐进。

当地建造商依照镇里的建筑规范，在单个地块或遍布整个镇的小型聚团之上建造住宅。

与过去的美国邻里和小镇类似，这样的策略带来的建筑多样性在由单一建造商承建的小区里是很难见到的。

肯特兰的独立住宅在内部布局上与大部分传统郊区独立住宅类似。但是，两者在其城市组织上有很大的区别。

这里的住宅紧贴着红线而非最小后退线，离街道近而且各自的间距也很小。相对于其大小来说，它们所占的地块就非常小了。车库位于住宅地块后面，与小巷相通。

212

肯特兰几乎所有的住宅小区在每个地块后面都有小巷子。这样的小巷发挥了重要的城市功能，为家庭满足服务需求提供了场所。

这些需求中包括汽车存放、垃圾收集，以及水气电表和电线的安置。最重要的是，屋后的小巷让屋前没有了车道、车库和电线杆，让街道更加美观、规整。

肯特兰的小巷和外屋（这两页）特征不一，就像小镇的街道那样。

肯特兰的外屋种类很多，有简单的车库，也有上面带附属单元的复杂建筑。这样的单元有时候被称为马车房，为居住安排提供了很大的灵活性。

或者作为主宅之外额外的卧室，或是给业主的出租单元，这些单元在社区内提供了廉价住房。

因为这样的住房分散在所有邻里中，各个区域对传统的多单元经济适用住房的迫切需求得到缓解。

南布伦特伍德村

布伦特伍德，加利福尼亚州，1991 年

经济适用房不足是加州北部的一大问题；1990 年，旧金山湾区的中等收入者中仅有 17% 买得起均价住宅。

加州最大的住宅建造商考夫曼与布劳德公司（Kaufman & Broad）长久以来就为拮据的购房者提供了实惠的小产权房。尽管这种做法在功能单一的开发项目中一直很成功，但是这家公司最近在南布伦特伍德村（一个有 500 套住宅的功能混合型社区）正朝着新的方向探索。虽然这个项目只有独栋住宅，卡尔索普建筑师事务所制定的规划与一般的郊区细分规划还是有很多区别。

按照职住平衡的地方规范，30% 的场地要用于创造就业：轻工业、办公和零售。此外，社区里还要修建村庄草地、小公园和教堂。沿途栽树的街道划分出开放的街区网格，有些街区是由小巷划定的。小巷之间的很多住宅还在车库上面建了附属公寓。这些住房单元提供的经济适用房对南布伦特伍德具有重要意义。

社区规划者认为，这些特征会让这里在外观和感觉上比很多新小区都更加像布伦特伍德周边的小镇。对其建造商来说，这个项目的成功将证实这一点：关心价格的购房者不仅想要买得起的房子，更想要一个完整的社区。

南布伦特伍德村被视为现有布伦特伍德小镇（右图）往北扩张的结果，其总体规划（下图）在约 57 公顷的地块上结合了新建的住宅邻里（对页）和零售、办公用途。

该项目两边是当地的主干道，还有一边是条运河。第四条边，其主要的就业中心，正对一条废弃的铁路。这条铁轨也许有天会成为通勤铁路系统的一部分。

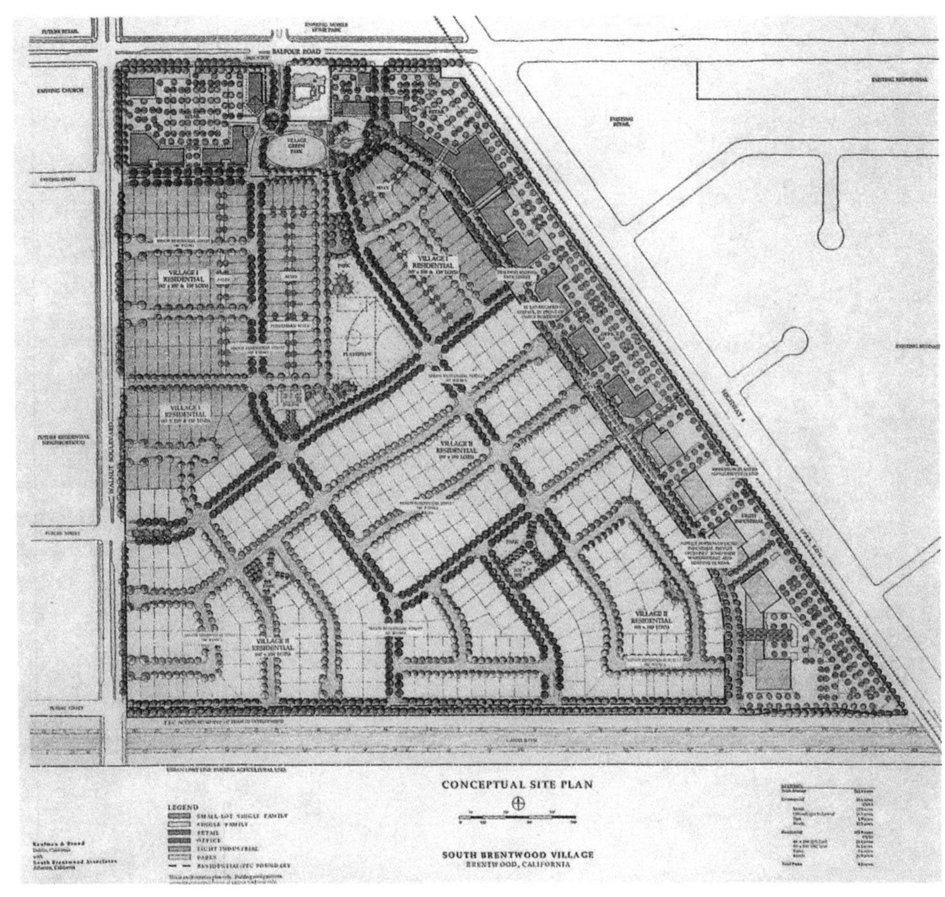

南布伦特伍德村社区的焦点是一大片绿地（下图）。它周围是零售商店和各种服务业、日托中心、教堂和住宅。

这片重要的公共空间的一边有长凳和一个滑梯。开放的草地可供聚会和开展社区活动。

其他的主动功能，比如足球、棒球、排球和篮球等在附近的“球场公园”和两个小一点的邻里公园里。

这个开发区内的公园和街道（对页）设计标准是经过慎重考虑的。一个创新点是：有大门的街尾环岛（平面图，中间一行左图；正视图，中间一排中图）将邻里的街道与毗邻的主干道相连。

因为这些地不允许放有仅供车辆通行的十字路口，这种变化能让步行活动连续不断地贯穿整个街道和干线网格。

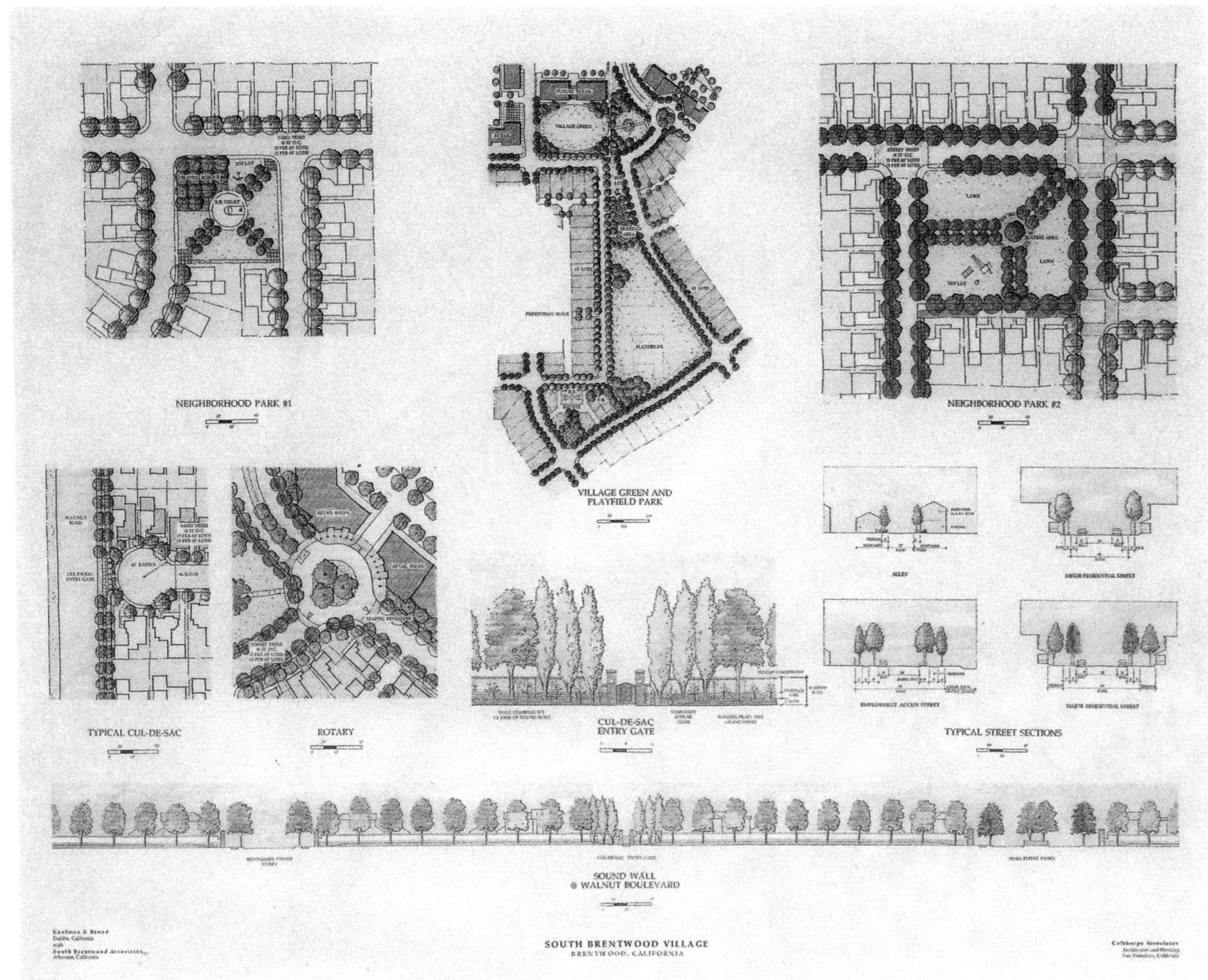
NEIGHBORHOOD PARK #1
VILLAGE GREEN AND
PLAYFIELD PARK
NEIGHBORHOOD PARK #2
TYPICAL CUL-DE-SAC
ROTARY
CUL-DE-SAC
ENTRY GATE
TYPICAL STREET SECTIONS
SOUND WALL
@ WALNUT BOULEVARD
SOUTH BRENTWOOD VILLAGE
BRENTWOOD, CALIFORNIA

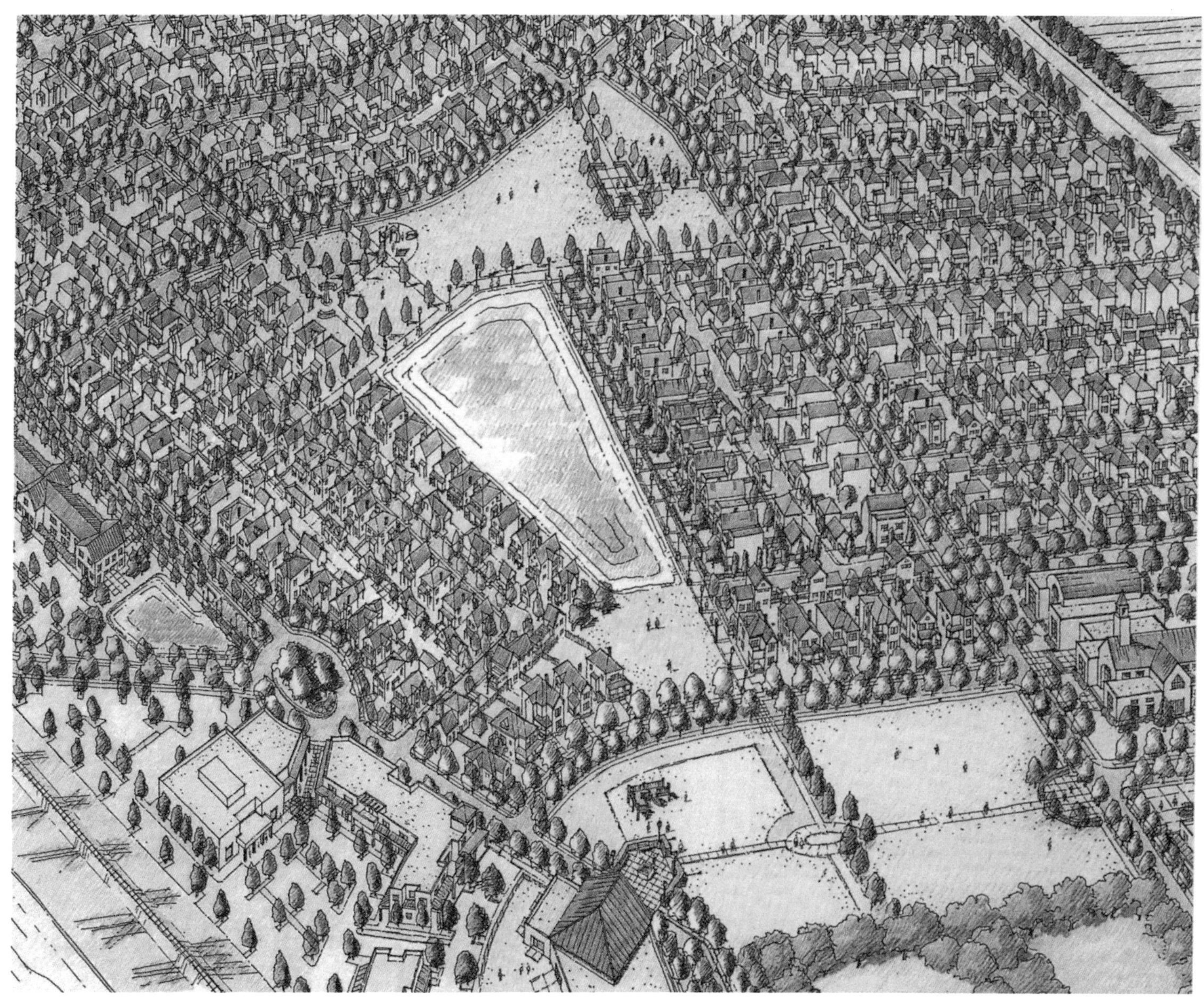

早期方案中的中央湖泊（对页）处在服务全社区的村庄绿地（图上底部右边）和一个主要为周边邻里服务的小公园（上方中间）之间。

南布伦特伍德村的小地块独户住宅（下图）为旧金山湾区 / 萨克拉门托区域的入门级业主提供了足以承担的选择。

前门廊是这些房子最显眼的建筑元素。它们位于人行便道旁边，大大增加了前院和街道的活动——有助于邻里安全和交往。

南布伦特伍德村的很多街区的焦点是后院小巷。这些地方的房屋在对着小巷的车库上面都有附属的住房。

这些房子“农庄小屋”的尺度可以追溯到木工小屋（bungalow）——美国最受推崇的城市传统之一。木工小屋为 20 世纪初移居奥克兰和帕萨迪娜的那一代加州人提供了便宜的住房。

GIFTS

班伯顿

米尔湾，加拿大英属哥伦比亚省，1992 年

原来的一座水泥厂（左图）占了班伯顿的低地镇中心（对页）大部分区域。这些“废墟”的巨大尺度影响了镇中心的设计。

现存建筑的工业特征将在很多水边的新建筑上得以体现（对页，画面右边）。一座混凝土的纪念碑（前景）标志着这座工厂的历史。

班伯顿新城在英属哥伦比亚的温哥华岛上占据了一大片海岸，意欲成为生态可持续发展的典范。其规划团队的成员立志在严格的环境管控框架内建设一个社会和谐、经济上自立可行的社区。

班伯顿大部分是坡地，位于萨尼奇湾（Saanich Inlet），在维多利亚首府以北 32 公里。小镇 630 公顷的地界上差不多有一半都保留为公共开放空间：绿带、公园和荒野。出自杜安伊夫妇之手的这份规划设计了三个村庄和一个大型镇中心。每个村由两到三个邻里组成——总共 4900 套住房，预计总人口为 1.2 万。

班伯顿计划成为功能自足的社区，而不只是一个卧室社区。其中一个邻里被设计为这一带的就业中心，而居家办公、远程办公也预计会在整个镇里繁荣起来。很多新式以及最近复兴的一些传统样式的交通运输、能源、供水和垃圾处理系统都在这个社区里得以应用。

虽然起初是为了当地的需求而设计的，班伯顿的开发商希望这个镇的例子最终能应用到全球可持续性的各种问题上。

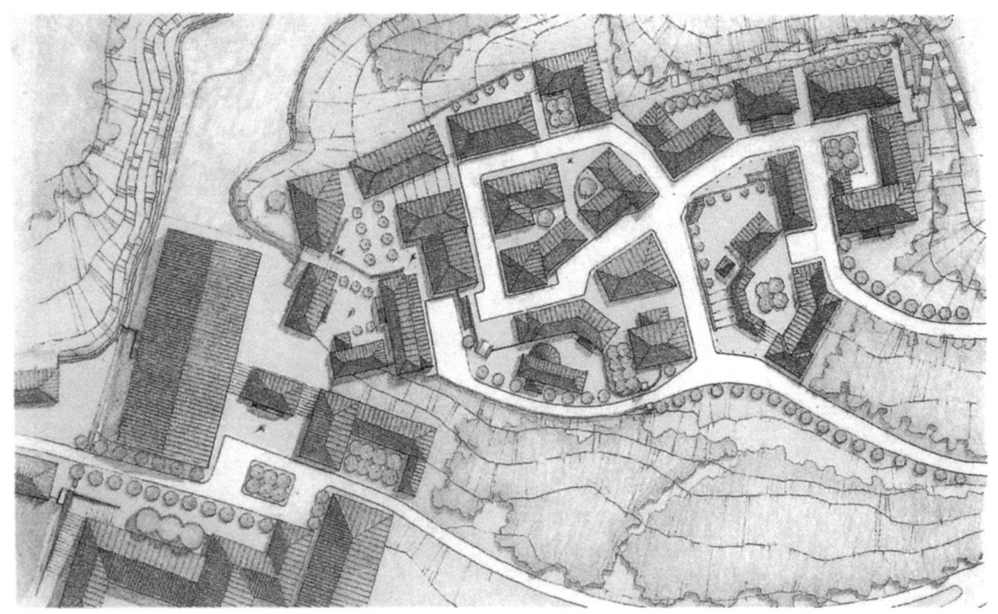

班伯顿高地镇中心（上方平面图）从低地中心开始沿山上升。有着尖屋顶的“煤渣”棚（图中左边，以及对页图画中间），充当户外会议厅的作用。

高地镇中心的建筑建在原有建筑的地基和挡土墙之上。建筑之间的狭窄空间让这一块带上了中世纪的特征。

班伯顿的中学（图中下方左边）属于镇中心的高处。高低地两块镇中心都组合了多种功能，低地容纳了镇上的多个文化机构。

班伯顿的规划（右图）确定的一个镇中心和三个村庄将在未来20多年里建成。这片地上大部分区域都是陡峭的山坡，在上面可以看到美丽的萨尼奇湾景色（下图）。

几个村庄非常规的街道网格是对这里极端的坡度作出的回应。这样的街道和街区布置在其他山坡小镇比较常见，比如加利福尼亚州的索萨利托。这里的街区比平常的进深更大，那是为了保护原始森林。

相对平坦的高地村（平面图最上面）计划充当班伯顿的就业中心，因为这里便于卡车通行。

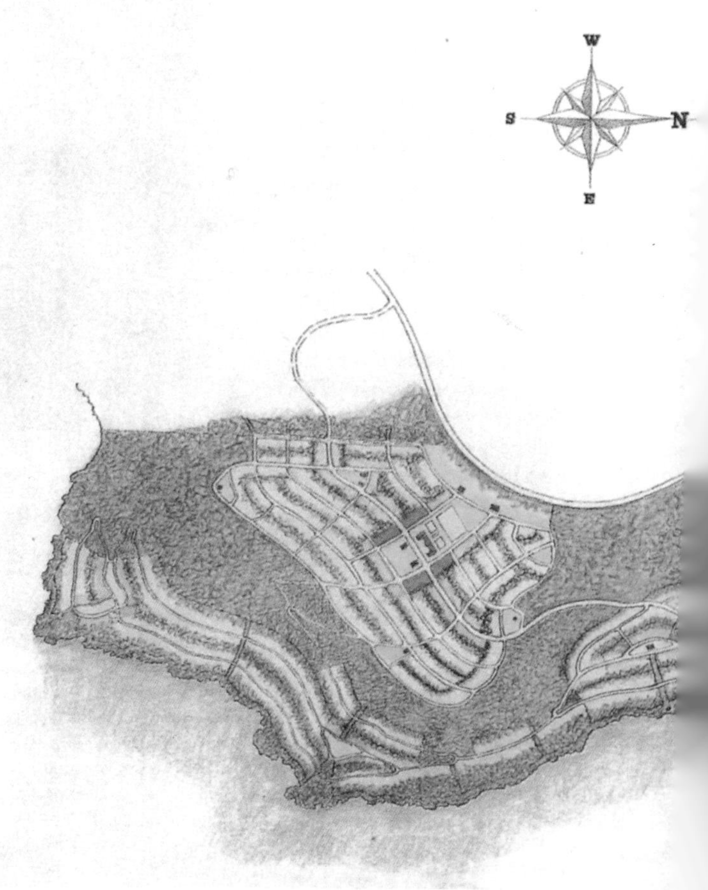

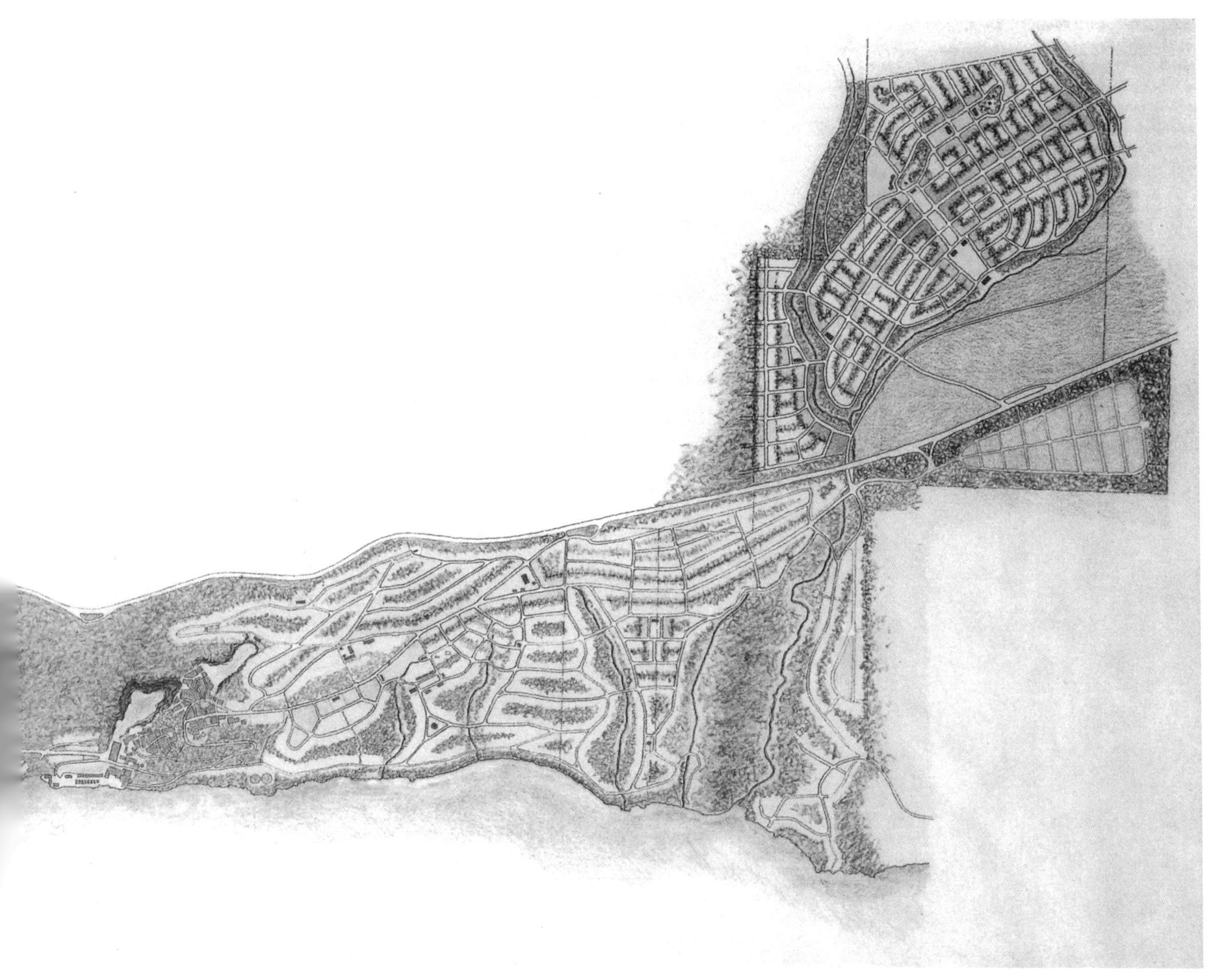

班伯顿的一个村庄中心（对页和下方平面图）围绕现有的一条公路和一道石墙布局。公路一旁的天然山谷被用作村庄绿地。

尽管这里农村特征突出，但是这个聚居点的中心还有不少排屋。公共建筑包括杂货店、邮局、议会厅（最早是用作这个项目的售楼部）、远程工作中心（对页带尖塔的房子）和酒吧。

这里为学校和教堂预留了地方（平面图上方右侧）。

班伯顿的其他村庄中心囊括了类似的一些元素，但是在其实体布局上有很大的区别。这主要是由各自的场地条件导致的。

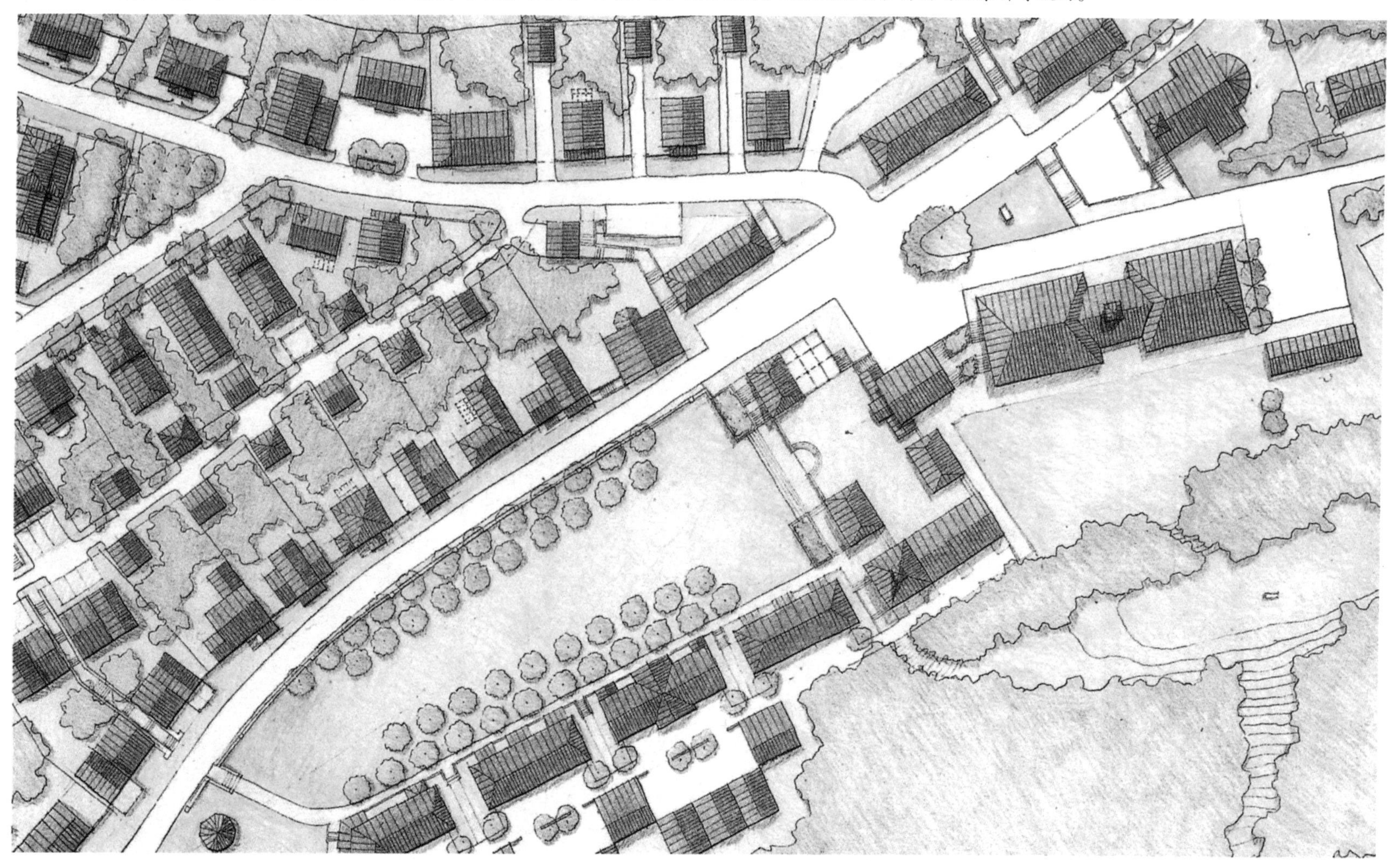

设计师针对班伯顿恶劣的地形条件选取了几种合适的住房类型（下图）。因为陡坡让街边停车无法实现，汽车存放和移动需求影响到设计团队的选择。

街道正视图（下图）将几种不同的住宅类型放在一起，以测试其是否相容。因为有着统一的建筑红线并遵守了其他城市设计标准，规模和尺度各不相同的房子似乎能非常融洽地放在一块。

侧院住宅非常适应班伯顿的坡地。其狭长的地基并不会阻碍下坡的地表径流。很多独户住宅都有前门廊。

一个高密度的小别墅聚团（图中上方左侧）爬上街区的山坡，从一条街一直延伸到另一条街。这种多单元的住房可以在伯克利、西雅图和其他西海岸城市见到。

联排住宅（下图）和独立住宅（左图）聚集在共用的停车场周围。挡土墙对于在这坡地地形上创造平地是必不可少的，而这里还充当了建筑的地基。

班伯顿的民居和公共建筑的简单、朴实的形式让人想起 20 世纪早期盛行的美国工艺美术运动。这种风格的优秀范例在美国西北部极为常见。

这种朴素、实用的美学确立了班伯顿的建筑特征，充分反映了其自然环境和社会理想。

温莎村

印第安河县，佛罗里达州，1989 年

温莎村在这本书的案例中比较特殊，它一开始定位为专门的高档度假社区。村子坐落在佛罗里达州大西洋沿岸的维罗海滩以北约 13 公里处，这个面积 168 公顷的狭窄海岬，是大西洋与印第安河之间一片风景秀丽的海滨地带。

受早期加勒比海定居点的启发，建筑师安德雷斯·杜安伊和伊丽莎白·普拉特－兹贝克制定了一份村庄规划，较窄的街道和较宽的林荫大道交替分布。很多以高尔夫球场主导的开发项目为了优化球道景观而将住宅分散，而温莎村却把住宅集中到一个紧致的村庄里，两侧分别以高尔夫球场和马球场作为“绿带”围起来。与加勒比海地区的先例类似，这个社区里的房屋大多是庭院式或侧院式的。

除了 18 洞的高尔夫球场和马球球场以外，这个私人社区（所有的业主都必须是俱乐部会员）还有网球场、马术中心、马场和一片私人海滩。规划区域的中心位置上，村庄的公共绿地是通往社区的大门，同时也是

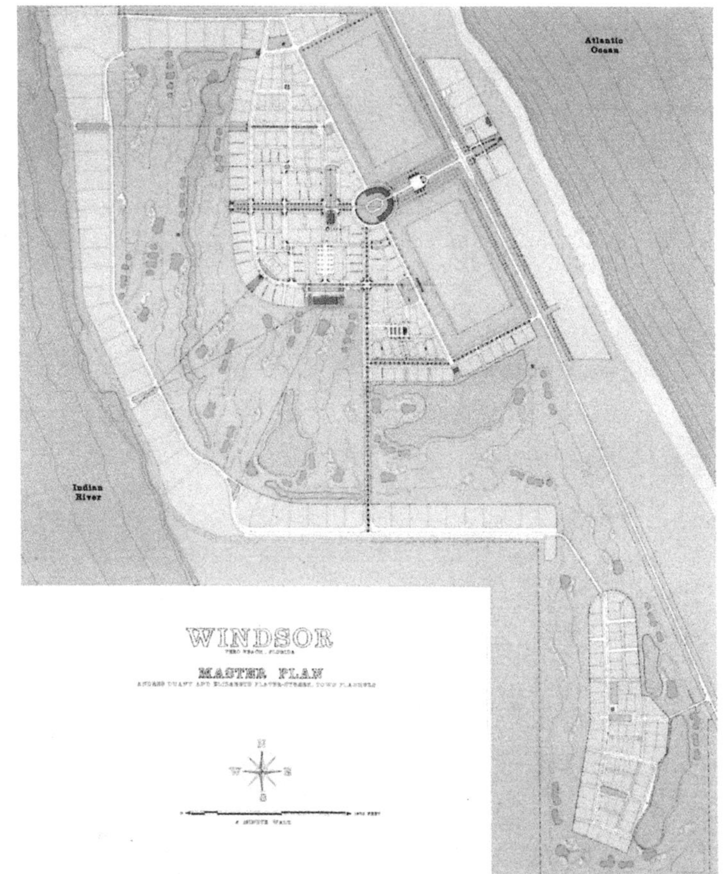

温莎的规划（左图）将所有庭院、侧院和联排住宅都布置在主村落的内部街区和南边偏远的小村庄。更大的球道地块正对着小罗伯特·特伦特·琼斯设计的高尔夫球场（对页），那是温莎最大的地块——“地产”住宅地块——被安排在高尔夫球场四周和海滩边上。

温莎村的街道完成于 1991 年春，这张照片（左图）正是拍摄于那个时候。

温莎村规划将前期一个已经部分实施的场地规划中现有的两个马球场和其他一些景观特征整合起来。开发商将这个村子按照英格兰一个最受喜爱的马球公园命名。

温莎的街道布局受到马球场的方向和为这块地上原有的柑橘林防风而栽种的一排排树木影响。

一份早期方案中还有为马球场配套的简易木看台，按照芝加哥附近奥克布鲁克乡村俱乐部的看台为模板做的，那个看台正是由温莎创始人之一的父亲在30年代建造。

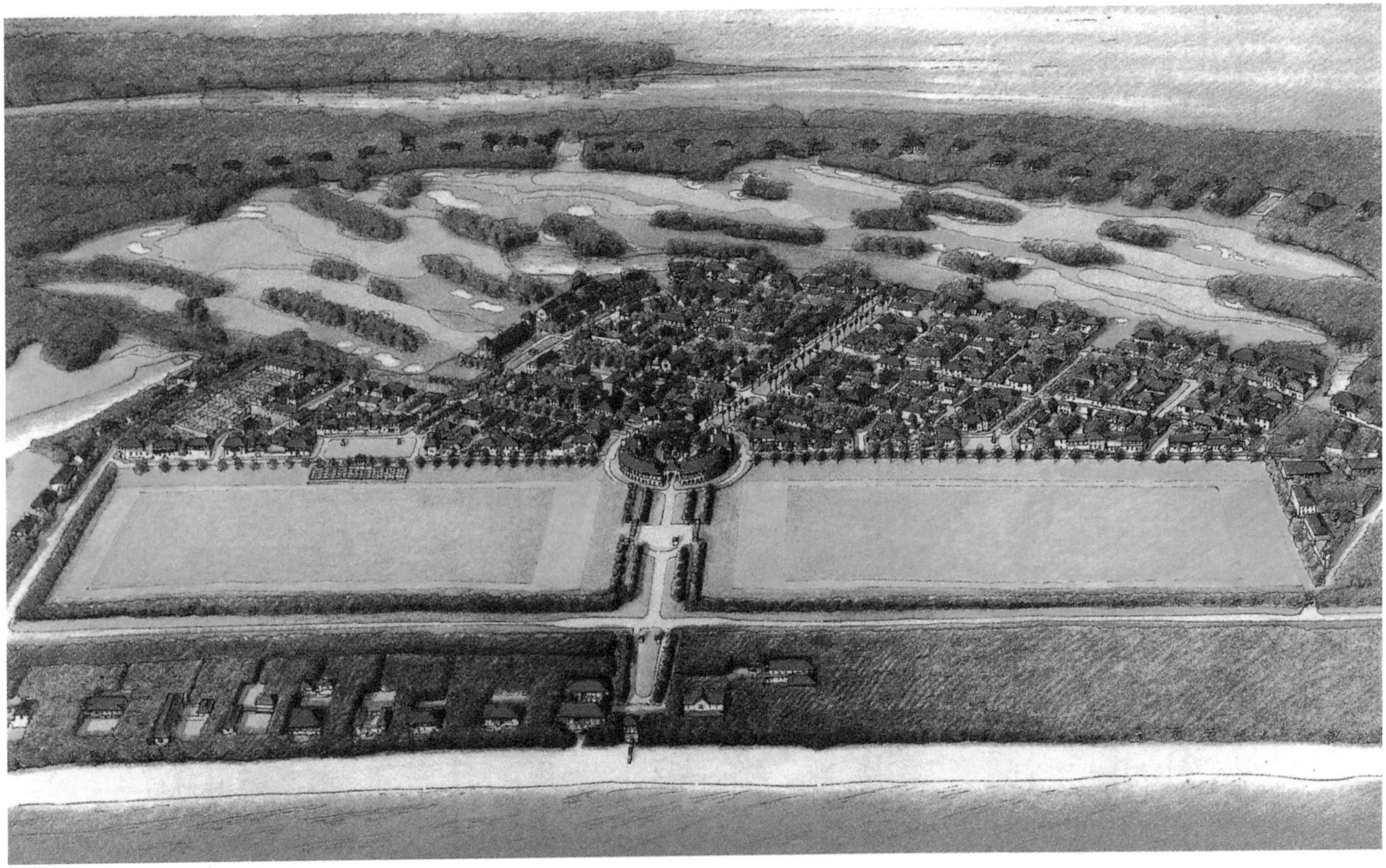

温莎以古典主义风格让公共建筑与其他建筑区别开来，有时候公共建筑比旁边的住宅还要小一点。

村里的会议大厅（右图以及底部左图）隔着一片绿地与几栋住宅相对而视。早期的一个方案中还在村里规划了一座马球博物馆（底部右图）。

社交和商业活动的中心。这个关键位置上的三层小楼里，囊括了一家小旅馆、几套公寓以及各种便民的商店和服务。

温莎的小地块庭院住宅与美国其他地方豪华的度假开发区不同。那些地方的主流是大地块和具有郊区风情的大宅子。而温莎建了很多示范性住宅，以展示这个村庄那些并不算大的地块上也能享受到宽敞和私密性。因为地块都不大，社区这一部分的总体特征是非常平易近人而且极具魅力。这也许是为什么相比于开发区边缘的独立住宅，温莎很多买房者更倾向于选择村里的庭院设计的一个原因。

温莎一直以来受到开发商和规划师的密切关注，因为它超前地测试了建筑和城市设计的“滴漏理论”（trikledown theory）。如果成功的话，那就说明富有的业主对规划紧凑的社区带来的好处有兴趣并且非常欣赏。这一理论一经证实，无疑将影响未来为了迎合更广泛潜在买房者——无论富有的还是不那么富有的——而设计的小镇和村庄。

温莎村里的街道宽（右图）窄（对页）相间。更宽的街道上，道路两旁都种上了高大的树木，以充分体现其宽大。

温莎一个典型的街区（下图）包含多种庭院和侧院住宅。每栋住宅都有车库和车库公寓。这样的公寓房一般把门开在街区中的小巷。

独立式住宅紧靠着高尔夫球场旁边（下图上部边缘）。为了保护后院的球道景观，这些房子的车库的门开在小巷中的停车场。

温莎的马球场（下图）和高尔夫球场为社区提供了一条休闲绿带。精心打理的景观将村里各种美丽的建筑形式组织起来。

社区的主入口（右图）旁边是一条栽着橡树的林荫小道。这里的四座小亭子是由休·内维尔·雅各布森（Hugh Newell Jacobson）设计的。

进入温莎大部分的侧院住宅（下图和右图，前景），首先见到的是一个带围墙的花园，然后才进入主屋。

村里车库公寓（例如底图，照片中最左边）可以从小道、（像图中这样）小巷或街道进入。

安德雷斯·杜安伊和伊丽莎白·普拉特－兹贝克设计的住宅庭院（对页左边）和克莱门斯·肖布（Clemens Schaub）设计的（下图）有相同的元素，其建筑表达都受到了规范的约束。这些元素包括外屋、门廊和高差变化。

由司各特·梅里尔设计的联排住宅共享着连续的街道立面（对页，上方右图）。单层的厢房向后延伸，让每个单元都有更多的私密性。

大部分温莎庭院和侧院住宅的外部建筑处理极少会展示其内部多样的私密空间。

在早期设计阶段画出的各种墙、窗户和门廊草图（对页）。这些草图帮助规划团队更好地了解这一地区的地方民居风格和哪些可能的改造可以应用到村里的住宅中。

设计团队把传统的屋顶、外铺和玻璃安装的材料和技术都考察过了。温莎村相近的规范（第76和77页）正是这些以及其他一些研究的成果。

佛罗里达州的很多建筑师被委托来为特定的地块设计住宅，以作为温莎村规范的初步测试。

这其中包括阿曼多·蒙特罗（下方左图）、罗兰多·莱恩斯和托马斯·斯佩恩（底部左图和中图）、丹尼斯·海克特、约格·赫尔南德斯和乔安娜·朗伯德（底部右图）以及安德雷斯·杜安伊和伊丽莎白·普拉特－兹贝克（下方右图）等人的设计。

这些设计中有好些被作为范例建成，用来展示温莎的庭院和侧院住宅能提供宽敞的空间和私密性。

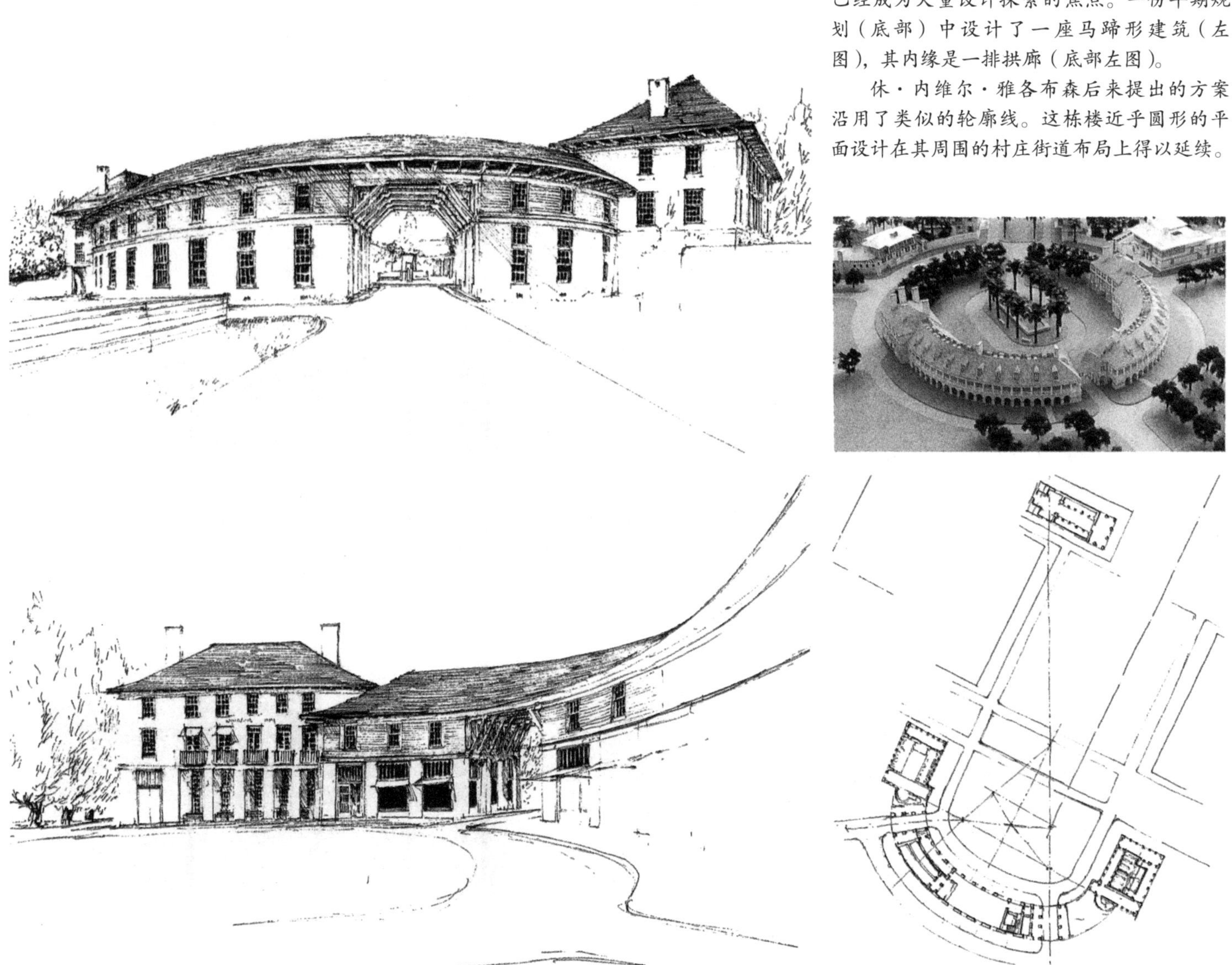

村中心的建筑占据了温莎最显眼的位置，已经成为大量设计探索的焦点。一份早期规划（底部）中设计了一座马蹄形建筑（左图），其内缘是一排拱廊（底部左图）。

休·内维尔·雅各布森后来提出的方案沿用了类似的轮廓线。这栋楼近乎圆形的平面设计在其周围的村庄街道布局上得以延续。

村中心的第三份规划把马蹄倒转过来（下图），使其开口正对社区入口，将一些小型建筑部分地围在其中。温莎的设计团队认为这个方案的空间次序与进入真正村庄的体验更加接近。

第三个方案通过进行策划的空间安排把人带入温莎村。进来的客人会在一个围有柱廊大院子（左图）受到安保人员的欢迎。

参观者然后沿一条狭窄的街道（下图）进入半圆形的“抵达庭院”。通过中心建筑的北、南、西三个方向的拱门之一（底部图片），就能真正进入温莎村。

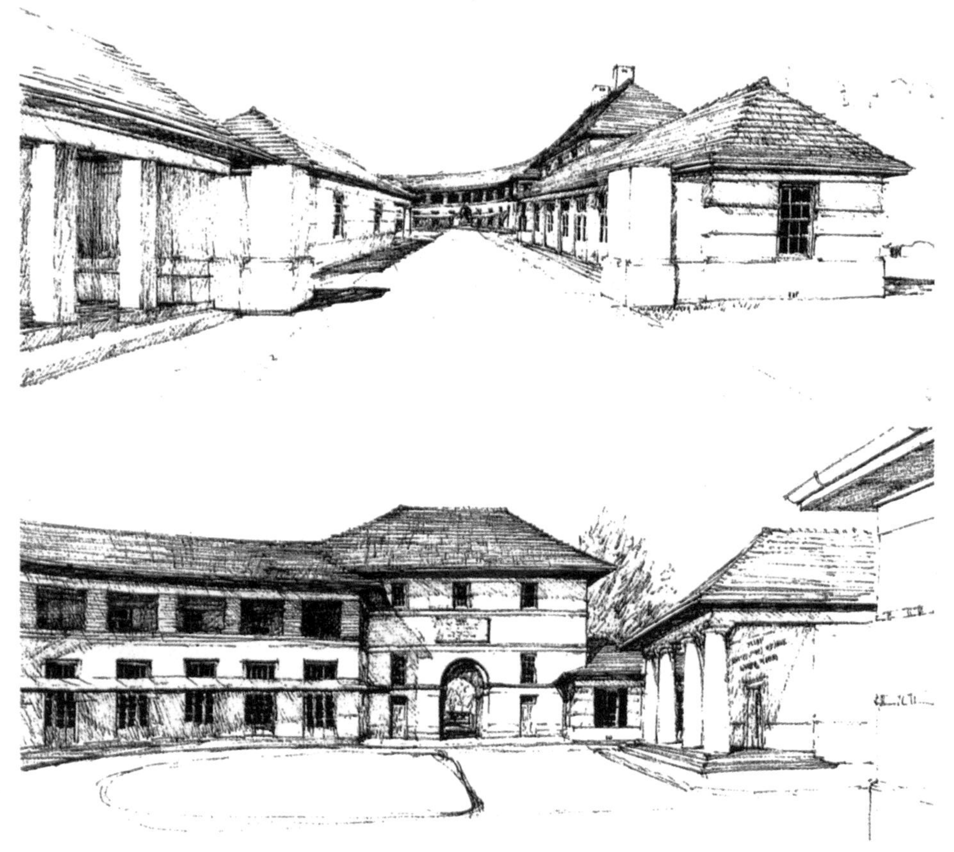

温莎村中心最新的设计是由查尔斯·巴内特设计的（这两页）。比前几个方案相比，这个方案设计的房子更简单，采用了更多的直线。

从外面看的话，这栋房子非常壮观，其体量因为一系列房顶的逐步内收而减小。

一些早期草案（右图）探索了不同建筑形式与温莎的网格形状之间的关系。深化的场地规划（底部右图）中展示的半圆形凉廊与村庄公共绿地的形状相照应。

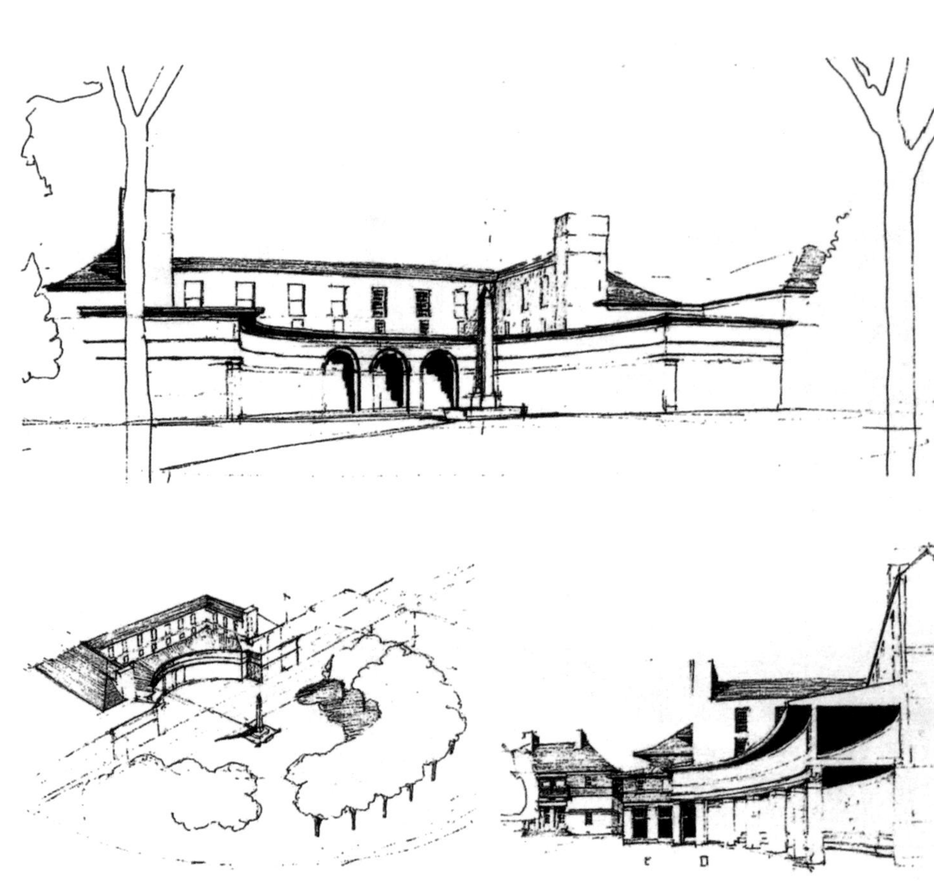

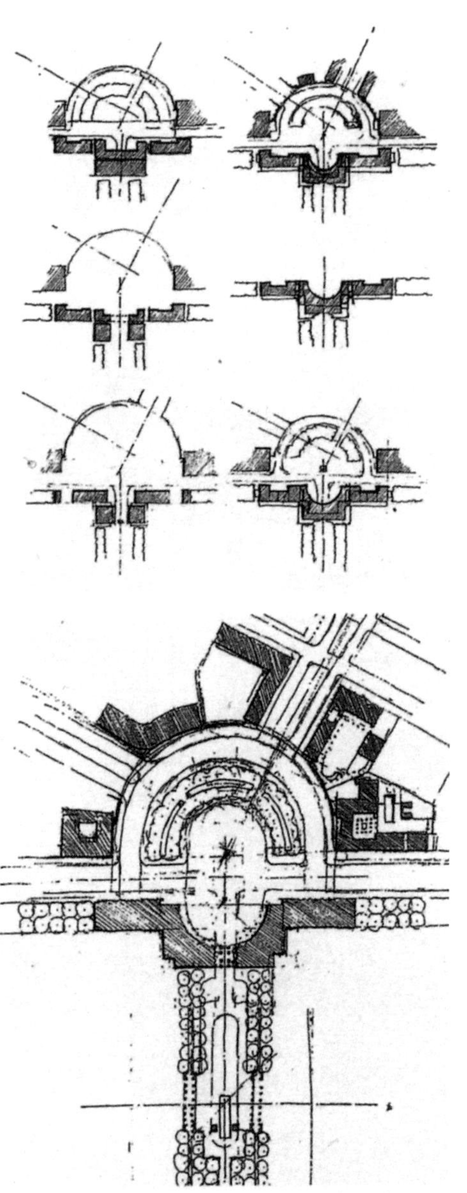

巴内特关于村中心和周边建筑的方案受古典风格启发，为温莎村确立了一个正式的入口，让人想起传统欧洲村庄的大门。

在橡树小径的尽头，中心建筑的三道拱门为社区建立了一个安全的进入点。里面，宽广的村庄绿地充当着通往住宅街区的过渡地带。

温莎独特的“入口建筑”有助于将这个社区与维罗海滩地区的其他度假开发项目区别开。

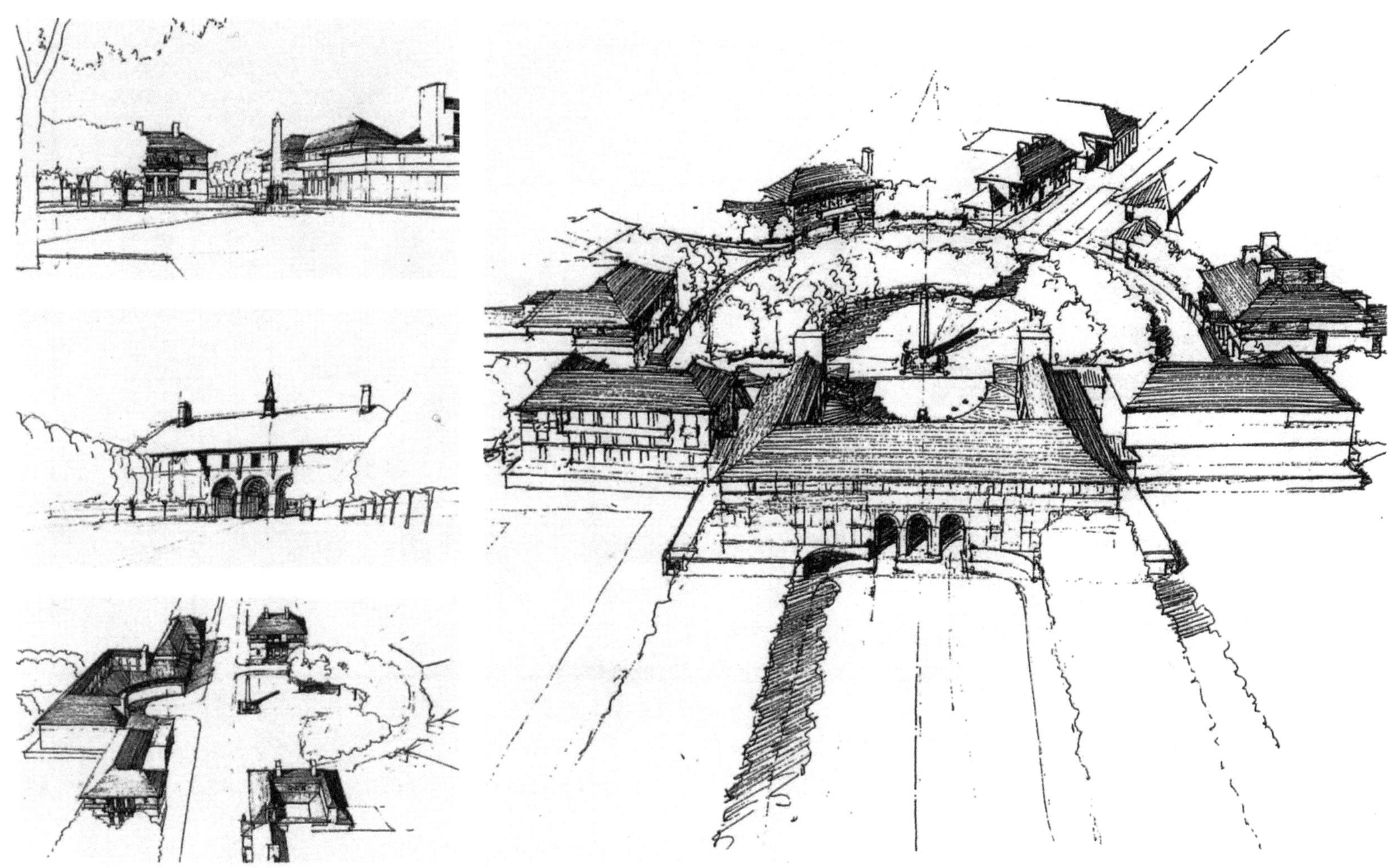

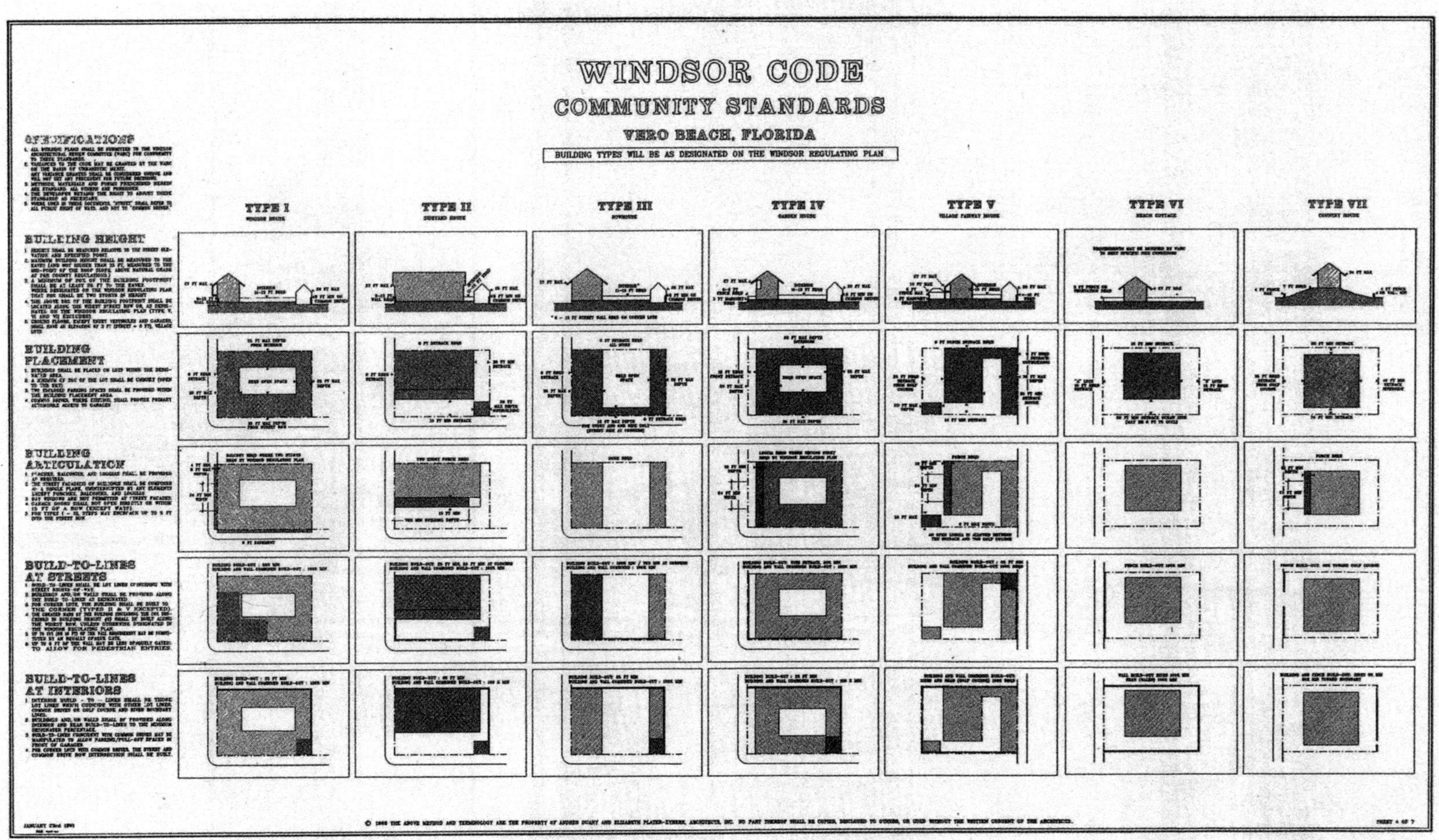
WINDSOR CODE
COMMUNITY STANDARDS
VERO BEACH, FLORIDA
BUILDING TYPES WILL BE AS DESIGNATED ON THE WINDSOR REGULATING PLAN
SPECIFICATIONS
BUILDING HEIGHT
BUILDING PLACEMENT
BUILDING ARTICULATION
BUILD-TO-LINES AT STREETS
BUILD-TO-LINES AT INTERIORS
TYPE I
TYPE II
TYPE III
TYPE IV
TYPE V
TYPE VI
TYPE VII

WINDSOR CODE

ARCHITECTURAL STANDARDS

VERO BEACH, FLORIDA

1. ALL BUILDING PLANS SHALL BE SUBMITTED TO THE WINDSOR ARCHITECTURAL REVIEW COMMITTEE (WARC) FOR CONFORMITY TO THESE STANDARDS.
2. VARIANCES TO THE CODE MAY BE GRANTED BY THE WARC ON THE BASIS OF ARCHITECTURAL MERIT. ANY VARIANCE GRANTED SHALL BE CONSIDERED UNIQUE AND WILL NOT SET ANY PRECEDENCE FOR THE FUTURE.
3. METHODS, MATERIALS AND FORMS PRESCRIBED HEREIN ARE STANDARD. ALL OTHERS ARE FORBIDDEN.
4. THE DEVELOPER RETAINS THE RIGHT TO ADJUST THESE STANDARDS AS NECESSARY.
5. WHERE USED IN THESE DOCUMENTS, "STREET" SHALL REFER TO ALL PUBLIC RIGHT OF WAYS, AND NOT TO COMMON DRIVES.

Columns: MATERIALS · CONFIGURATIONS · OPERATIONS · GENERAL

EXTERNAL BUILDING WALLS

MATERIALS

The following are permitted:

- stucco, with a smooth sand finish or bag finish
- wood clapboard 3.5" to 6" to the weather
- German dropsiding no more than 8.0" to the weather
- board and batten, 1 x 4 batten max. (not rough sawn)
- keystone
- Beach Cottages (TYPE VI) only, may also be wood shingles

CONFIGURATIONS

The following are permitted:

- openings no more squat than square, no more vertical than a triple square
- trim boards between 2" & 6" at openings
- visible lintels shall bear beyond the opening a dimension equal to their heights
- stone or ersatz stone shall be laid in a true bonding pattern (no stack bond)
- arches and lintels configured as true bearing elements (no soldier courses supported on metal angles)
- all stucco structures
- all wood structures
- a wooden second story above a stucco ground story

GENERAL

Chimneys may encroach up to 16" into the street Right-of-Way.

Chimneys shall be whitewashed brick or stucco with a stone or cast stone coping.

Interior chimneys may be stucco on metal lath backed with paper on wood frame.

Where visible from the street, facade materials shall be consistent horizontally and subject to review by the WARC.

Visible foundations shall be stone, cast stone or pargeted block only.

Stucco shall be finished with a steel trowel. The finish should be neither an applied texture nor a mirror smooth surface – but should show the hand of the workman and general irregularities in the wall.

GARDEN WALLS & FENCES

MATERIALS

The following are permitted:

- stucco and stone (matching principal structure)
- fence on masonry base for types IV on the street side and V on the golf course side
- wood pickets for Beach Cottage (Type VI)
- wrought iron or blackened aluminum in combination with stone or stucco
- ventilating panels of barrel tile or "basket weave" brick

CONFIGURATIONS

The following are permitted:

- wall surface with a minimum overall opacity of 85%
- gated openings with a minimum overall opacity of 75%
- ventilating panels less than 10 sq ft each and no more squat than a triple square (horizontally) and with a minimum overall opacity of 50%
- asymmetric foundations on adjoining property lines (to facilitate future building)
- ventilating panels between interior lot lines shall be no lower than 9' above the street elevation
- walls on common property lines that present a simple planar surface to the adjoining property (i.e: no pilasters)

GENERAL

For Type IV, a wood or wrought iron picket fence atop a 3' masonry base is required toward the street on the street right-of-way line.

For type V, a 3' masonry knee wall is required on the property line toward the golf course and a fence atop the masonry wall is optional.

Beach Cottage (type VI): a wood picket fence along property boundary is required on some lots as indicated on the regulating plan and optional on others.

BALCONIES & PORCHES

MATERIALS

The following are permitted:

- stone, cast stone or stucco for piers
- wood posts and piers
- wood ballustrades for porches

CONFIGURATIONS

Where visible from the street, only the following are permitted:

- masonry arches no less than 16" in depth
- piers no less than 12"x16"
- posts no less than 6" x 6" and chamfer to begin no higher than 42"
- round columns are reserved for public buildings and are not permitted on the facades of private houses
- balusters no more than 2" x 2.5" and 4.5" o.c. pattern to be approved by WARC
- porch openings no more squat than square
- balconies cantilevered no more than 6ft

OPERATIONS

Balconies, porches and loggias shall not open toward an adjacent private lot that is less than 15 ft away measured at right angles.

GENERAL

Cantilevered structures may not be enclosed

ROOFS & GUTTERS

MATERIALS

The following are permitted:

- "Galvalume" 5 crimp heavy gauge metal
- wood shingles (selected from WARC Master List)
- interlocking tiles (selected from WARC Master List)
- thatch
- Beach Cottage (Type VI) only, metal shingles are additionaly permitted.

Gutters and roof flashing shall be copper for wood roofs.

CONFIGURATIONS

The following are permitted:

- simple symmetrical hipped roofs with a pitch between 8:12 and 10:12 and simple symmetrical gabled roofs with a pitch between 8:12 and 10:12
- simple shed with a pitch between 4:12 & 8:12 against a principal building or perimeter wall only
- dormers shall sit no closer than 3' to gable end of building
- overhangs shall be a minimum of 24" for principal buildings, 18" for shedroofs and outbuildings (where shed or outbuilding roofs abut the adjacent lot lines, the size of that side overhang may be reduced to less than the minimum noted or 0"), overhangs should be proportioned to the mass of the building.
- rafters left open exposing rafter end no less than 2".

GENERAL

The following are permitted:

- skylights, ventstacks and solar panels (not visible from streets)
- skylights to be flat and flush with roof line and no greater than 9 sq ft
- half-round gutters

WINDOWS & DOORS

MATERIALS

The following are permitted:

- clear glass with no more than 16% reduction light transmission
- painted wood
- paint color to be approved by WARC

CONFIGURATIONS

Where visible from the street, only the following are permitted:

- facades with fenestration less than 30% of their surface area
- openings for doors not larger than 6 ft horizontally x 10 ft vertically, 4 ft horizontally x 8 ft vertically for windows
- panes of glass not larger than 1 ft horizontally x 2 ft vertically (horizontal and vertical mullions only)
- windows with sills which project between 1" and 4"
- architraves of a simple section and a constant dimension from the opening (no keystones)
- circular, semi-circular and octagonal windows are permitted but only one per building
- garage doors shall be 10 ft. max width with pattern approved by WARC
- doors shall be recessed wood panel and/ or louvered

OPERATIONS

Where visible from the street only the following are permitted:

- single and double hung windows
- wood garage doors with exterior swing and hinged at jambs, minimum thickness 2 1/4" (on Common Drives doors may open upwards)

GENERAL

Windows facing and within 25 ft of common property lines shall have a minimum sill height of 6 feet above finished floor level and fixed louver shutters adjusted for air circulation and light while obstructing view of neighboring yard. Windows whose line of sight is held within the lot (i.e: by a Garden Wall) are exempted from this requirement.

The following are permitted.

- operable wood shutters sized to match openings
- operable wood bahamas shutters sized to match openings
- operable wood storm shutters sized to match openings
- wood or Terra Cotta window boxes, French metal flower pot holders
- canvas awnings to be approved by WARC (no 1/4 cylinder configurations)

OUTBUILDINGS & ACCESSORY STRUCTURES

MATERIALS

Materials shall conform to that of the primary structure.

CONFIGURATIONS

Massing shall conform to that of the primary structure.

The following is required:

- open space under wood decks or steps to be enclosed by wood lattice (vertical & horizontal pattern only)
- garage doors shall be 10 ft. max width with pattern approved by WARC

OPERATIONS

The following uses of outbuildings are permitted:

- garden pavilions and green houses
- gazebos, trellis structures and arbors
- garages and workshops
- guest houses and artist studios
- saunas
- pool cabanas and equipment enclosures
- barbecues

LANDSCAPE

MATERIALS

All trees and shrubs shall be selected from the WARC Landscape Standards.

CONFIGURATIONS

There shall be a tree (species from the WARC Landscape Plan) of not less than 3.5" caliper planted no further than every 35 ft along the street frontage, 7.5 ft into the street Right-of-Way and no closer than 15 ft to street lights (except on the Windsor Boulevard, all Ways and Common Drives).

GENERAL

Trees over 6" caliper may not be removed without the approval of the WARC (except for citrus trees). Additional requirements may be made for larger homesites outside the Village.

MISCELLANEOUS

MATERIALS

All external building and garden wall colors shall be from the WARC Master List.

Doors, shutters and trim colors shall be approved by the WARC.

Stucco shall be hand finished with a steel trowel. The finish shall be neither an applied texture nor a mirror smooth surface – but should show the hand of the workman and general irregularities in the wall.

CONFIGURATIONS

The following items shall be selected from the WARC Master List:

- lettering & house numbering

OPERATIONS

Exterior Hardware to be solid brass, bronze or brushed chrome

The following shall be located at Common Drives or within the Auto court

- electrical meters & gas meters
- waste bins
- utility and telephone company boxes

GENERAL

Please refer to the Community Association's Declaration of Covenants, Conditions and Restrictions.

The following shall not be visible from the street:

- clothes lines
- waste bins, above ground storage tanks, artificial vegetation basketball hoops, equipment
- air conditioning compressors, electric meters & gas meters
- utility and telephone company boxes or meters must be accessible from alley, or in auto court if there is no alley

JANUARY 23rd, 1991

Sheet 5 of 7

通讯山

圣何塞，加利福尼亚州，1991 年

网格状的城镇规划可以追溯到公元前 7 世纪，并且似乎非常适合覆盖美国西部大部分地区的平坦地形。美国西进扩张时期建立的几百个草原城镇正是采用了这样的规划模式。而像旧金山、西雅图这样的山城使用网格状的规划也取得了巨大成功。

所以当设计师们遇到地形难以处理的通讯山时，他们就向旧金山、西雅图这些范例学习。通讯山是圣何塞低密度蔓延区的中部一块高 122 米、面积 202 公顷的地块。建筑师丹尼尔·所罗门和凯瑟琳·卡拉克选择了紧凑的传统网格规划，而不是该地区的山坡开发项目中常见的曲线街道。

尽管也受到旧金山等地的魅力所吸引，但设计师选择网格主要还因为它能带来功能上的便利。这包括了让密度更高，停车更高效（在每个住房单元需要 2.5 个停车位的城市是必需的），还有因为建筑物随山势逐步上升，地面坡度也变缓了。

同样重要的是，网格提供了一个可以步行的街道网络。这样，在汽车主导的规划中受到阻碍的社会交往在这里得到了促进。小型邻里中心和功能混合的村庄中心进一步增强了大家所期盼的社区感，而这正是一个市民工作组对“通讯山专项规划”所提出的一个主要目标。

通讯山像一个混杂着工业区、商业区和住宅区的小岛，它是圣何塞市里最大的未开发地块。

离市中心仅 10 分钟的车程，而且离新建的轻轨线也只有步行的距离，规划的社区（对页）被设计得比周边区域有更高的密度。

尽管这里艰难的地形条件会增加建造的困难和造价，但这里一揽全局的事业将会为通讯山的住宅单元增加可观的价值。

山地地形（下图，等高线图）影响了通讯山街道布局的设计。规划（底部和右图）力求减少平整坡地的量，但是高强度的开发只能在限定区域内进行。

邻里街道按照传统的网格状布局安排。唯一的一条曲线主干道沿着山丘的等高线而建，将各个邻里连接起来，并在住宅区和坡下的草地之间划分出明确的界限。

通讯山与加州很多山地开发区区别很大，别的地方都大量平整坡地，挖平山顶，为大型建筑准备场地。

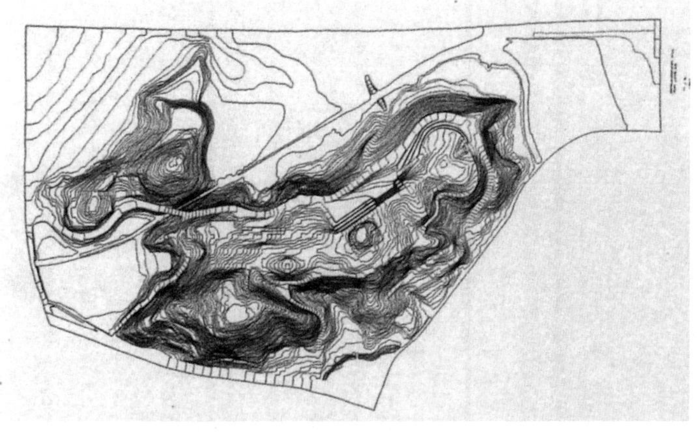

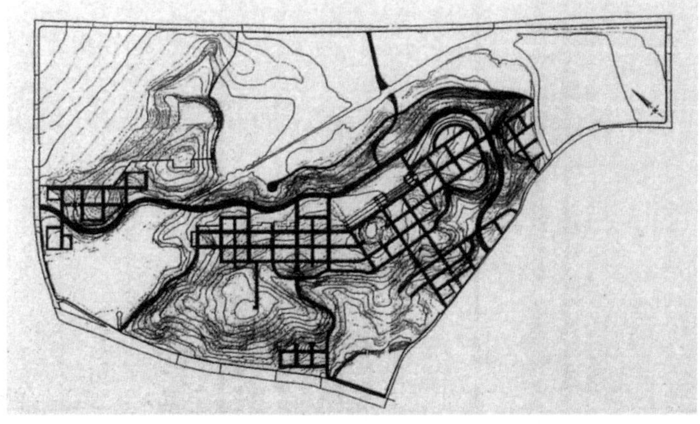

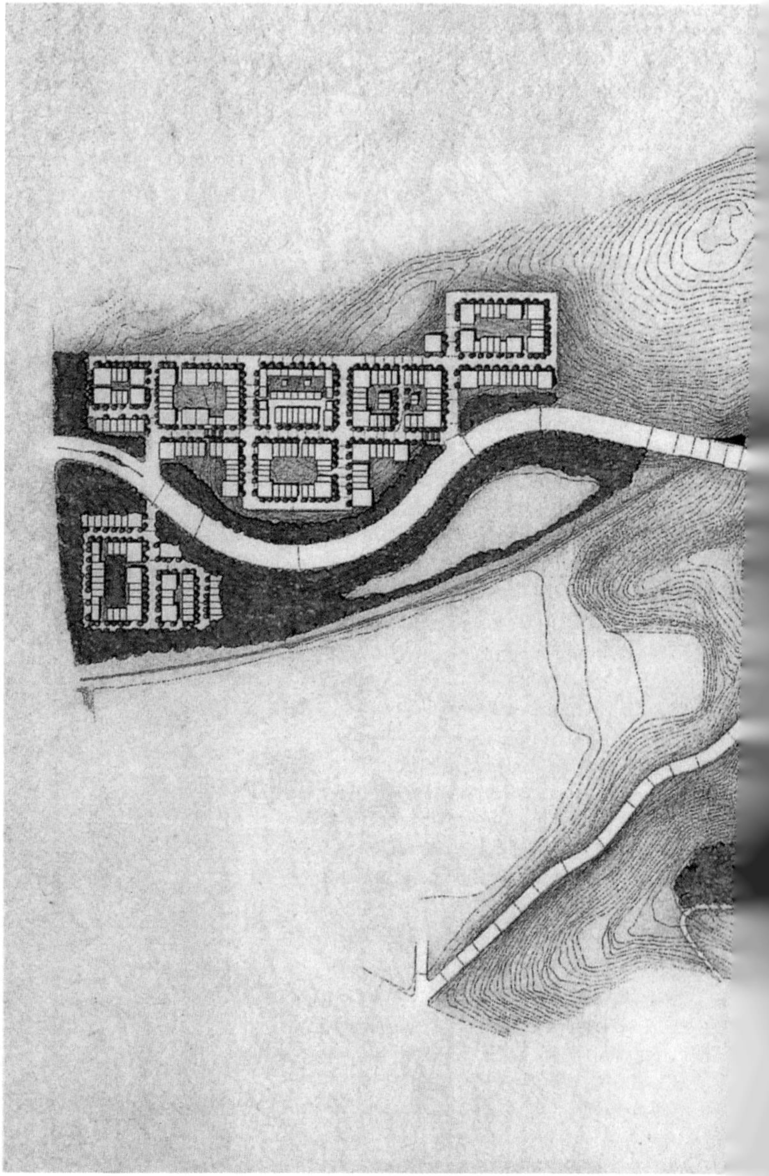

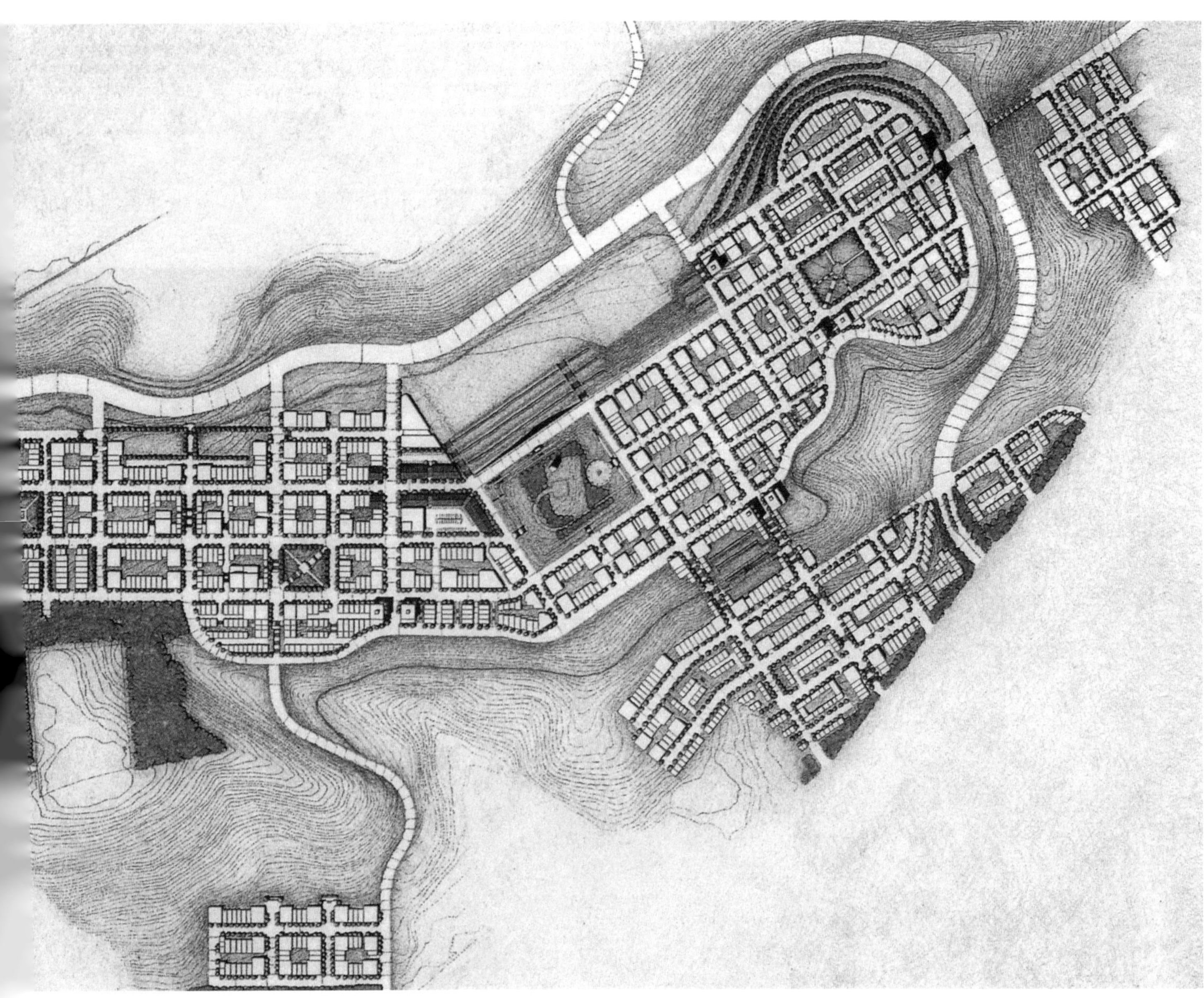

通讯山上的街区根据坡度不同而做出调整（下图）。这其中包括简单的纵坡（上），横坡（中）和复合型坡（下）。

设计团队创造出一系列原型街区，组合了不同的建筑类型和停车格局。这些方案（下图）帮助他们确定对给定的山坡和位置最适合采用哪种布局。

在每种情况下，多种建筑类型经过组合形成街区。这其中，传统单元（比如联排住宅和平层住宅）占据着主导地位。有几个街区内部还有小屋，正对着小巷或车道。

小尺度公寓建筑为街区提供了密度最高的住宅，它们通常出现在拐角或陡坡较大的街道旁。较大的面积让这些建筑有更多可以由少量路缘坡（curb-cut）到达的停车空间。

还有一些为街区拐角而开发出来的新式建筑类型（对页）。每一种都展示了不同的单元组合和停车场布局。

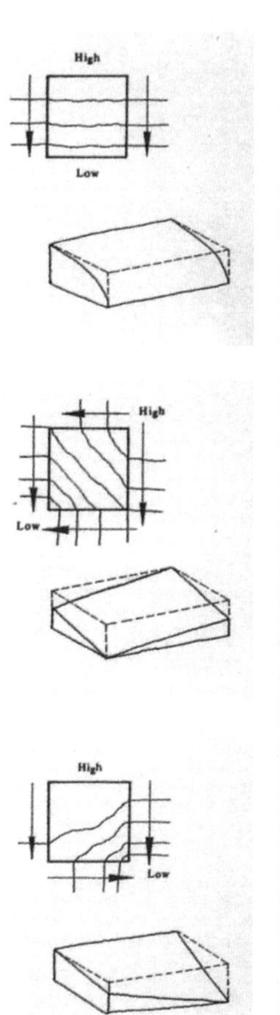

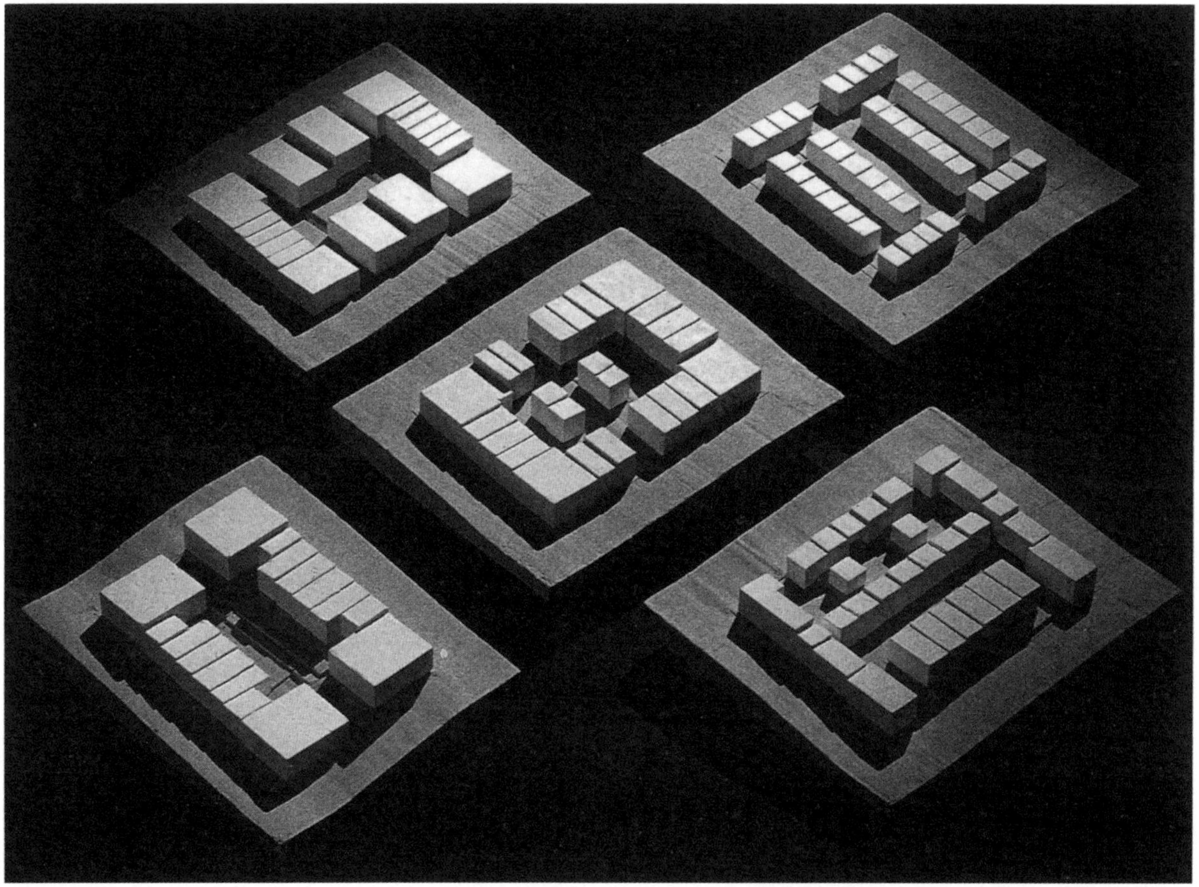

这种街区拐角（下方左图）适合坡下场地。这栋拐角建筑与小型联排住宅相连。两者都比旁边的建筑更浅，这样光线和空气就能到达每栋楼的后面。

拐角建筑的一楼有三个停车空间。它们共享同一个车库门。联排住宅有两个车库，每个都只能存放一辆车并且都直接通往街道。

这种街区拐角（下方中图）结合了小巷停车场和“不下车服务通道”。入口形状让多种停车空间共享一个掉头区。不下车服务通道也提供了一个通往街区内花园的基本公共入口。

没有电梯的公寓单元位于街区另一侧的独立开口处。这种开口借鉴了不下车服务通道的形式。

街区角落的六个停车空间（下方右图）共享同一个不下车服务通道。这种布局打破人行道的次数比多个独立的不临街停车场会更少。这样的街角类型在坡上场地。

这里展示的单元在高层间有连廊连通。虽然不下车服务通道之上全覆盖是可能的，但是这个角落建筑的体块尊重了周边排屋的尺度。

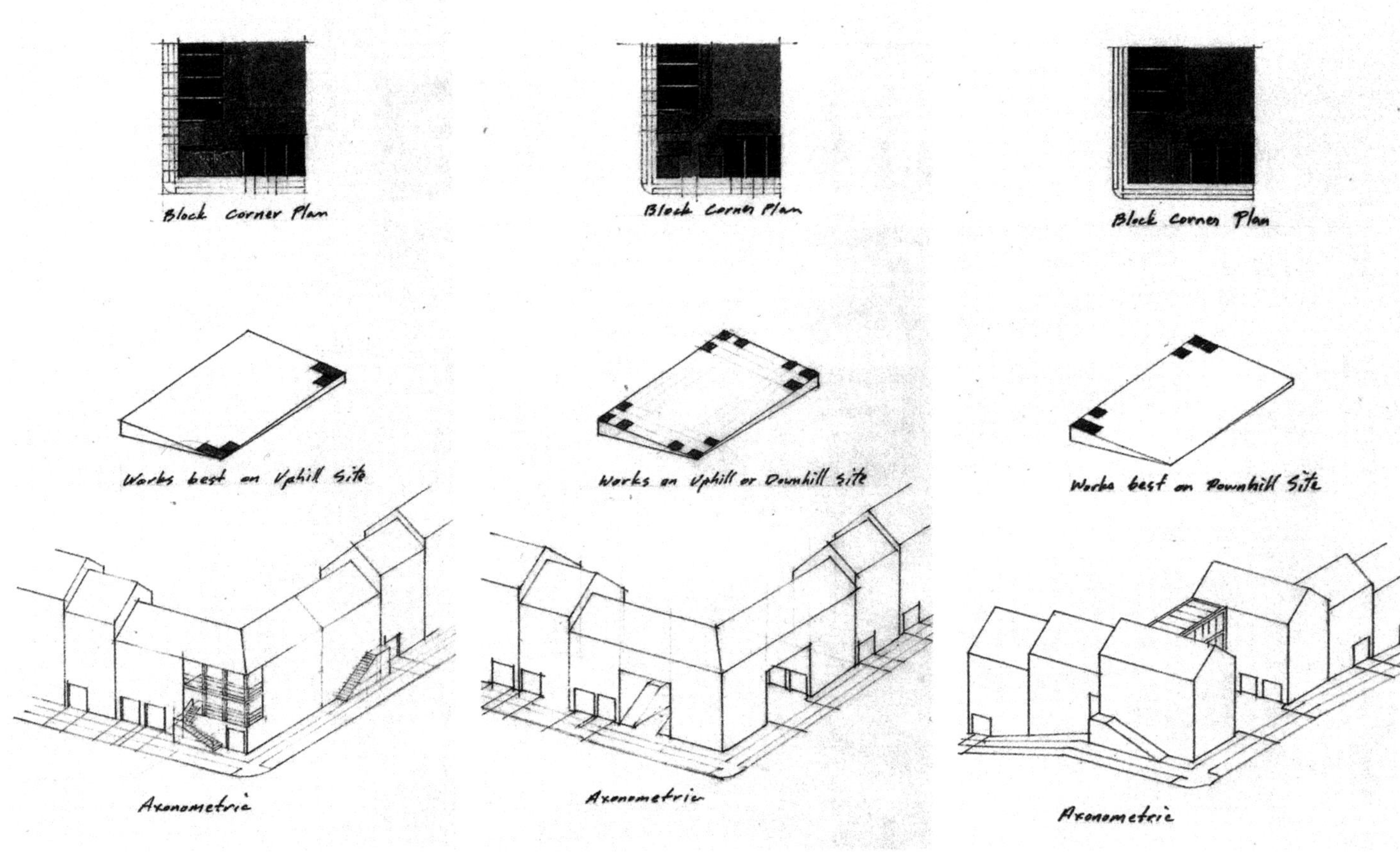

克特纳邻里（下图规划）位于通讯山北端一块 24 公顷的地上。被规划为一个完整的邻里，它将在项目首期建设。
包含 300 到 450 套住房组成，人口将足够支持几家小商店和服务机构。四个零售店位置（红色标记）已经被确定下来。它们都集中在这块地海拔最高的地方。
这块地上海拔较低的部分和邻里北端的林荫道旁种了一大片橡树和桉树。一小团住宅位于这片树林当中。
供人游泳、打篮球、打网球的休闲娱乐机构在这块地当中或周围的多个位置都有分布。树林南端一个大型椭圆形体育场的边缘有一圈杨树。
社区最主要的游泳池和健身中心附近，一条将克特纳邻里的高处和低处连接起来的步道从维斯塔公园路下面穿过。

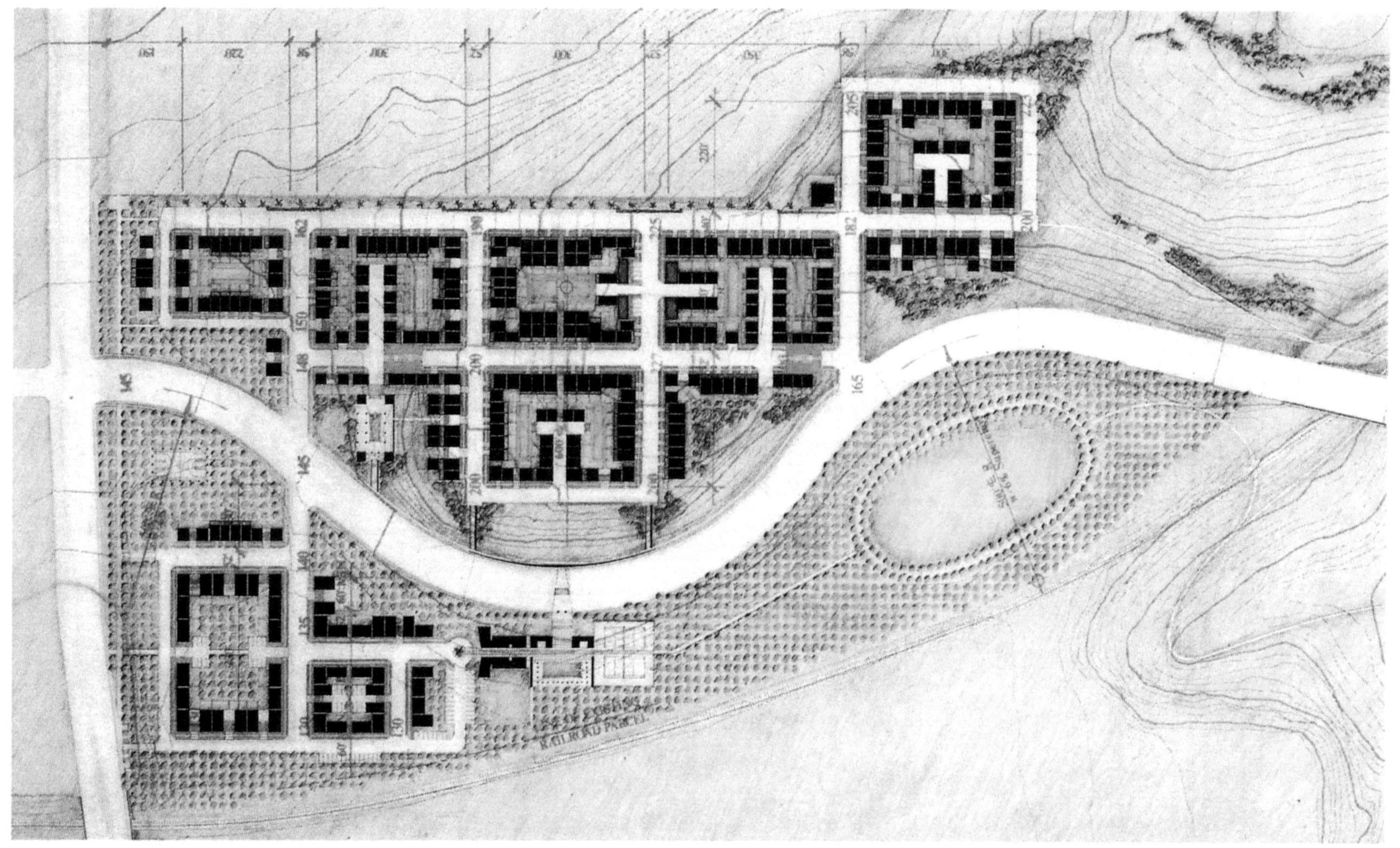

K 大道旁一排有四个街区场地棕榈树创造的景观元素从很远的地方都能看到。这排树也巩固了邻里街区和外面的开放空间区域之间的边界。

克特纳邻里之内的街区（下图）密度在每公顷 60 到 100 个单元之间。斜坡上的台阶可以让人一览周围山峰和圣何塞市中心的景色。

电话电报（AT&T）公园（右图和下图）当中是现在的地标——通讯塔，这个社区正是得名于此。这个三面环绕城市街区的场地上还规划新建一座水塔。

一组人行道和大台阶（底部右图）确立了这个公园的形式特征。公园一角的大阶梯构成了附近街道景观的背景。

一块用于高中、操场和社区中心的相对平整的场地位于一系列台阶下方（规划）。这块地已经从原来的采石场手中收回了。

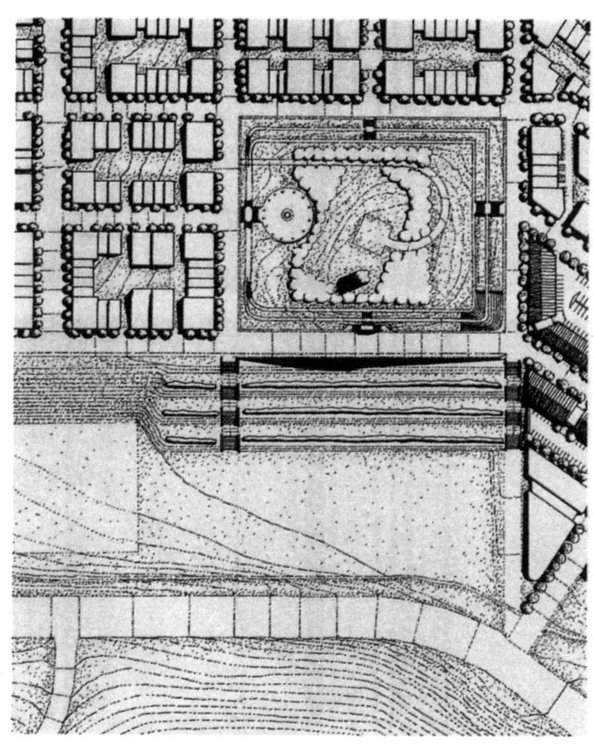

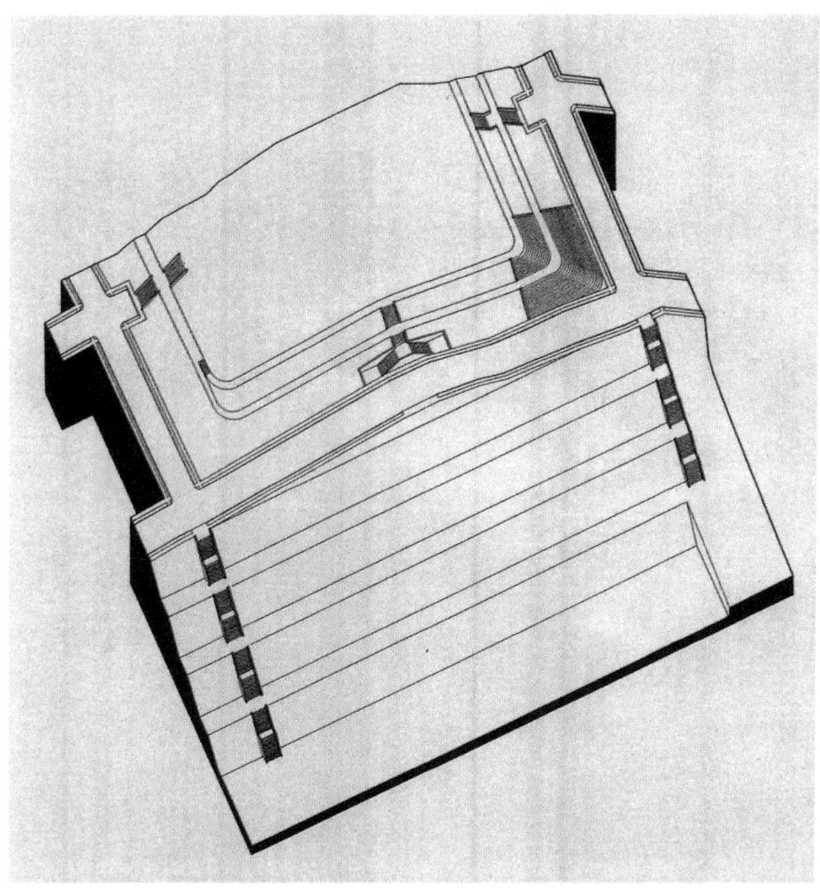

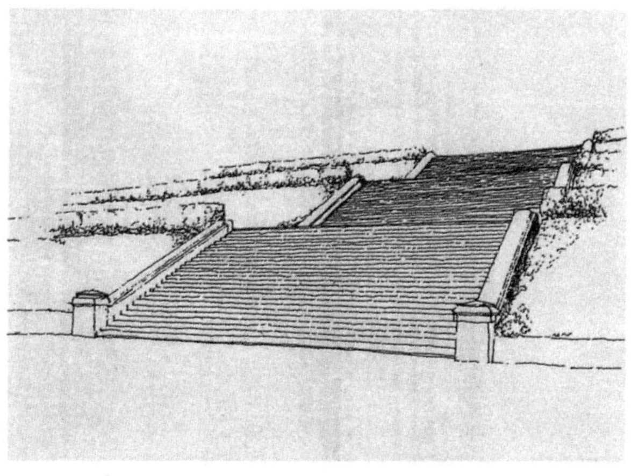

通讯山社区规划的街道网络为疏散当地交通提供了多条路径。坡度太大不便行车的地方，台阶和坡道（下图以及底部左图）让步行线路保持连续。这些中断在街道网格中（下方右图）创造出非常独特的场所，给周围的邻里以生机和魅力。西雅图、旧金山和伯克利这样的山城就有很多类似的地方。尽管直线围成的网格和自然地形表面上存在着矛盾，但是这份规划要比类似情况下采用曲线街道的社区拥有更高的密度和更多停车空间。此外，因为建筑沿山坡逐级分层，视觉走廊靠向直线而非曲线街道，这样非常多的单元都有很好的视野，这是通讯山极具吸引力的一个特点。

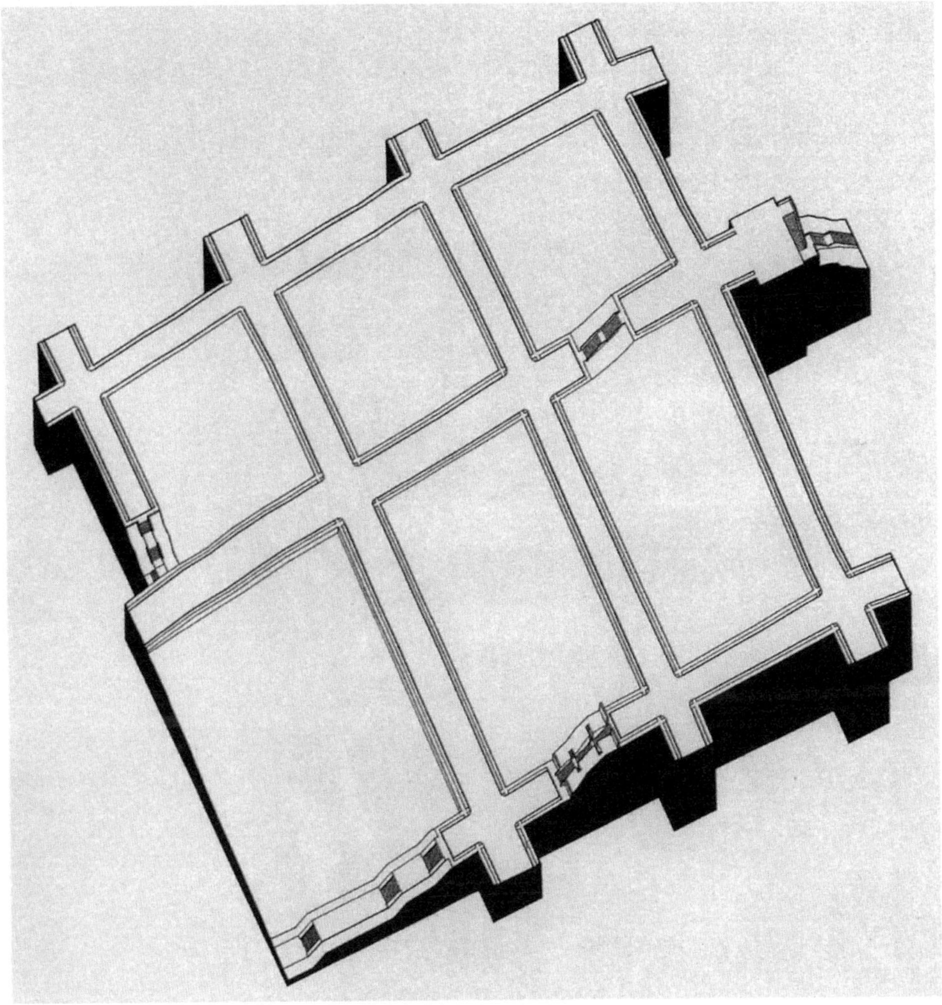

罗萨维斯塔

梅萨，亚利桑那州，1991 年

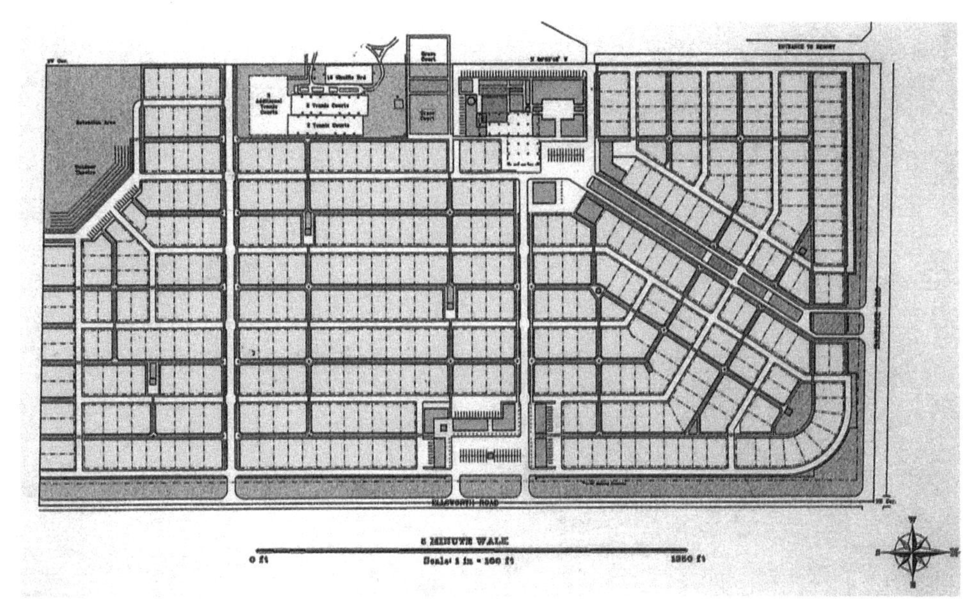

罗萨维斯塔规划（上图）包含了多种类型的街道（见第 94 至 95 页）。很多住房正门对着狭窄的小道（对页），计划主要用于步行。小型外屋和车棚沿屋后较宽敞的车道排成一线。这一设计反转了更为常见的街巷关系。

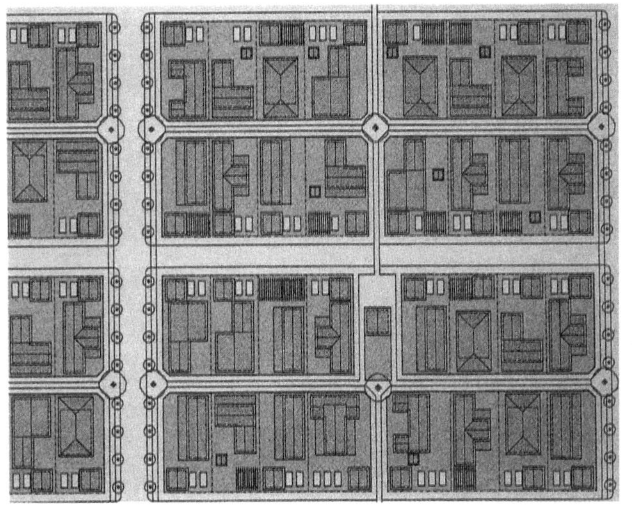

罗萨维斯塔的街区（左图）按照两种宽度——9 米和 14 米——划分地块。这样的尺寸可以容纳为这个社区专门设计的多种单元类型。

罗萨维斯塔（凤凰城附近一个活动式住房村落）的开发商认为更好的设计可以改变工厂预制住房在人们心中根深蒂固的负面印象。阳光地带很多州的退休人员早就选择了这种房子，而现在越来越多年轻家庭也在考虑这种住房。

因为比常规方式建造的住房节省 35% 的费用，所以预制住房是一种实惠的选择。它现在在美国新出售的单户住宅中占据了三分之一的份额。人们经常将它与拖车式活动房（那实际上也是预制房屋的一种）混淆。大部分工厂制造的房子所用的材料和技术其实和标准的现场建造的房屋一样。它们都要遵循 HUD（美国住房与城市发展部）制定的标准，而且虽然要用带轮子的框架运输，但它们当中的大部分都要在地基上固定几十年。

尽管有这些优点，建造这种房子还是有很多障碍。移动房社区的开发商经常会面临限制甚至禁止移动房的功能区划政策。这是因为移动房会让社区有一种廉价感，从而让人担心周围的房价会受到拖累。

罗萨维斯塔村是精心规划的结晶，既强调社区总体布局，又考虑了每个独立单元的设计。规划者最初定的目标之一就是给预制房屋“能达到什么效果”树

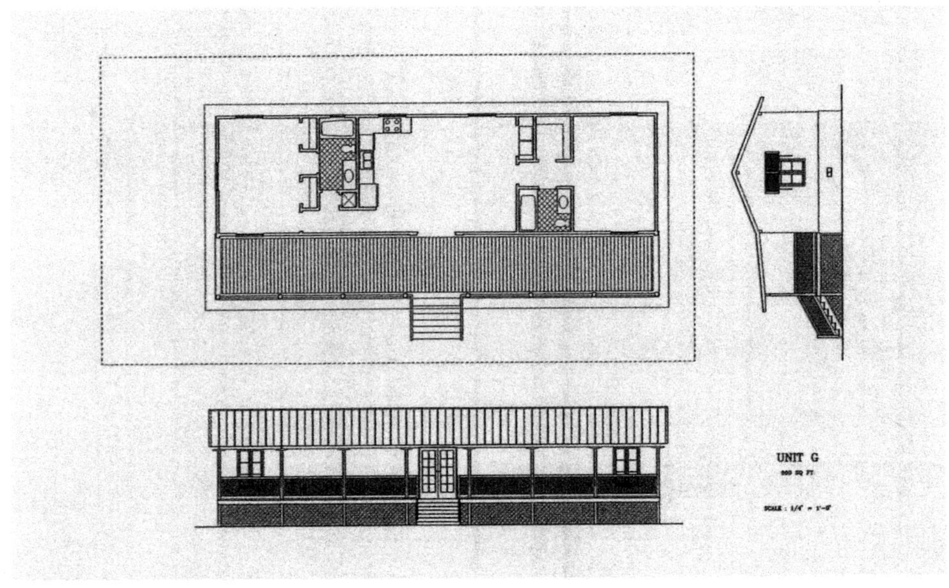

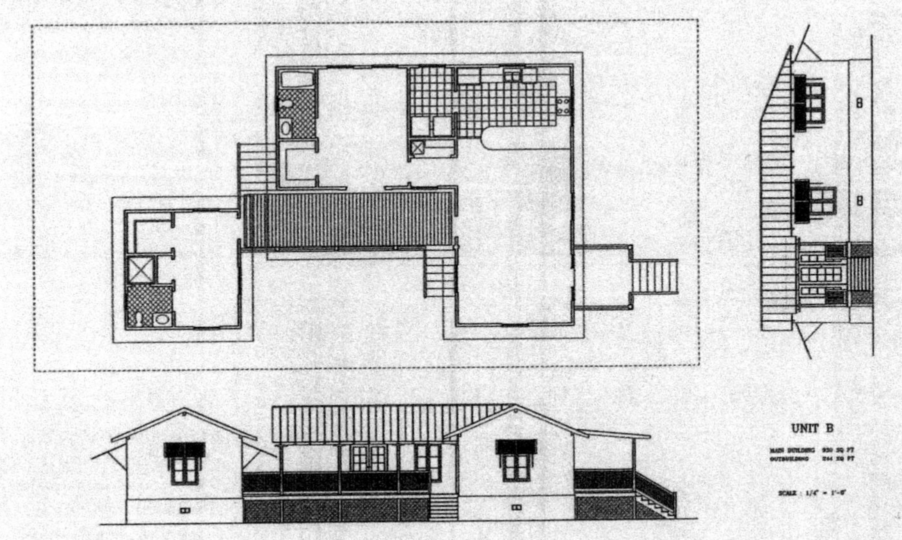

根据预制住房标准宽度模块，为罗萨维斯塔设计了超过 15 种房屋设计（例如左图）。

立一个榜样。他们没有简单地模拟现场建造，而是深入地了解了这种房屋形式有什么固有缺陷和优势。

罗萨维斯塔的设计团队，由杜安伊夫妇领衔，首先研究了美国其他地方成功的移动房社区。在这个过程中，他们懂得了那些社区的许多特征——各个单元之间相距很近，齐全的公共设施（比如有个会所），边界明确——实际上让它们比周围以传统方式建造的邻里更具社区感。

罗萨维斯塔的规划反映了他们的研究成果：

各单元的正面紧靠着小路，这些路是单元之间步行活动的主要途径。移动房社区需要用来运输、安装房屋单元的大道放在后面，而且没有铺路。设计师还为这些住房单元设计了很多新式的、有创意的平面——有些设有屋顶平台和“太阳伞”。

罗萨维斯塔最近被《进步建筑》（Progressive Architecture）杂志收入其年度设计奖获奖作品当中。但是这样的认可恐怕还难以影响公众对于预制房屋的普遍印象，但这至少表明，建筑师和其他专业设计人士对他们回避已久的住宅形式开始产生兴趣。

罗萨维斯塔的规划团队仔细查看了单个住房单元的设计。在研究了当地特色建筑之后，他们决定模仿这一地区最好的模范建筑。

他们提出在工业标准模型基础上做出细微改变，以契合当地模范建筑的特征。比如，确定台阶之上的住房单元的高度，可以大大影响其在场地上的尺度感和存在感。

因为住房单元是由卡车运至地块上，大部分预制房会放在离地面 1 米高的台上（略高于卡车车轮）或者直接放在地上（如果是挖开的地基）。

对比图（本页）展示了两种高度上的单元。最低 30 厘米的基座似乎最适用于庭院住宅（下方右图）。而最高 90 厘米的基座则被建议用于小平房单元（底部左图）。

设计师还推荐了多种适用于场地的细节和装饰方案。这其中包括露出椽子的房檐和门廊、可活动的百叶窗以及拉毛粉饰的外表面。

工厂制造的单元加上现场建造的拱廊，就形成了罗萨维斯塔的商业中心（下图）。这里有社区必需的各类商店和服务。

木制拱廊，是美国西南部常见的建筑特征，在亚利桑那州严酷的烈日下提供了一片阴凉。这个社区中心的停车区域（图中右边）设计成乡镇广场的形式，正对着附近的迷信山（Superstition Mountains）。

罗萨维斯塔主要的汽车活动发生在阿拉梅达邻里（对页上方左图）和横穿整个场地的两条东西向的三车道街道上。

这里鼓励外来的参观者把车停在这些街道上，然后通过两边有矮墙的小巷（对页上方有图），走到里面的住房。这些砖石铺成的人行道上，每个路口拐角都会种上一棵茂盛的本地绿荫树。

房屋后面的车道（对页底部右图）为居民提供了停车和服务通道。这里更大的宽度，让运输和安装房屋的设备有足够的操作空间。

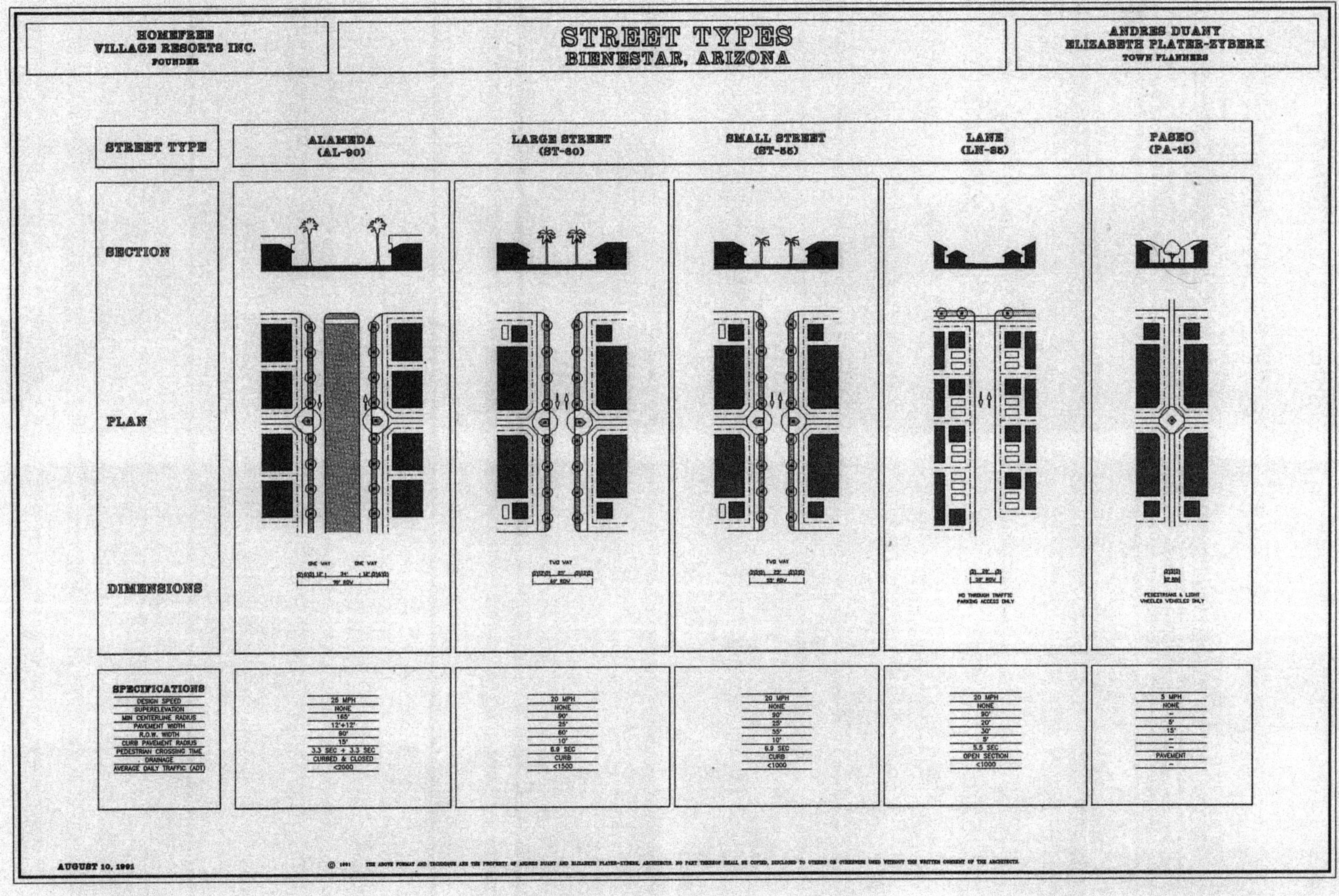
HOMEFREE
VILLAGE RESORTS INC.
FOUNDER
STREET TYPES
BIENESTAR, ARIZONA
ANDRES DUANY
ELIZABETH PLATER-ZYBERK
TOWN PLANNERS
STREET TYPE
ALAMEDA
(AL-90)
LARGE STREET
(ST-60)
SMALL STREET
(ST-55)
LANE
(LN-35)
PASEO
(PA-15)
SECTION
PLAN
DIMENSIONS
ONE WAY
ONE WAY
TWO WAY
TWO WAY
NO THROUGH TRAFFIC
PARKING ACCESS ONLY
PEDESTRIANS & LIGHT
WHEELED VEHICLES ONLY
SPECIFICATIONS
DESIGN SPEED
SUPERELEVATION
MIN CENTERLINE RADIUS
PAVEMENT WIDTH
R.O.W. WIDTH
CURB PAVEMENT RADIUS
PEDESTRIAN CROSSING TIME
DRAINAGE
AVERAGE DAILY TRAFFIC (ADT)
25 MPH
NONE
165'
12'+12'
90'
15'
3.3 SEC + 3.3 SEC
CURBED & CLOSED
<2000
20 MPH
NONE
90'
25'
60'
10'
6.9 SEC
CURB
<1500
20 MPH
NONE
90'
25'
55'
10'
6.9 SEC
CURB
<1000
20 MPH
NONE
90'
20'
30'
5'
5.5 SEC
OPEN SECTION
<1000
5 MPH
NONE
–
5'
15'
–
–
PAVEMENT
–
AUGUST 10, 1991

HOMEFREE
VILLAGE RESORTS INC.
FOUNDER

TYPICAL STREET ELEVATIONS
BIENESTAR, ARIZONA

ANDRES DUANY
ELIZABETH PLATER-ZYBERK
TOWN PLANNERS

STREET
SCALE: 1"=16'

PASEO
SCALE: 1"=16'

STUDIOS
SCALE: 1"=16'

SHOPFRONTS
SCALE: 1"=16'

LONG'S

郊区新村

戴德县，佛罗里达州，1992 年

主要开发于七八十年代，佛罗里达州的肯德尔（左图）是典型的“边缘城市”。这样的边缘城市已经成为美国乏善可陈的郊区生活的象征。

新村的规划（下图）以中心广场为焦点（对页），综合了市政、商业和居住等用途。这个多功能地区为项目典型的郊区环境注入了关键的公共生活元素。

这个尚未命名的新村将建在肯德尔（Kendall）——南弗罗里达发展最快的区域之一，在迈阿密市区西南方仅 26 公里的地方。这块 40 公顷的地靠近主要的公路和繁忙的当地机场，位置极具战略意义。

新村将成为首个按照戴德县新制定的传统邻里开发法令（TND）开发的项目。作为标准的戴德县区划法规的一个替代选择，TND 允许更高的土地利用强度和更少的停车要求，让社区房价平易近人、功能多样而且便利步行。

这个项目由 DKP 设计事务所（Dover，Kohl & Partners）设计，混合了住宅（890 套）、商铺、工作场所、娱乐和公共用途——所有这些都在几分钟的步行距离之内。类型和规模各异的建筑将能满足各类居民（包括租房者和业主）的需求。这个规划围绕一系列吸引人的功能性公共空间组织起来：带拱廊的购物街、通往中心大广场的主街和散落在邻里中间的小公园等。

被定位为戴德县主要由汽车主导的区域中一块可以步行的绿洲，很多人都将这个 TND 的首次尝试看成重要的试点示范项目。其成败毫无疑问将对戴德县和整个地区未来的规划产生影响。

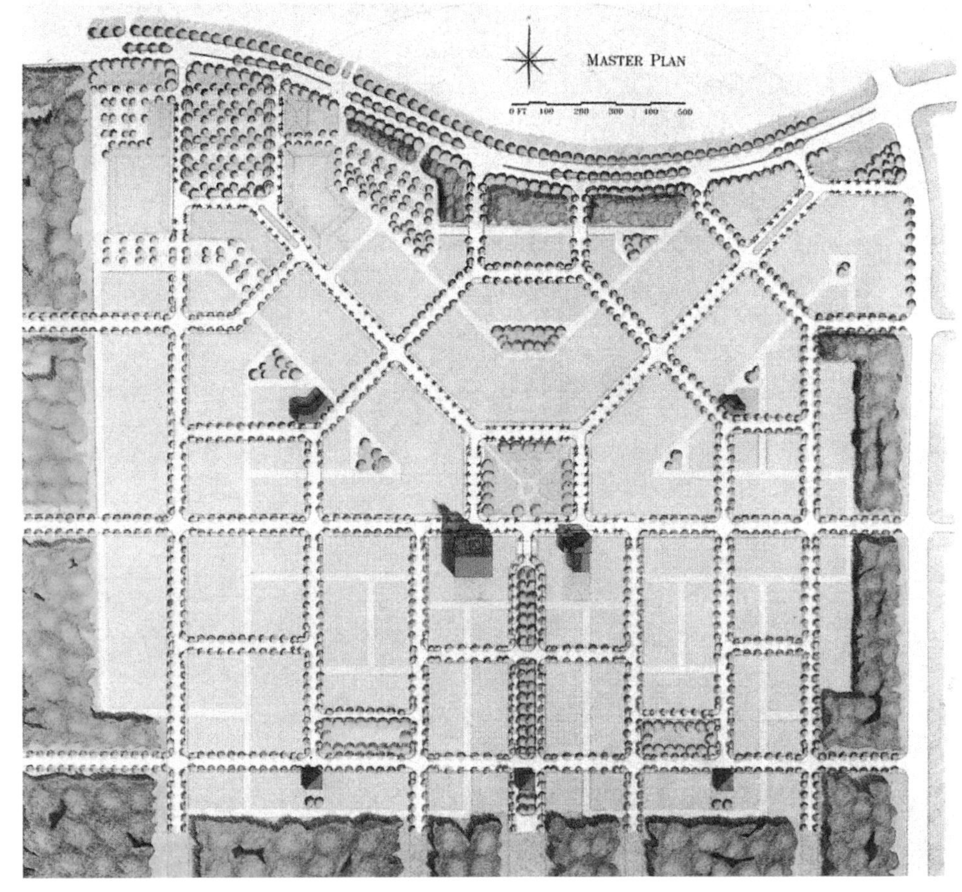

村里的店面（左图）必须按照 TND 规范与街线保持对齐，并用柱廊覆盖人行道。结果就是得到一个更加明确的公共空间，其中容纳了非常多样的建筑表达。

新村里有着各种住房。其中包括花园公寓和庭院公寓（分别见下图和底图），以及商铺上面的公寓（左图和对页右图）。

这个社区里也有独立住宅（下图）和联排住宅（底图）。这两种都在主屋的后院有附属单元。

TND 规范鼓励兴建这样的附属单元，因为它们可以为社区提供更多经济适用住房。

新村代表了向小批量渐进式发展的回归。与很多大型郊区开发区不同，这里的地块都被细分为最小的实用单元。

这样，更多的手段有限的个体也会参与到社区建设中来。因为小地块也需要通过组合以容纳大型建筑，这种方法能保证混合的各种大小不一的建筑可以随着村庄发展而适应不同的市场需求。

这种渐进策略对开发商来说有着明显的好处，比如说增加了灵活性，减小了财政风险。同时，它也带来了更加以人为本的环境，造福于整个社区。

惠灵顿镇

棕榈滩县，佛罗里达州，1989 年

因为棕榈滩县正面临着严重的发展问题，新惠灵顿镇的规划者于是策划了这个 607 公顷的开发项目来作为“出路”。审批过程中的一项要求颇有争议：该县的城市控制线必须往西扩展。但讽刺的是，它竟然通过了，因为当局认为这个稠密、功能混合的项目将有助于控制该地区继续无序蔓延并反转严重的职住不平衡状况。

和佛罗里达州很多地方一样，棕榈滩近年来也经历了巨大的低密度增长。住宅区从棕榈滩理想的海岛社区和西棕榈滩“中心区”稳步地向内陆推进。这些新开发项目中有相当一部分很少甚至没有提供购物和工作场所。办公楼和大商场于是建在了附近的主干道旁，把这些道路变成拥挤的“长条”。结果，即便道路几经加宽，住在新开发区的东西方向的通勤者每天面临的交通延误却日益严重。

新建的惠灵顿镇位于惠灵顿现有的规划单元开发区（PUD）西缘，意在通过建立拥有大型工作场所的新社区与邻近的 PUD 大量的住宅达到平衡，从而缓解拥堵。项目规划

惠灵顿的一份早期规划（下图）是由一场为期一周的研讨会形成的。会上，每个邻里的布局被分派给不同的设计师设计。

尽管给定了一组需要共同遵守的规则，但是每个设计者的方案都各不相同。设计出来的邻里被放到一起后，必须做一些整体性的调整，好把邻里间的街道连接起来。

这种工作方法给组合而成的整体带来了真正的多样性，单靠一个设计师是无法实现的。

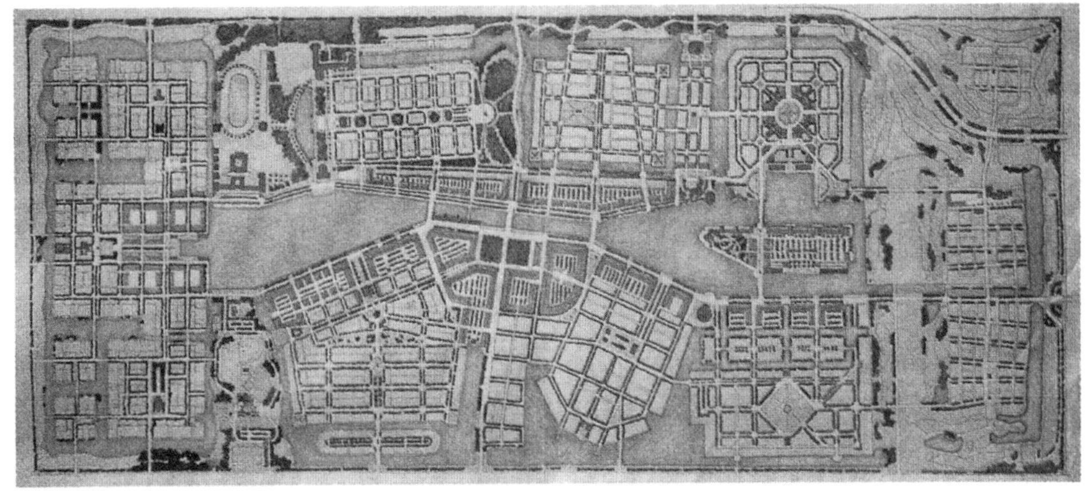

与弗罗里达州的很多开发项目一样，惠灵顿镇很大一部分土地用于排水。很多这样的开发区，就像惠灵顿这个小区（左图），水体周围全是私人住宅。虽然这种策略可以产生更多的滨水住宅用地，但是也减少了滨水的公用和娱乐用地。

规划的惠灵顿镇（对页）拥有水面景观和多个公共亲水通道。精致的规划保留了大片滨水住宅区，同时增加了开发区其他部分的土地需求。得到加强的公共空间为整个社区带来了看得见摸得着的好处。

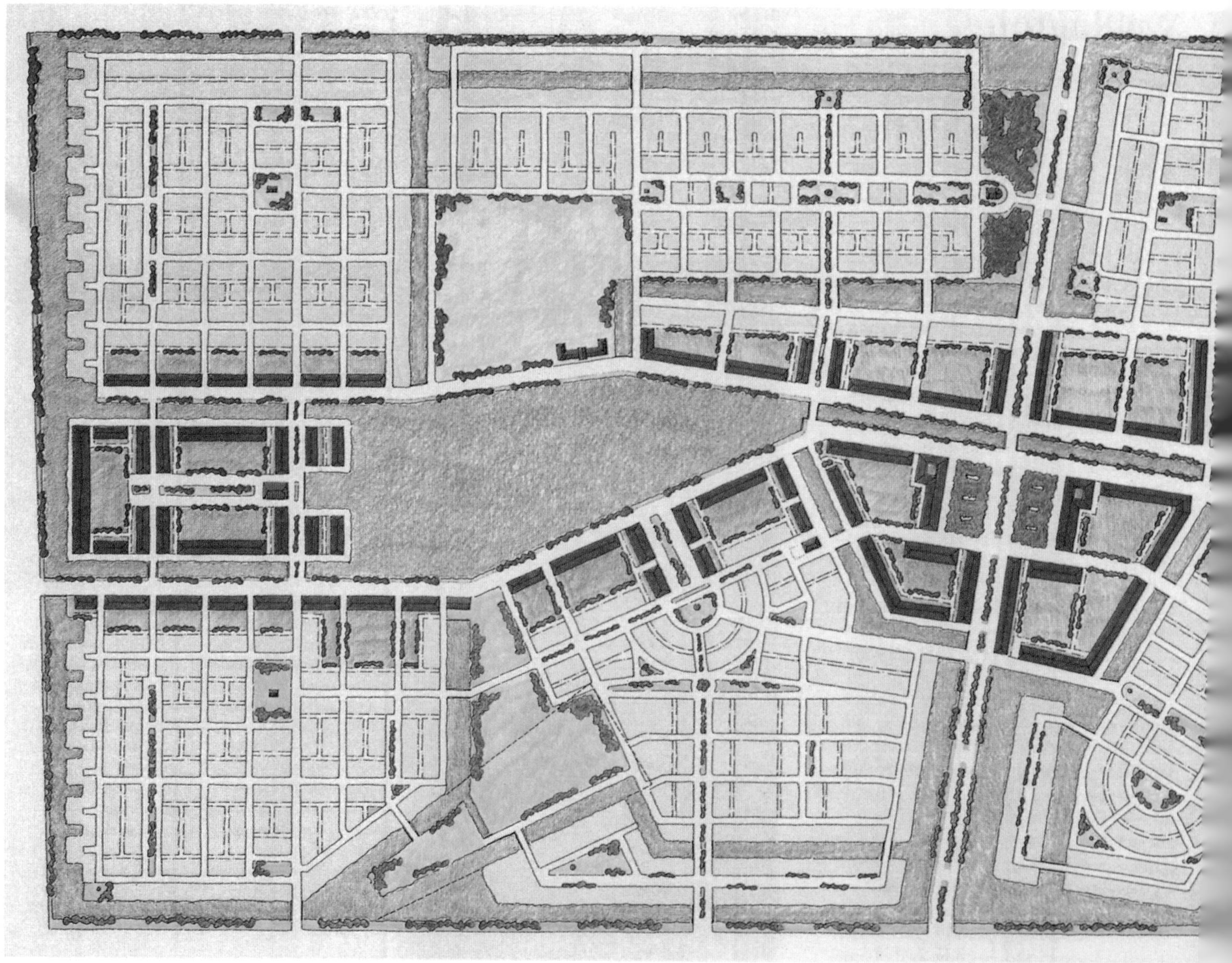

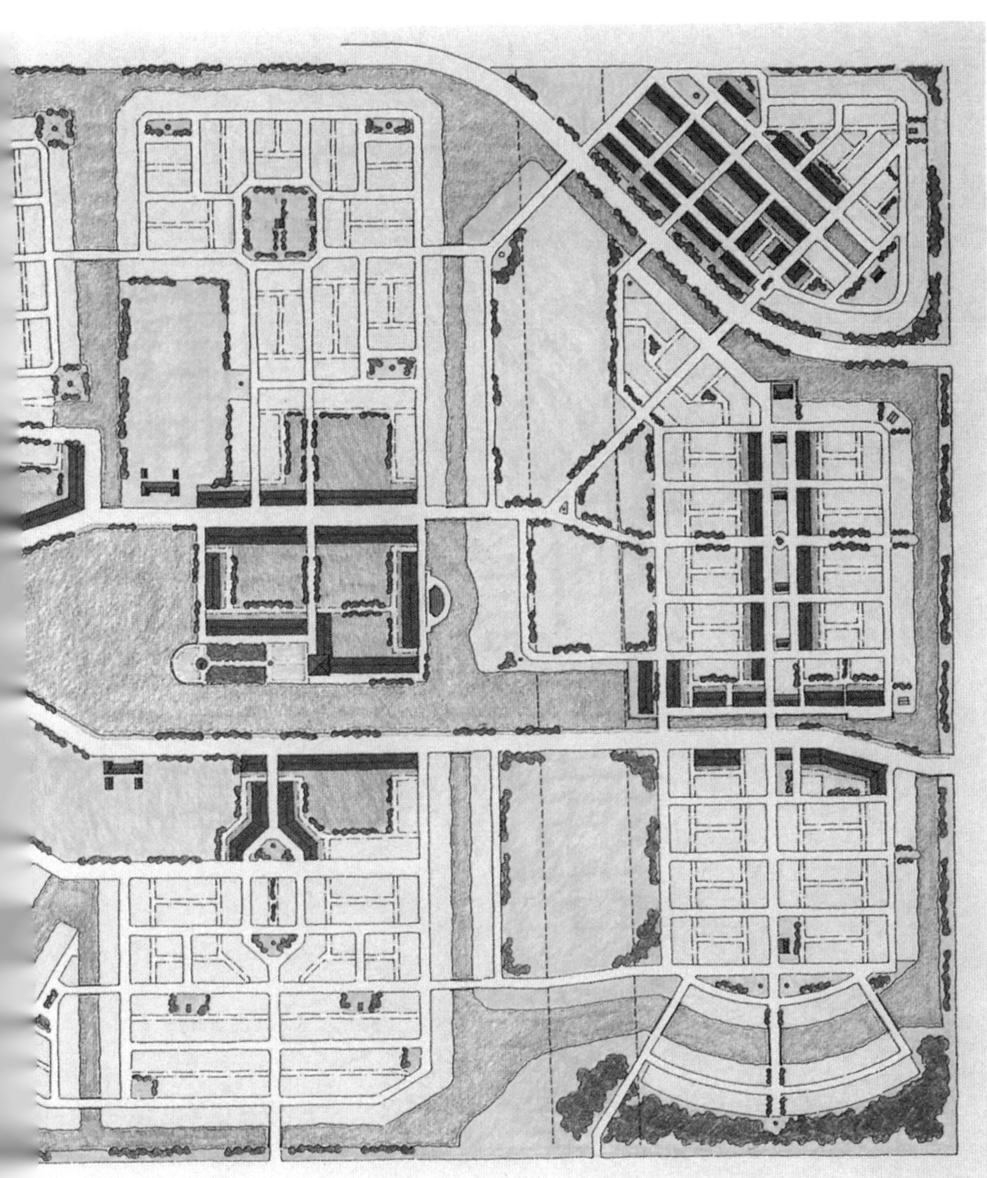

惠灵顿镇规划（左图）将每个邻里中密度最大的部分安排在领结形的中央湖周围。湖畔是林荫大道，湖中部较窄，被确立为社区中心（见规划图中部）。

中心湖两端较宽，给周围的邻里以开阔的视野。镇上最重要的公共建筑位于湖畔的关键拐角处。

者安德雷斯·杜安伊和伊丽莎白·普拉特－兹贝克设计的小镇由 9 个各不相同的邻里组成，它们在中央的湖泊汇聚，形成一个高密度的商业核心。一条绵延不断的湖滨林荫路将各邻里中密度最大的地方连在一起，同时另一条林荫路将各邻里的中央广场联系起来，为这个镇提供了一条便捷的公交环线。

惠灵顿镇内提供了大量商业和零售空间。不仅如此，离社区的就业中心不远的地方就有多种住房可选。每个社区从湖滨三四层楼高的办公、零售和公寓楼到环绕镇子四周的运河旁独立的独户住宅区，密度逐渐降低。中间地带的居住类型包括庭院式公寓、各种排屋、侧院住宅和后院附属单元等。

小镇的规划团队最关心的就是房价。商店楼上和住宅后院的出租房——郊区极为少见的两种形式——也包含在这个社区多样的住宅类型当中。

为了保证与周围的住房相容，更传统的多单元经济适用房遵循了设计团队制定的规范。这些住房只有小的组团（每排绝不会超过 12 栋），而且总是分布在更高档的住宅之间。而且，这些房子的设计和组团也与相邻的住房形成呼应。

小镇当中有一个邻里是按大学校园设计的。其中囊括了教学、居住和商业等活动，这是为了体现典型的“大学城”

一系列示意图（下方）将邻里中各种组成要素分别标示出来。这其中包括公共开发空间（下方左图），公共建筑（中间左图）和工作场所（底部左图）。

上层有住宅的商铺位于湖边的商业街前面（下方右图）。中等密度的住宅，比如联排住宅和小型公寓楼从中央绿地向四周辐射分布（中间右图）。

独户住房（底部右图）的密度从内部街区紧凑的侧院住宅到运河旁的大独立住宅逐渐降低。

特征。这个社区的中心在形式上与普通的大型购物中心类似，特意布置在镇里一块小尺度区域中。它可以满足居民在社区小商店无法满足的购物需求。

惠灵顿镇里有多种公共开放空间。规整的社区广场是社区中心的焦点，同时社区中间还分布着很多的小操场供居民平时活动。一座大型区域性公园展示了这个区域的自然景观。排水所需要的大湖和水路系统也属于规划中慷慨的开放空间网络的一部分。

虽然惠灵顿镇规划已经获得审批，但是最近房地产业的下降趋势增加了融资难度，导致项目搁置。即便如此，低密度的蔓延在棕榈滩县继续发展，让这个地区严重的交通拥堵雪上加霜。如果像惠灵顿这样的新型小镇可以顺利推进的话，其基本前提就可以得到验证：原来规划不当的地区所面临的种种问题，确实可以通过建设一些为弥补积弊而特意设计的新地方来解决。

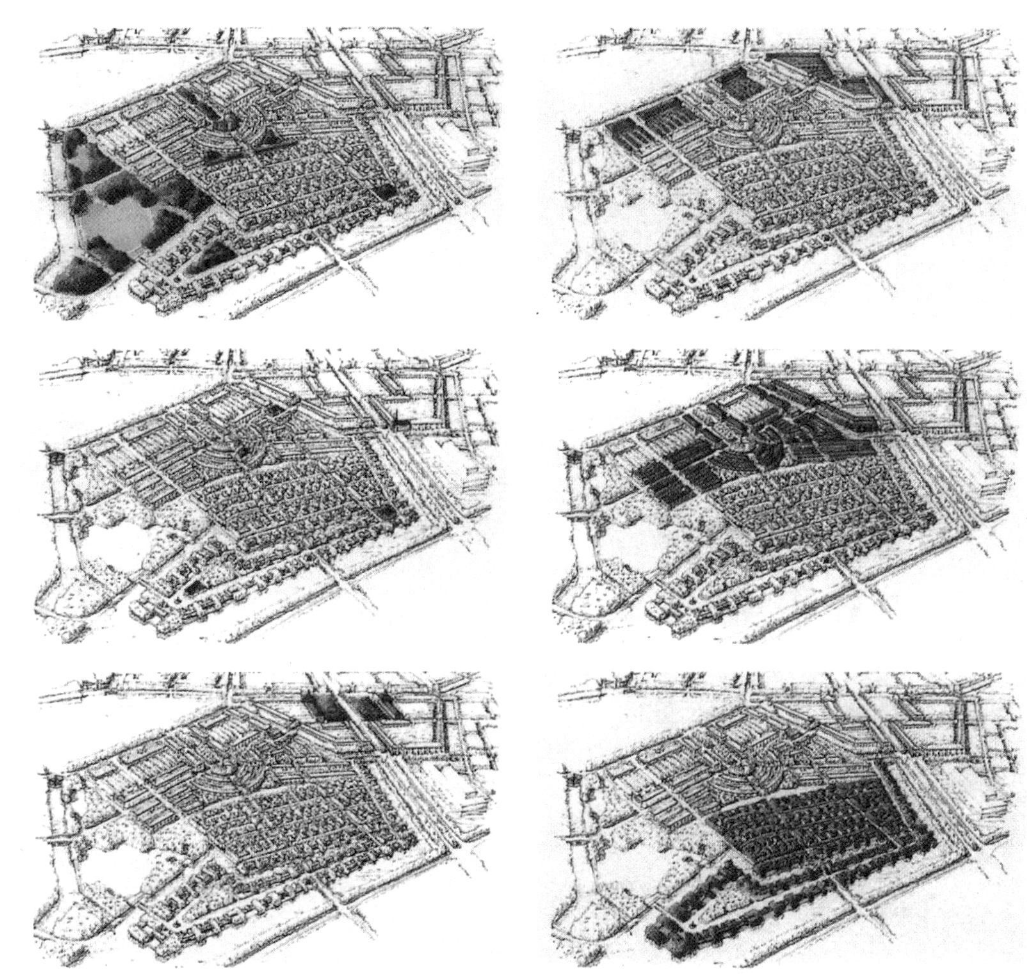

惠灵顿镇典型的邻里中心（下图）一般是一个小型公共广场，周围是社区建筑，比如邮局、议会厅或托儿所。公寓住房在这个位置也比较合适。

虽然功能可以灵活布置，但是这些建筑的实体存在和形式都必须尊重旁边的公共广场并给予其足够的空间。

惠灵顿镇的建筑和城市设计规范要求建造简洁、比例得体的最基本的当地风格建筑——粉刷的混凝土砌块墙和坡面瓦屋顶。

发达的运河和水道是用来保留雨水的。设计团队组合了水和建筑，为小镇打造了独特的风景（对页）。

水体边缘是砖石墙壁或者园林美化的水岸。悬挑阳台和石木混合的构造让人想起传统的加勒比海建筑。

惠灵顿镇一份早期规划中，邻里间有一所普通高校的校园（下图）。最新的设计（右图和对页）则参考了一所当地大学提出的特殊计划。

一个会议中心组成了大学校园的核心，希望这里让人感觉像典型的“大学城”。参会者就住在校园里，步行去邻里中的参观、商店和其他设施都很方便。

这里的建筑和场地规划让这个多功能的校园和邻里像棕榈滩和珊瑚阁等南佛罗里达社区那样富有历史气息的。

大学的建筑环绕着一条风景优美的林荫路（下图），它的尽头是一个大礼堂和钟楼。教室、实验室和教职工办公室位于草地两旁建筑物的楼上，而一楼是整齐排列的商店。

占满整个街区的庭院楼房为学生在校园中心附近提供了住处（底图）。这个邻里有的住房包括宿舍、公寓和独户住宅。

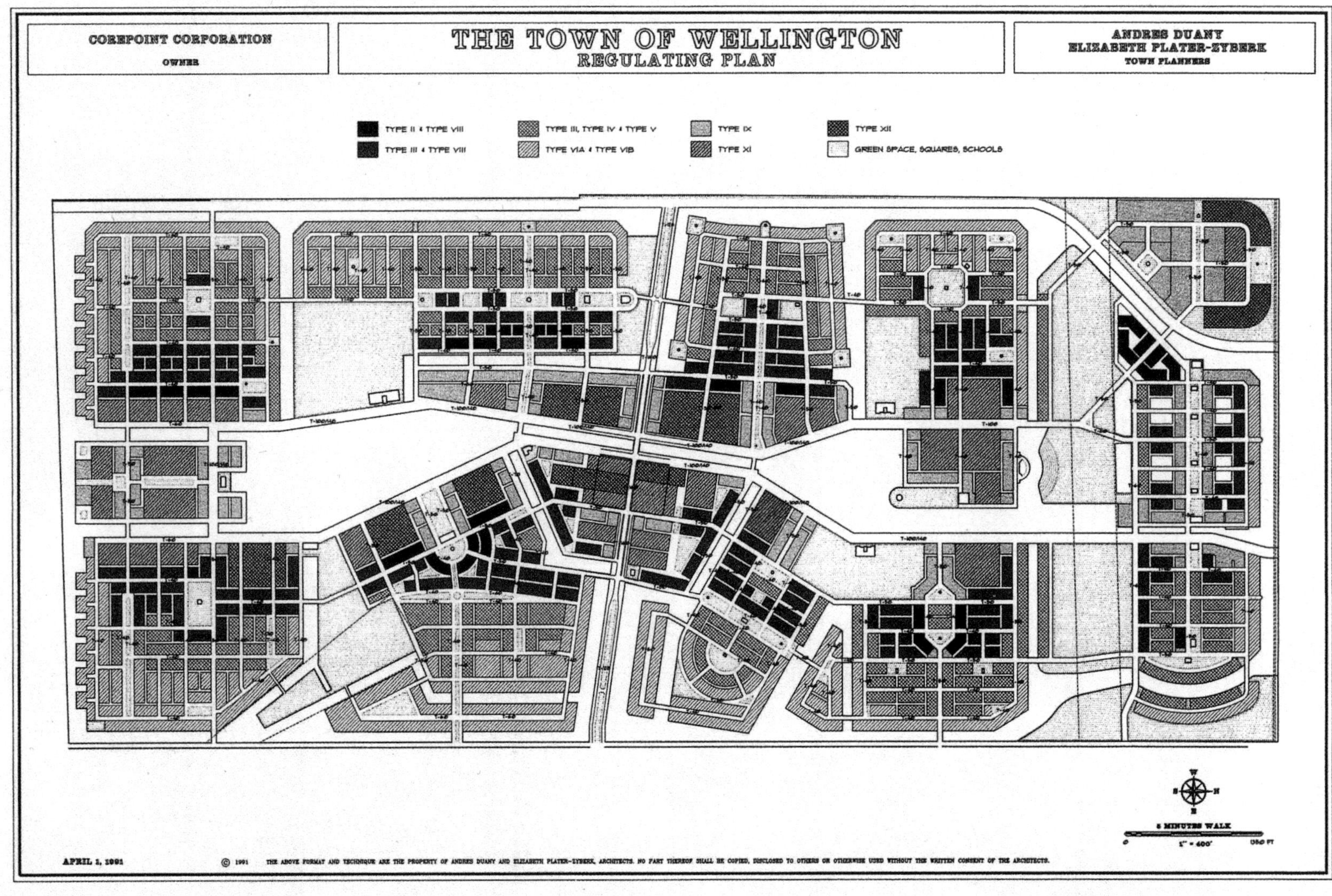
COREPOINT CORPORATION
OWNER
THE TOWN OF WELLINGTON
REGULATING PLAN
ANDRES DUANY
ELIZABETH PLATER-ZYBERK
TOWN PLANNERS
TYPE II & TYPE VIII
TYPE III & TYPE VIII
TYPE III, TYPE IV & TYPE V
TYPE VIA & TYPE VIB
TYPE IX
TYPE XI
TYPE XII
GREEN SPACE, SQUARES, SCHOOLS
W
S
N
E
5 MINUTES WALK
0
1" = 400'
1350 FT
APRIL 1, 1991
© 1991 THE ABOVE FORMAT AND TECHNIQUE ARE THE PROPERTY OF ANDRES DUANY AND ELIZABETH PLATER-ZYBERK, ARCHITECTS. NO PART THEREOF SHALL BE COPIED, DISCLOSED TO OTHERS OR OTHERWISE USED WITHOUT THE WRITTEN CONSENT OF THE ARCHITECTS.

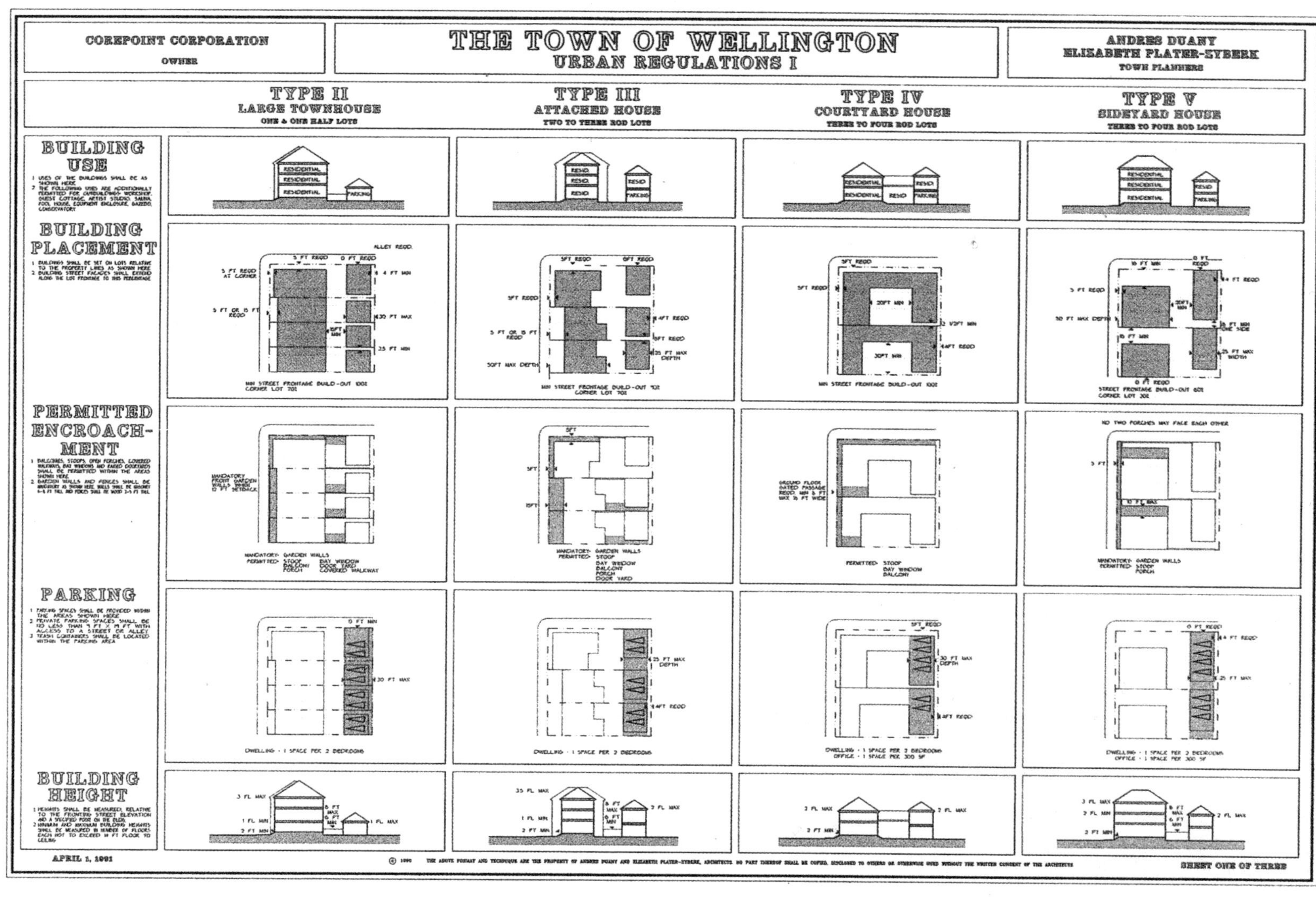
COREPOINT CORPORATION
OWNER
THE TOWN OF WELLINGTON
URBAN REGULATIONS I
ANDRES DUANY
ELIZABETH PLATER-ZYBERK
TOWN PLANNERS
TYPE II
LARGE TOWNHOUSE
ONE & ONE HALF LOTS
TYPE III
ATTACHED HOUSE
TWO TO THREE ROD LOTS
TYPE IV
COURTYARD HOUSE
THREE TO FOUR ROD LOTS
TYPE V
SIDEYARD HOUSE
THREE TO FOUR ROD LOTS
BUILDING USE
BUILDING PLACEMENT
PERMITTED ENCROACH-MENT
PARKING
BUILDING HEIGHT
APRIL 1, 1991
SHEET ONE OF THREE

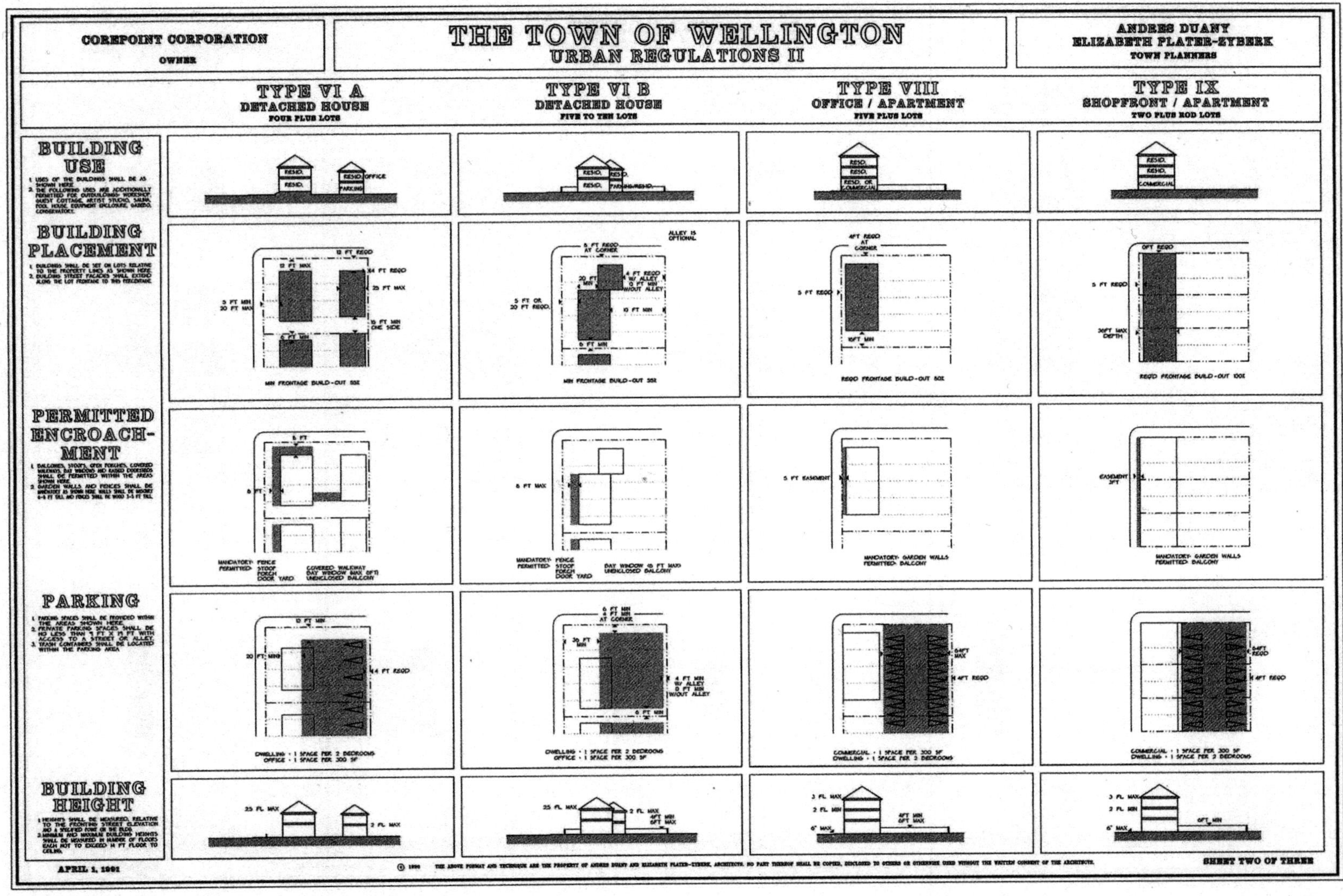
COREPOINT CORPORATION
OWNER
THE TOWN OF WELLINGTON
URBAN REGULATIONS II
ANDRES DUANY
ELIZABETH PLATER-ZYBERK
TOWN PLANNERS
TYPE VI A
DETACHED HOUSE
FOUR PLUS LOTS
TYPE VI B
DETACHED HOUSE
FIVE TO TEN LOTS
TYPE VIII
OFFICE / APARTMENT
FIVE PLUS LOTS
TYPE IX
SHOPFRONT / APARTMENT
TWO PLUS ROD LOTS
BUILDING USE
BUILDING PLACEMENT
PERMITTED ENCROACHMENT
PARKING
BUILDING HEIGHT
APRIL 1, 1991
SHEET TWO OF THREE

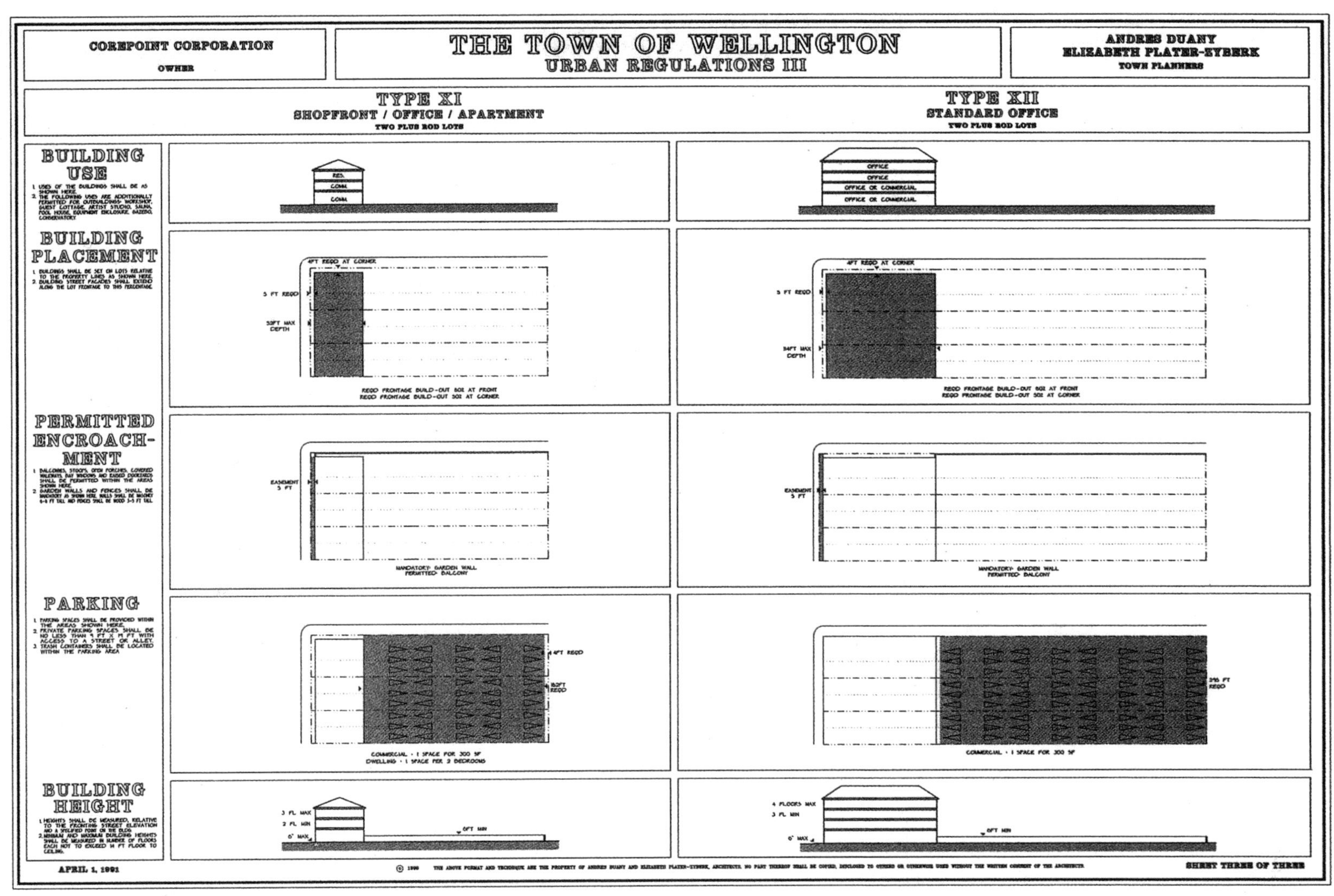
COREPOINT CORPORATION
OWNER
THE TOWN OF WELLINGTON
URBAN REGULATIONS III
ANDRES DUANY
ELIZABETH PLATER-ZYBERK
TOWN PLANNERS
TYPE XI
SHOPFRONT / OFFICE / APARTMENT
TWO PLUS ROD LOTS
TYPE XII
STANDARD OFFICE
TWO PLUS ROD LOTS
BUILDING USE
BUILDING PLACEMENT
PERMITTED ENCROACHMENT
PARKING
BUILDING HEIGHT
APRIL 1, 1991
SHEET THREE OF THREE

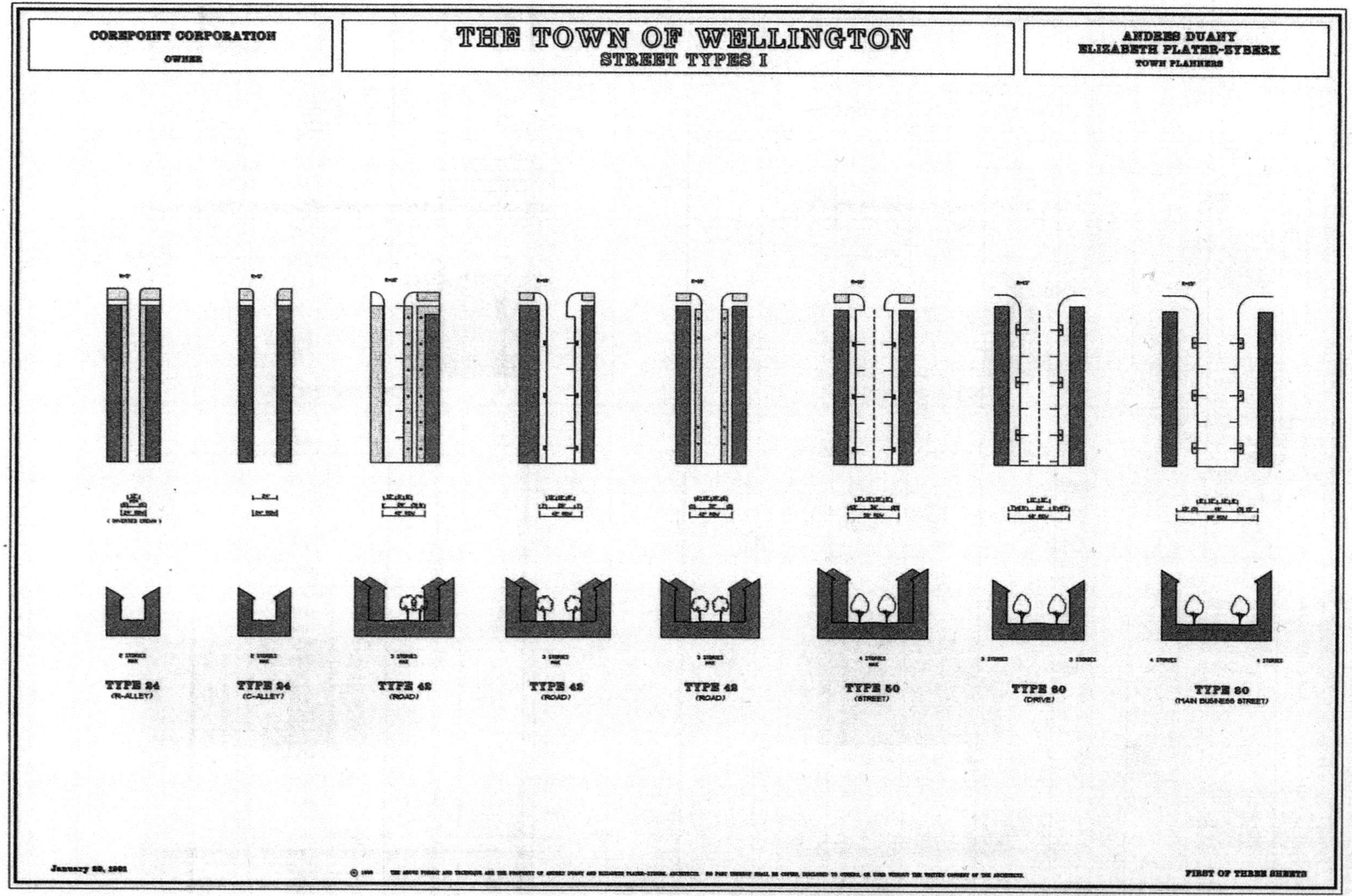
COREPOINT CORPORATION
OWNER
THE TOWN OF WELLINGTON
STREET TYPES I
ANDRES DUANY
ELIZABETH PLATER-ZYBERK
TOWN PLANNERS
TYPE 24
(R-ALLEY)
TYPE 24
(C-ALLEY)
TYPE 42
(ROAD)
TYPE 42
(ROAD)
TYPE 42
(ROAD)
TYPE 50
(STREET)
TYPE 80
(DRIVE)
TYPE 80
(MAIN BUSINESS STREET)
FIRST OF THREE SHEETS

COREPOINT CORPORATION
OWNER

THE TOWN OF WELLINGTON
STREET TYPES II

ANDRES DUANY
ELIZABETH PLATER-ZYBERK
TOWN PLANNERS

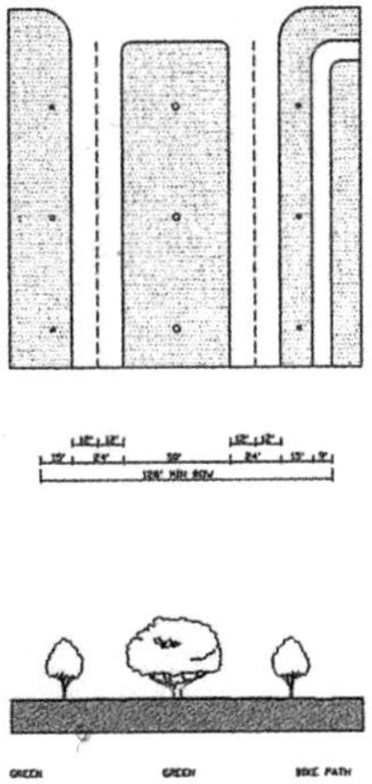

GREEN GREEN BIKE PATH

TYPE 128
(COUNTRY THOROUGHFARE)

4 STORIES 4 STORIES

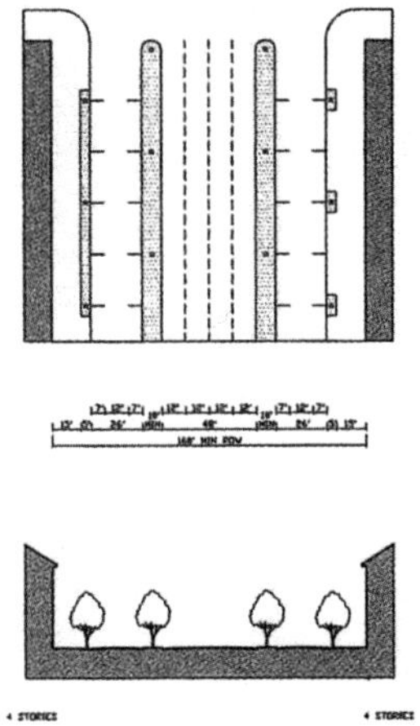

TYPE 160
(MAIN BUSINESS BOULEVARD)

December 5, 1990

SECOND OF THREE SHEETS

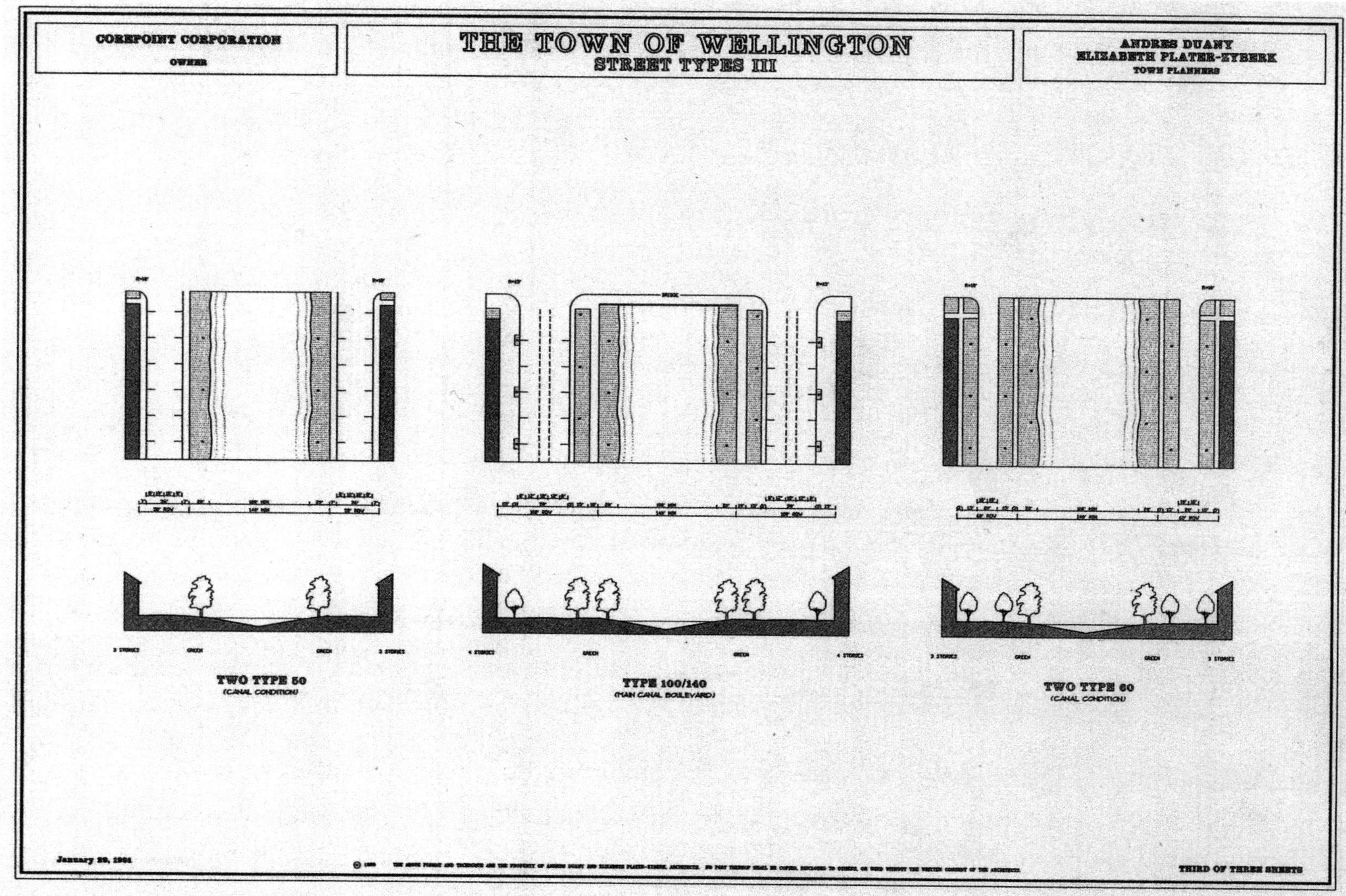
CORPOINT CORPORATION
OWNER
THE TOWN OF WELLINGTON
STREET TYPES III
ANDRES DUANY
ELIZABETH PLATER-ZYBERK
TOWN PLANNERS
3 STORIES
GREEN
GREEN
3 STORIES
TWO TYPE 50
(CANAL CONDITION)
4 STORIES
GREEN
GREEN
4 STORIES
TYPE 100/140
(MAIN CANAL BOULEVARD)
3 STORIES
GREEN
GREEN
3 STORIES
TWO TYPE 60
(CANAL CONDITION)
THIRD OF THREE SHEETS

再造城市肌理

过去所做的决定会对未来产生很大的限制。建筑物、街道和道路系统的位置在一定程度上会对社区的形态造成永久性的影响。道理非常简单，建设的投资成本之大，以至于任何一代人都不可能一下子把旧的城市肌理换成新的；所以，对旧的肌理进行改造一直占据主导地位。

肯尼思·T. 杰克逊，《马唐草边疆》，1985 年

国际城

蒙特利尔，加拿大，1990 年

蒙特利尔国际城规划的目标，用房地产业的行话说，要在其 40 公顷的场地内创造“区位”。就像纽约的派克大街或者旧金山的联合广场那样，这片新商业和零售区中确定的这个令人瞩目的公共空间，将赋予周围的邻里以统一的特征。规划者认为，这样可以给这片满是停车场、快速路和孤立建筑的区域创造附加值。

市政府和 20 家私人开发商发起了一项竞赛，建筑师彼得森和里滕伯格的总体规划从 94 个参赛方案中脱颖而出。他们的方案是在蒙特利尔老城区和金融区之间策划一个新的国际区。60 年代修建的两条高速路给这片区域留下两道伤疤，所以他们计划修复和巩固这里的城市肌理。三个主要的“公共空间”——名为“蒙特利尔广场”的十字形空间、1.2 公顷的“广场公园”和树木整齐的“迎宾广场”——将原来没有明确的城市网格的区域组织起来。

通过将新建的大型建筑和历史性建筑相结合，这个方案中具有新意的地块整合方案和后退规定，让营造新的市政空间时可以不用收购私人土地。另外，这个国际城总体规划将保持（在很多情况下甚至能增强）各业主名下土地的建造潜力。

国际城总体规划方案（底部左图）以被蒙特利尔当地人称为“大坑”的那块区域为焦点。这是蒙特利尔市的城市肌理当中存在的空隙，它是由博纳高速公路带来的。这条路成功地将老蒙特利尔与中心商务区隔离开。自从 60 年代中期开始建地下公路以来，周边很多地方（左边照片）就一直没被开发。由此形成的停车场、通风塔、整个街区长的路堑（右边照片）都妨碍了这片区域的步行活动。

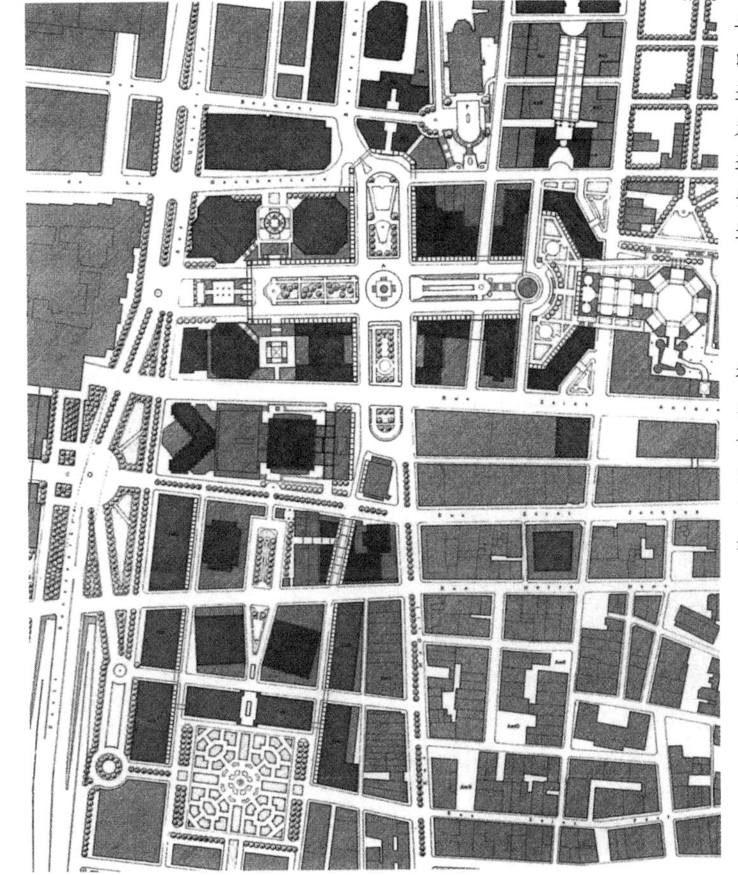

这个总体规划方案通过将现有规划（下图）中大量未充分利用的“剩余”地块改造成像蒙特利尔广场那样更加规整的城市空间（对页），将老城区和中央商务区连接起来。

国际会议中心（下图），能为两千人提供办公空间和会议设施。它是新国际区的焦点。而这个国际区将与附近的历史区和金融区形成互补。

这个会议综合体的一端紧靠着这片区域主要的公共空间——蒙特利尔广场的东西轴的一端。威格大道的另一端是一栋现有的多功能建筑，其中容纳有蒙特利尔火车站和博讷广场。

一个高台构成了会议中心宽敞的入口区。两个大型办公楼围着这个“市民舞台”，它成为这个面朝内部的建筑的对外形象。

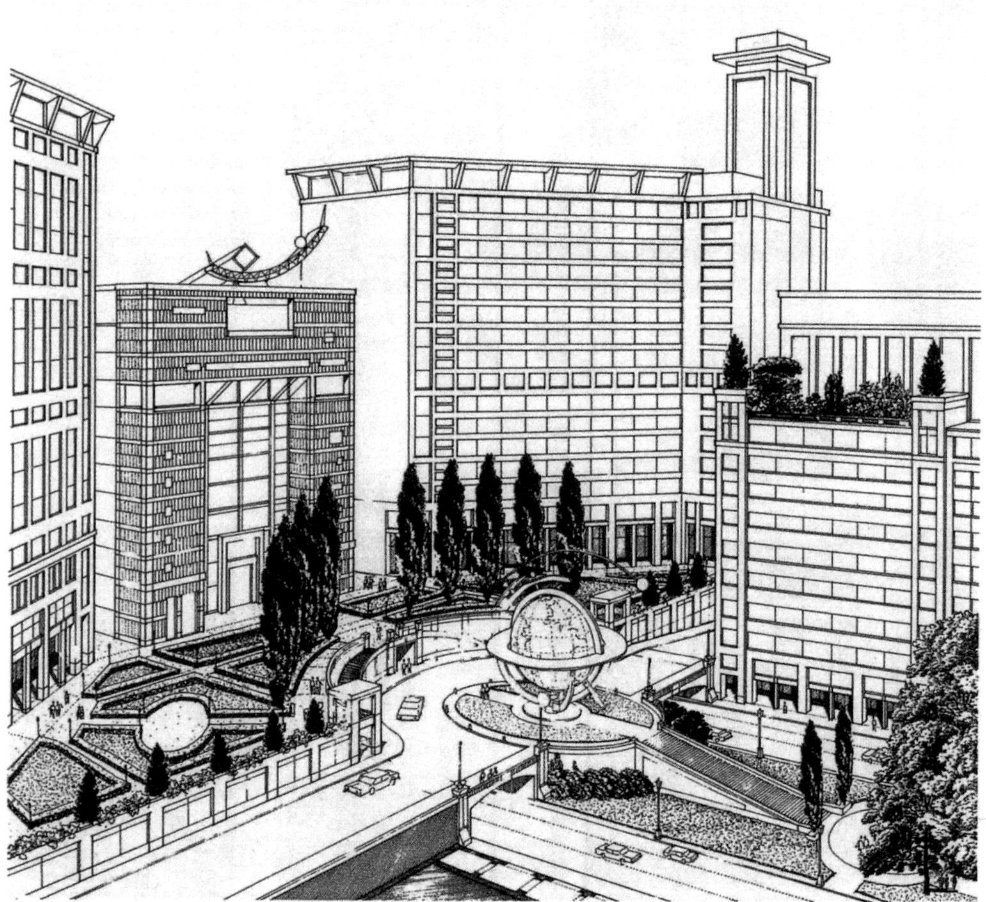

“迎宾广场”（下图）位于项目边缘的一座高架桥旁边，充当着城市的抵达大院。这个大型空间处于一条主要公路和几条当地街道交汇处，是按照公共花园组织的。

国际城规划（对页）将附近的街道、广场和地标整合到一个更大的公共空间网络当中（底图），每个都有自己确定的实体形式和象征特点。

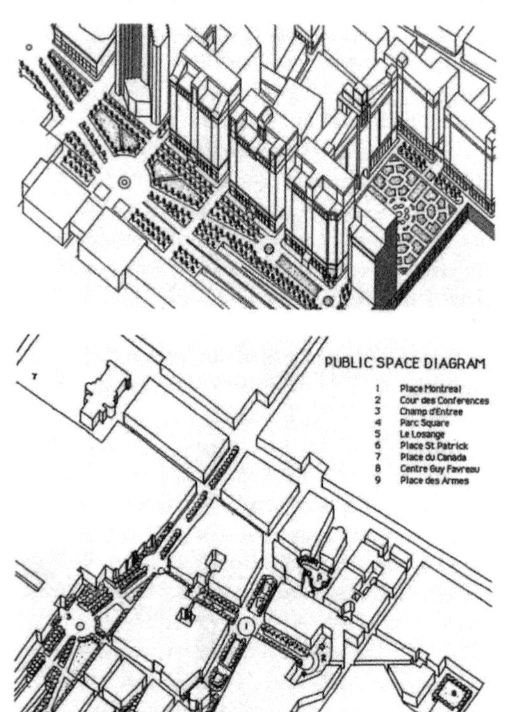

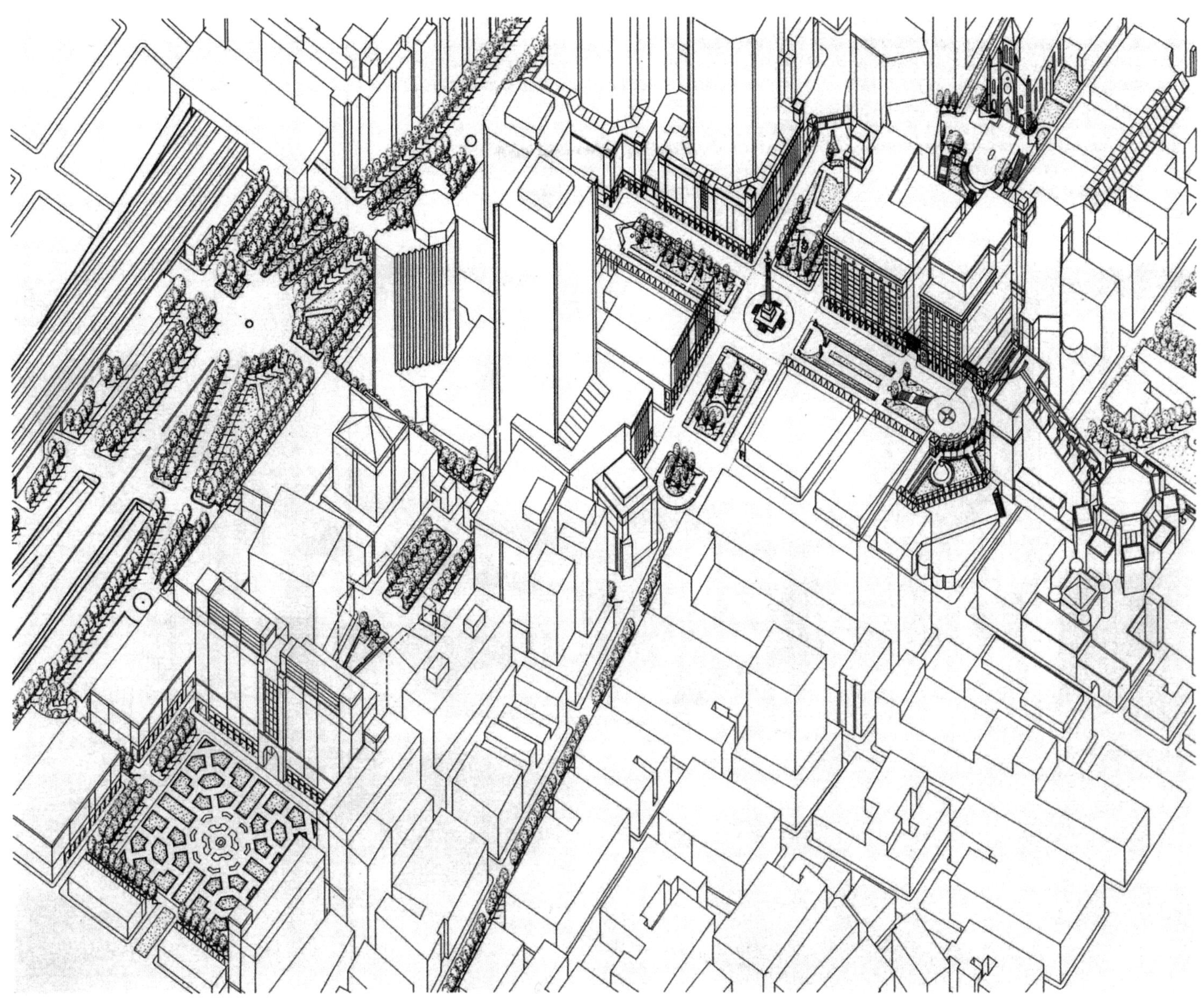

一楼连续的零售柱廊将新建的蒙特利尔广场（下图）四面都围了起来。好些高楼下面都在东面添建了两层的裙房，形成了连贯的街墙。一片树林延伸到了十字形格局的每条臂上。

蒙特利尔广场被看成一个“大十字路口”，它将一些没有联系的场地组织起来，成为一个体面的、空间明确的公共花园——在蒙特利尔市内闹中取静的一片绿洲。

曾经阻碍这片区域发展的地下公路，从蒙特利尔广场十字的一支下面穿过。一个超大的金字塔形亭子（图中中心位置）是地下公路的通风井。

这次的改造展示了如何改造现代大型基础设施元素，从而成功地融入城市肌理当中。在这个项目中，曾经令人讨厌的干扰变成了积极变化的催化剂。

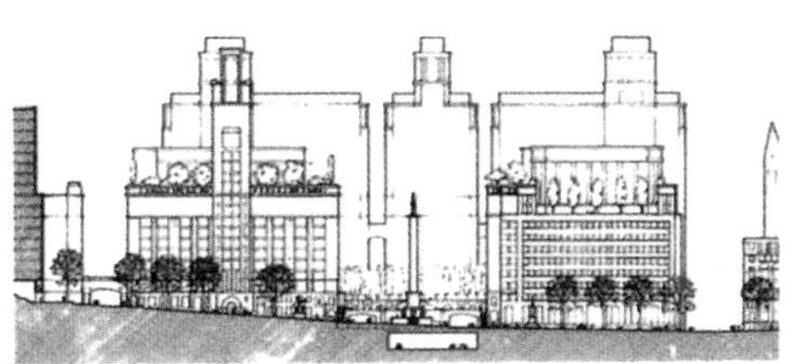

多层的车辆和行人动线在蒙特利尔广场内彼此相连。这个剖面图（左图）展示了场地中的斜坡如何与一个两层的桥、台阶、人行道体系关联起来。

威格大道的剖面图（下图）展示了会议中心的半圆形车辆入口庭院，它在同层与古什提尔街（Rue de la Gaucheti è re）相连。

阶梯斜坡（下图）成为进入这个会议综合体的一条宽敞的轴向步行通道。虽然这一设计主要考虑的是汽车道的功能需求，但它也为增加公共空间做出了贡献。

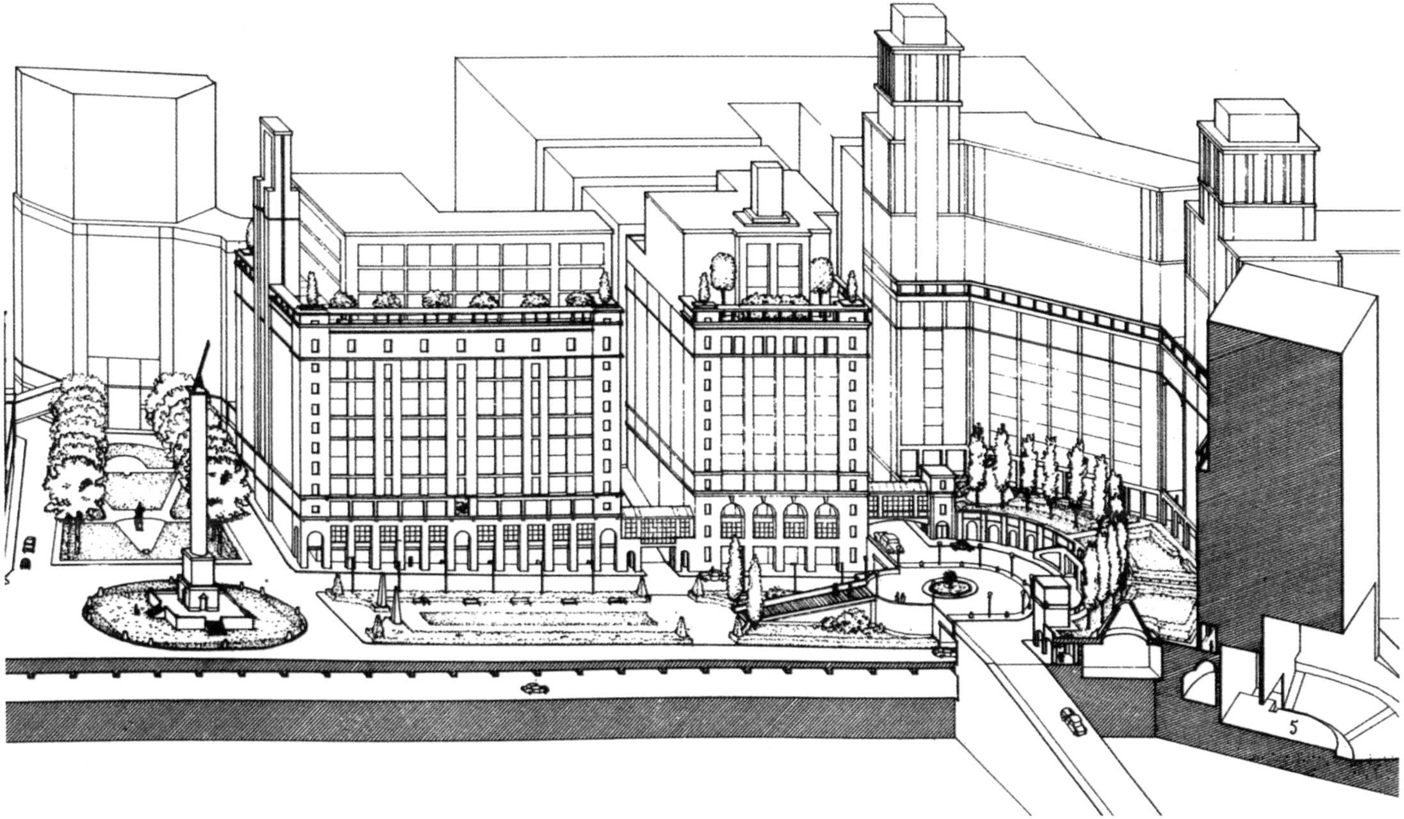

这个类型学元素的梳理（下图）囊括了国际城片区设计中所使用的“整套零配件”。

这些设计元素的数量相对来说比较少，而且每一个单独看来都比较简单。它们被用来解决功能和组合两方面的问题，而且赋予规划中的很多地方以场所感。

国际城规划的实施方案以详细的指导（对页）给出，并且为特定的地块组合和为每个街区和小区都制定了城市设计策略。

这里对总体规划有两个层面的遵守。“首选”方案对街区整体比较有利，通过让业主认识到整个街区的综合开发潜力，与他们达成合作。

而“备选”方案则展示了如何在街区中众多小块私人土地中，以零散的开发方式将规划中的公共空间塑造出来。

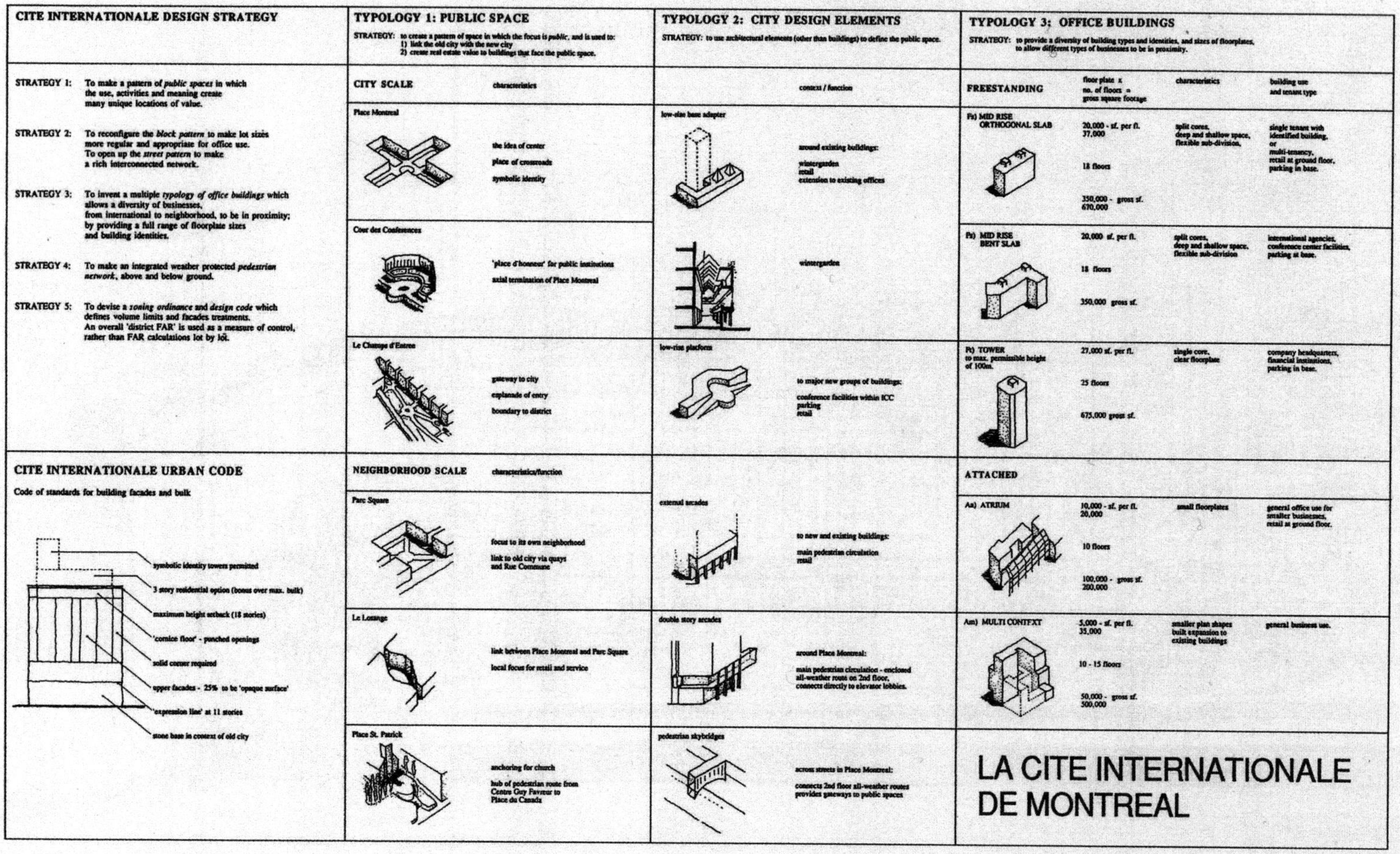

CITE INTERNATIONALE DESIGN STRATEGY

STRATEGY 1: To make a pattern of *public spaces* in which the use, activities and meaning create many unique locations of value.

STRATEGY 2: To reconfigure the *block pattern* to make lot sizes more regular and appropriate for office use. To open up the *street pattern* to make a rich interconnected network.

STRATEGY 3: To invent a multiple *typology of office buildings* which allows a diversity of businesses, from international to neighborhood, to be in proximity; by providing a full range of floorplate sizes and building identities.

STRATEGY 4: To make an integrated weather protected *pedestrian network*, above and below ground.

STRATEGY 5: To devise a *zoning ordinance* and *design code* which defines volume limits and facades treatments. An overall 'district FAR' is used as a measure of control, rather than FAR calculations lot by lot.

CITE INTERNATIONALE URBAN CODE

Code of standards for building facades and bulk

symbolic identity towers permitted
3 story residential option (bonus over max. bulk)
maximum height setback (18 stories)
'cornice floor' - punched openings
solid corner required
upper facades - 25% to be 'opaque surface'
'expression line' at 11 stories
stone base in context of old city

TYPOLOGY 1: PUBLIC SPACE

STRATEGY: to create a pattern of space in which the focus is *public*, and is used to:
1) link the old city with the new city
2) create real estate value to buildings that face the public space.

CITY SCALE	characteristics
Place Montreal	the idea of center place of crossroads symbolic identity
Cour des Conferences	'place d'honneur' for public institutions axial termination of Place Montreal
Le Champs d'Entree	gateway to city esplanade of entry boundary to district

NEIGHBORHOOD SCALE	characteristics/function
Parc Square	focus to its own neighborhood link to old city via quays and Rue Commune
Le Losange	link between Place Montreal and Parc Square local focus for retail and service
Place St. Patrick	anchoring for church hub of pedestrian route from Centre Guy Favreur to Place du Canada

TYPOLOGY 2: CITY DESIGN ELEMENTS

STRATEGY: to use architectural elements (other than buildings) to define the public space.

	context / function
low-rise base adapter	around existing buildings: wintergarden retail extension to existing offices wintergarden
low-rise platform	to major new groups of buildings: conference facilities within ICC parking retail
external arcades	to new and existing buildings: main pedestrian circulation retail
double story arcades	around Place Montreal: main pedestrian circulation - enclosed all-weather route on 2nd floor, connects directly to elevator lobbies.
pedestrian skybridges	across streets in Place Montreal: connects 2nd floor all-weather routes provides gateways to public spaces

TYPOLOGY 3: OFFICE BUILDINGS

STRATEGY: to provide a diversity of building types and identities, and sizes of floorplates, to allow different types of businesses to be in proximity.

FREESTANDING	floor plate x no. of floors = gross square footage	characteristics	building use and tenant type
Fs) MID RISE ORTHOGONAL SLAB	20,000 - sf. per fl. 37,000 18 floors 350,000 - gross sf. 670,000	split cores, deep and shallow space, flexible sub-division,	single tenant with identified building, or multi-tenancy, retail at ground floor, parking in base.
Fs) MID RISE BENT SLAB	20,000 sf. per fl. 18 floors 350,000 gross sf.	split cores, deep and shallow space, flexible sub-division	international agencies, conference center facilities, parking at base.
Ft) TOWER to max. permissible height of 100m.	27,000 sf. per fl. 25 floors 675,000 gross sf.	single core, clear floorplate	company headquarters, financial institutions, parking in base.
ATTACHED			
Aa) ATRIUM	10,000 - sf. per fl. 20,000 10 floors 100,000 - gross sf. 200,000	small floorplates	general office use for smaller businesses, retail at ground floor.
Am) MULTI CONTEXT	5,000 - sf. per fl. 35,000 10 - 15 floors 50,000 - gross sf. 500,000	smaller plan shapes built expansion to existing buildings	general business use.

LA CITE INTERNATIONALE DE MONTREAL

第二街区（下方左图以及右图）正对着新建的迎宾广场。为了创造这片公共空间，有条小街道和西边的街区碎片被拆除了。为大建筑体量所作的补偿转移到街区里的其他地方。

备选方案中的低层建筑在这个公共空间周围组成一道四层楼高的墙。而首选方案中的大楼是现在国际办公市场上比较受推崇的类型。

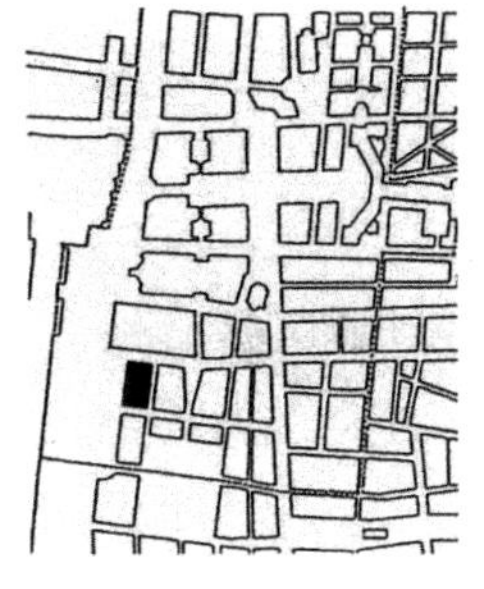

第十街区（下方右图以及右图）确定了新蒙特利尔广场的一部分。在备选方案中，单体建筑组成一道连贯的街墙。一座大型建筑是首选方案所期望的结果。

在两个方案中，圣亚历山大街都使用了天桥来加强步行动线。很重要的是，这作为抬高的公共通道被保留下来。

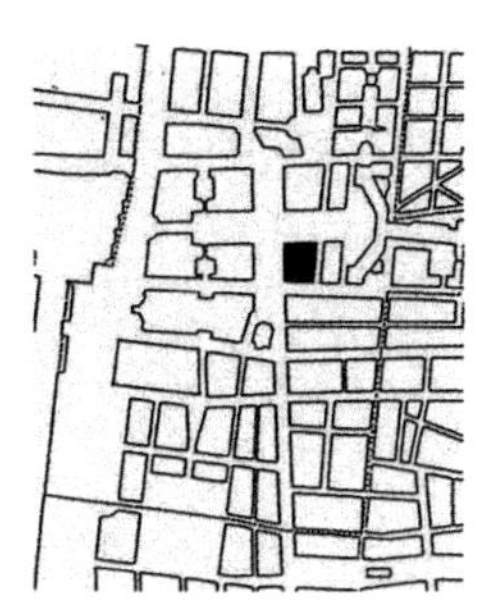

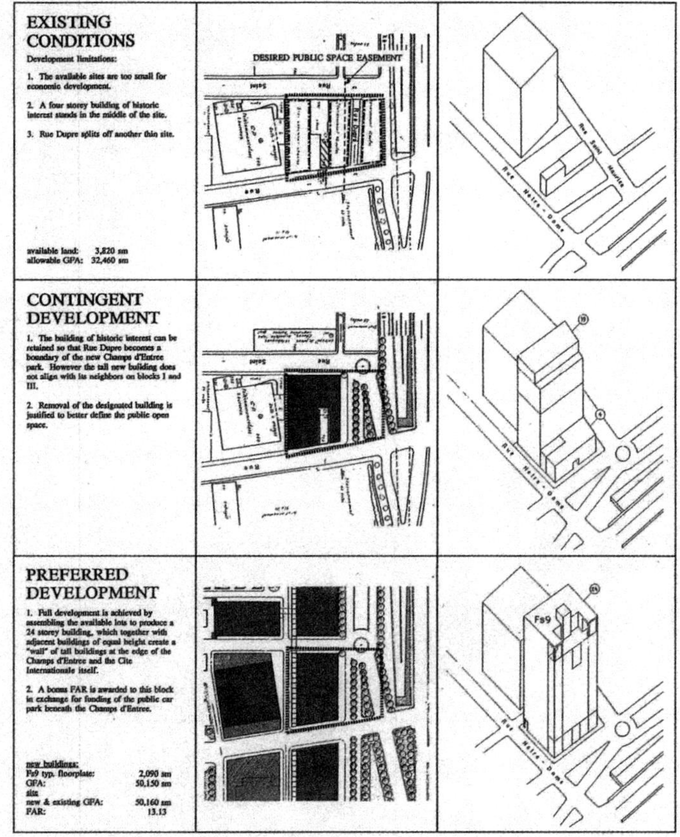

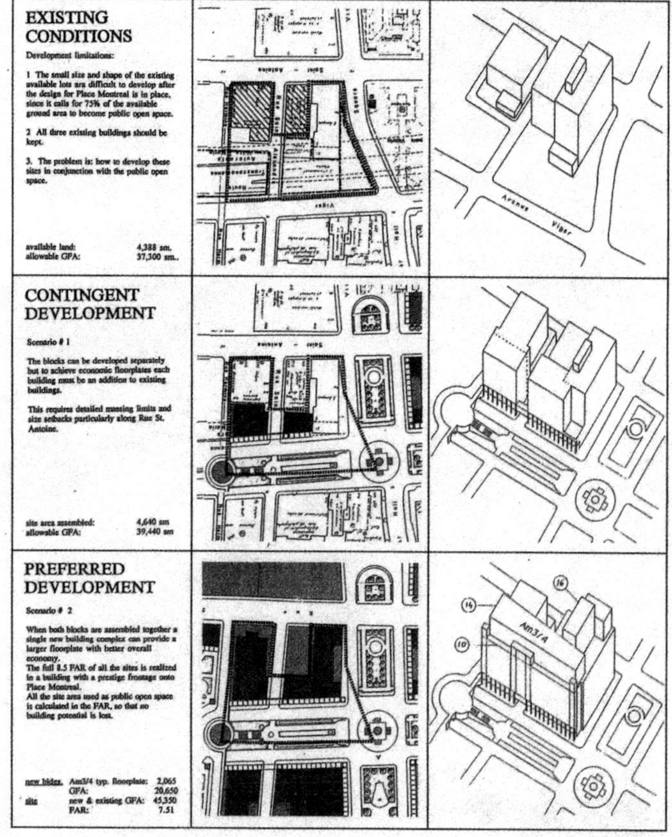

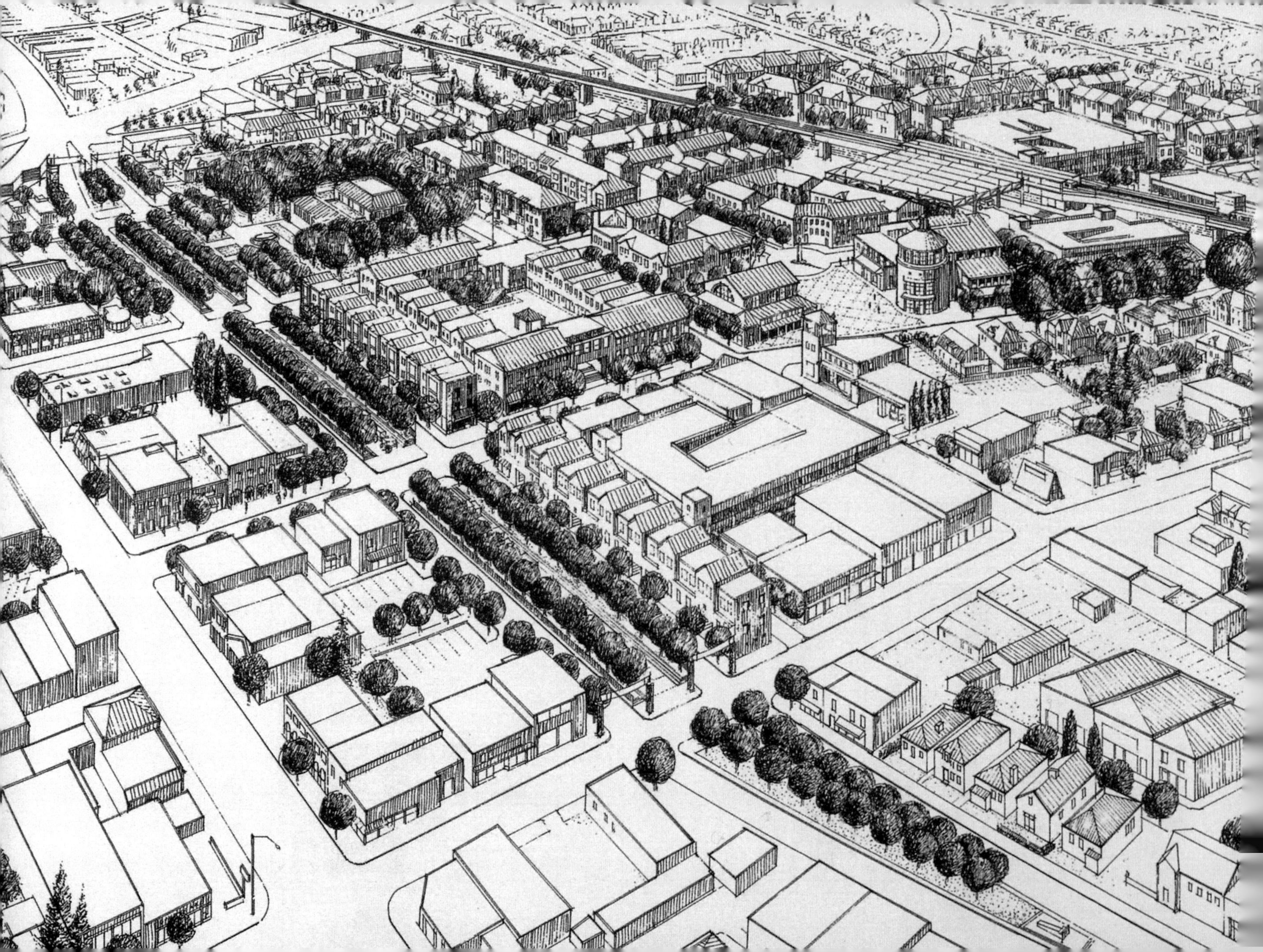

海沃德市中心

海沃德，加利福尼亚州，1992 年

在当地司机眼中，海沃德市是旧金山湾区发达的高速公路和桥梁网络当中“缺失的一环”。在 60 年代和 70 年代早期，环保团体和市民团体反对在新建成的大桥和高速公路之间（分别在小城两端）建设已规划的衔接道路。佛德喜尔大道（Foothill Boulevard）是当地一条主要的地面道路，只得被迫承担起连接路桥的任务。

现在，大桥和高速公路之间的区域交通让这条路喘不过气来。曾经蓬勃发展的零售业和附近的海沃德市区都让区域外几家大型购物中心抢夺了生机。主要靠乘车到达的大型办公综合体已经取代了佛德喜尔的商店。虽然离得很近，但是这些工作场所与这片市区却没有任何实质的联系。

让这些问题变本加厉的是，在 60 年代为了给通勤轨道交通系统——湾区快线（BART）建配套停车场，市区另一端的多个街区都被拆了。而且自 1989 年极具破坏性的洛马・普雷塔大地震之后，市中心的另一片区域要求在一条活跃断层带沿线的新建建筑必须后退 15 米。而黑沃德具有历史意义的“老市政厅”、消防总站和一条主街道（使命大道）恰恰坐落在这个断层之上。

到 90 年代初时，这些情况以及其他对市中心的物理构造产生的冲击所共同造成的综合效应，都预示着这里曾

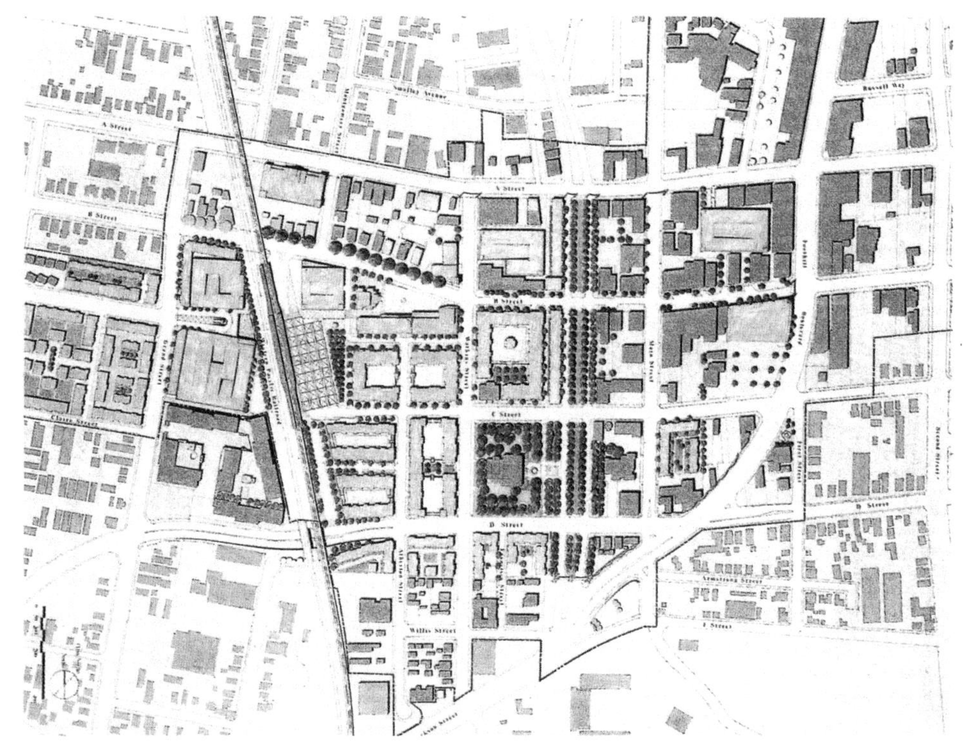

海沃德市区方案（对页和上图）包含多个旨在融合各自为政的多种大型交通元素的计划。60 年代为了建通勤停车场而夷平了多个街区，海沃德市的城市肌理遭到严重破坏（左图）。这片区域现在已经规划了一个新的市政和公共交通中心。

海沃德总体规划的主要元素是历史核心区周围的一个市区广场和市政中心（下方规划图）。这个综合体所在的位置原来是通勤者的停车场，现在是刚复兴的市中心区的核心。

关于这个市政中心区域已经提出过好几个方案。每种方案中都有一个显眼的公共建筑（比如新建的市政厅），成为B街上景观的背景以及市中心主要购物街的焦点。

方案中还有一个大型停车场和第二个公共建筑（图书馆或休闲中心）。方案提议分期建设这块地，原来的一部分在转作他用之前还可以当停车场。

市中心广场和焦点建筑要实现最理想的形式，需要在城市和通勤铁路线之间进行土地交换。曾经的用地布局（下方右图）将B街和C街沿线上每块地前面的空间都分隔开了。

重新划分的场地（底部右图）允许沿B街的整个街区前空间得到开发。街墙之间划出一块公共广场（下方左图），为焦点建筑营造出一个前景。

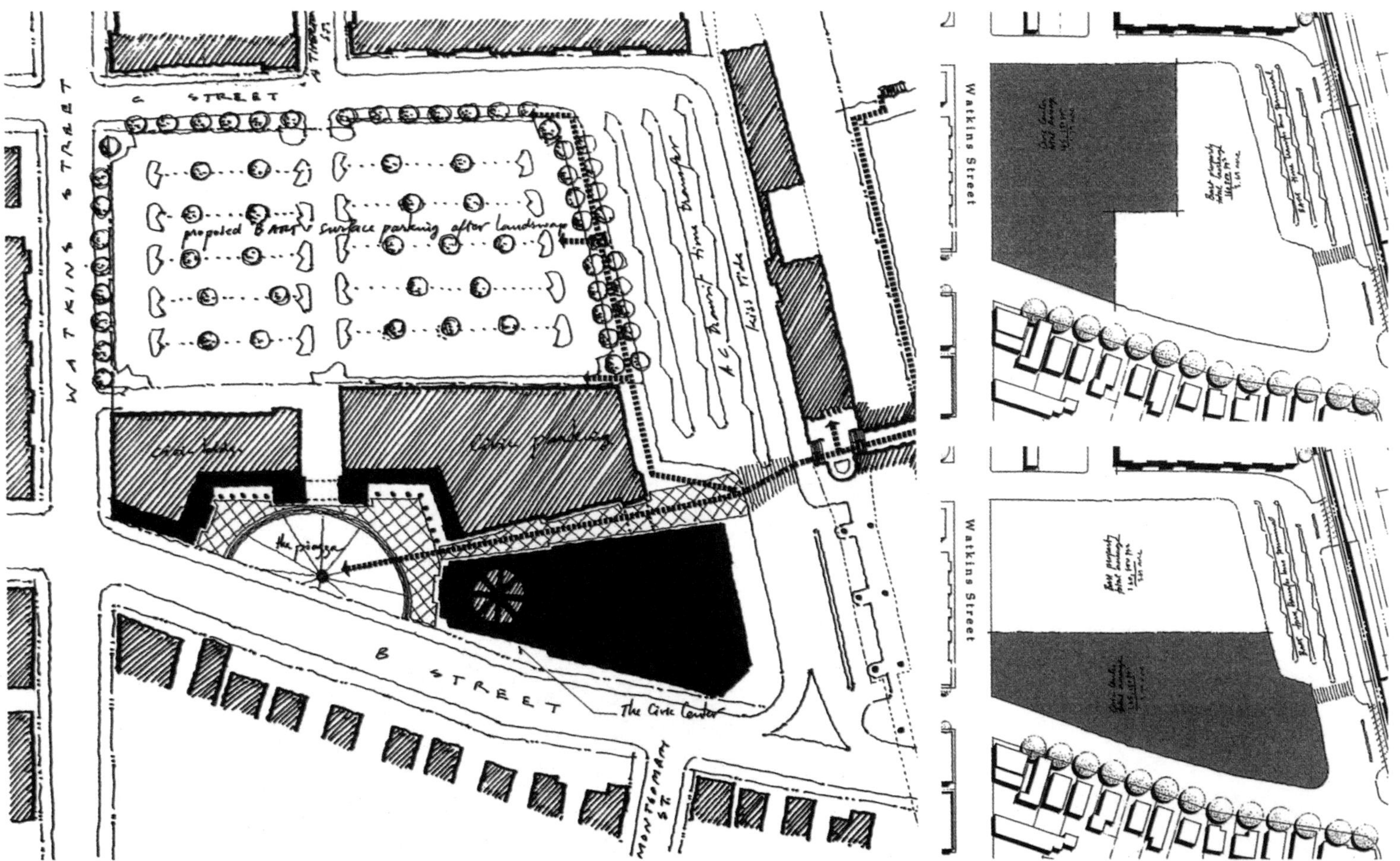

市政中心区的另一个方案（右图）包括另一组面朝C街的办公楼。上层的连廊（底部左图）将各个楼宇和停车场连在一起。

从B街望过去时，焦点建筑的穹顶非常显眼（底部右图）。

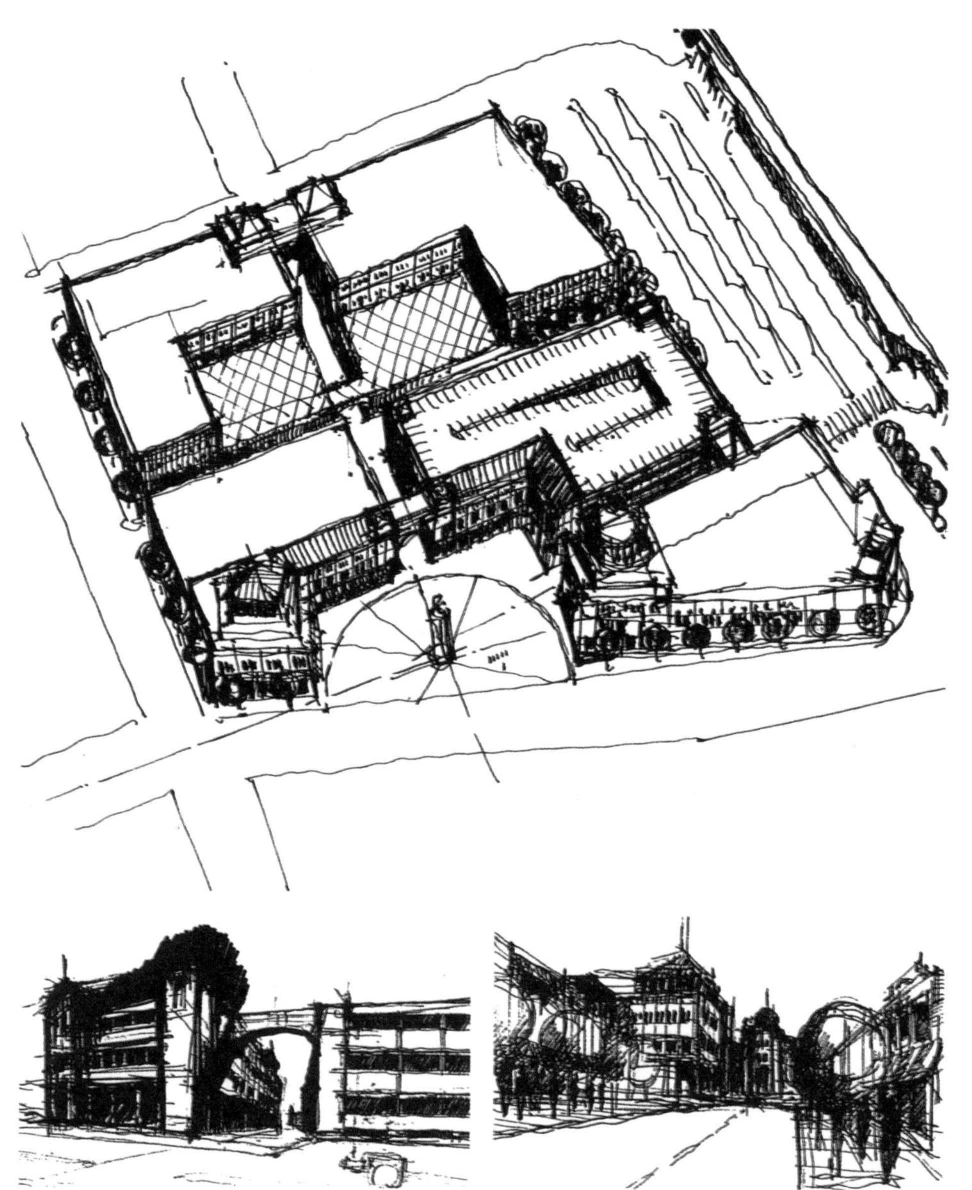

经富有活力的城区未来必将惨淡。为了逆转历史核心区似乎注定的衰落，黑沃德市启动了野心勃勃的市中心复兴工作。

经过一个由建筑师丹尼尔·所罗门（Daniel Solomon）所主导的漫长的公共决策程序，最终形成了一份恢复市区经济活力和步行特征的总体规划。规划中包含一个市政中心综合体，其中有一个公共广场和焦点位置上的一座显眼的市政大楼。此外还有一个公共汽车和湾区快线的交通枢纽，以及停车场和铁路线底下经改良的下穿隧道。

市区有很大的比例被划作了住宅用地，都位于湾区快线和购物区周围。B街——市区主要的零售街——是增强区域商业活力的焦点。前些年糟糕的规划破坏了黑沃德长久以来网格状规划的完整性，为扭转这一趋势，新的规划中计划新建并改造了多条街道。

佛德喜尔大道旁规划了一个广告牌公园和一座引人注目的高塔，这表明黑沃德不只是要回到从前。佛德喜尔现在已经成为一条毫无生机的路，而这些创新性的方案则要利用和疏导佛德喜尔的负面属性。规划者相信，这份规划最终将有效地帮助海沃德及其市区核心恢复以往的生机和积极的特征。

海沃德规划的一个目标是修复由通勤铁路造成的割裂。计划在车站西边的铁路线旁修建的大型停车场（右方规划图），方向经过重新调整后，紧靠着格兰街（Grand Street）。

这方便一条穿过火车站的人行道沿着 C 街的轴线向西延伸，同时也在格兰街旁边空出一块狭窄的建筑用地。

从格兰街对面的新建住宅楼看过来，有一栋进深很浅的“边线建筑”（liner building）（底部右图，只能在图中右侧看到部分）将停车场掩藏在后面。按照设想，这栋楼也会成为住宅楼，与邻里周边的功能和特征相一致。

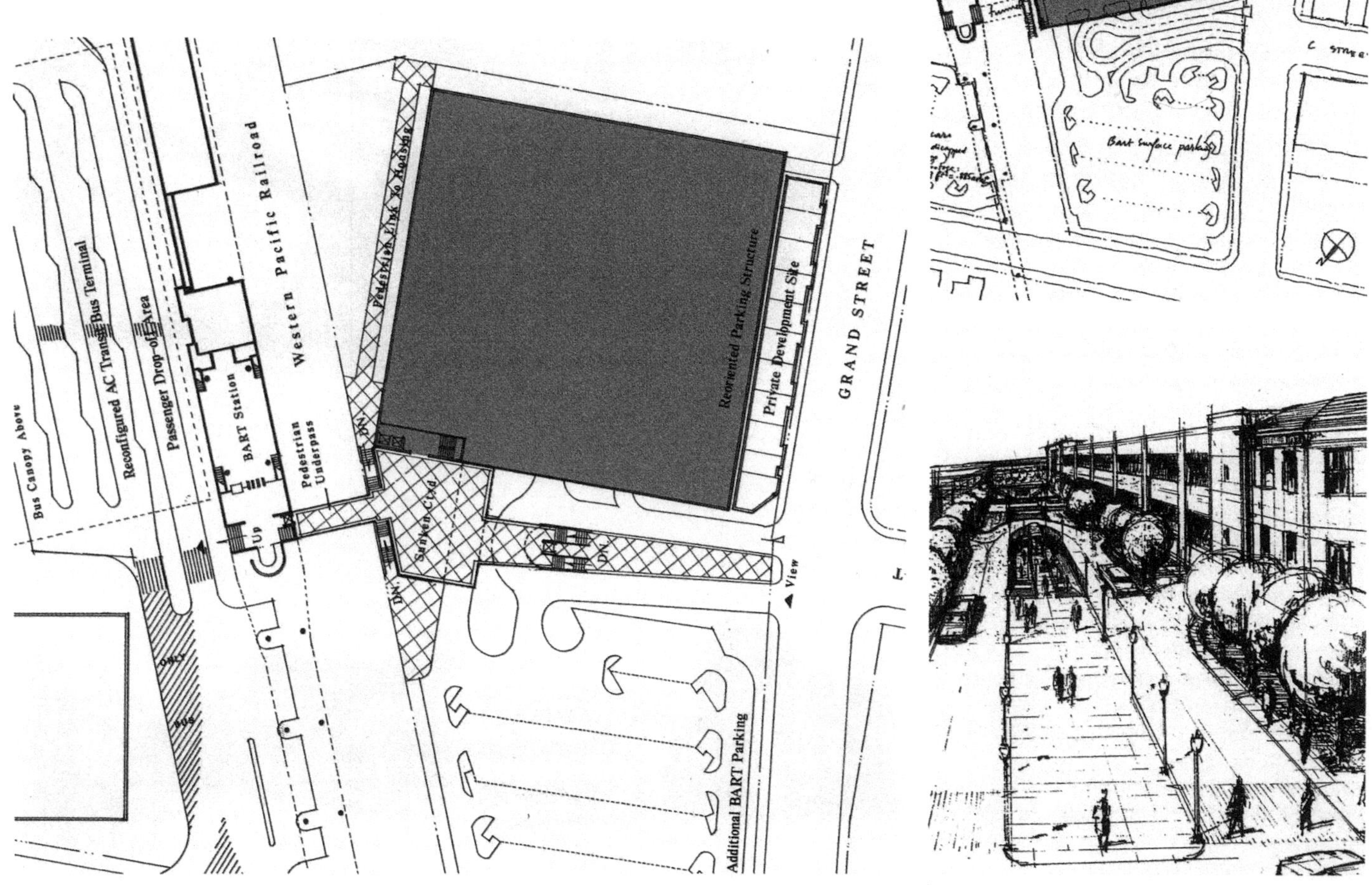

火车站西边新扩建的步行通道（下图以及右方规划草图）取代了原来通往地下通道的狭窄而封闭的台阶。

经过重新调整的入口序列（entry sequence）包括一个小亭子（内含供残疾人使用的直梯）、多个开放式台阶和一个下沉庭院。这些元素是为了避免和汽车道交汇而布置的。

多个街区的剖面图（底部）展示了规划的市政中心和广场、下穿步行通道和格兰街西边的邻里之间的关系。

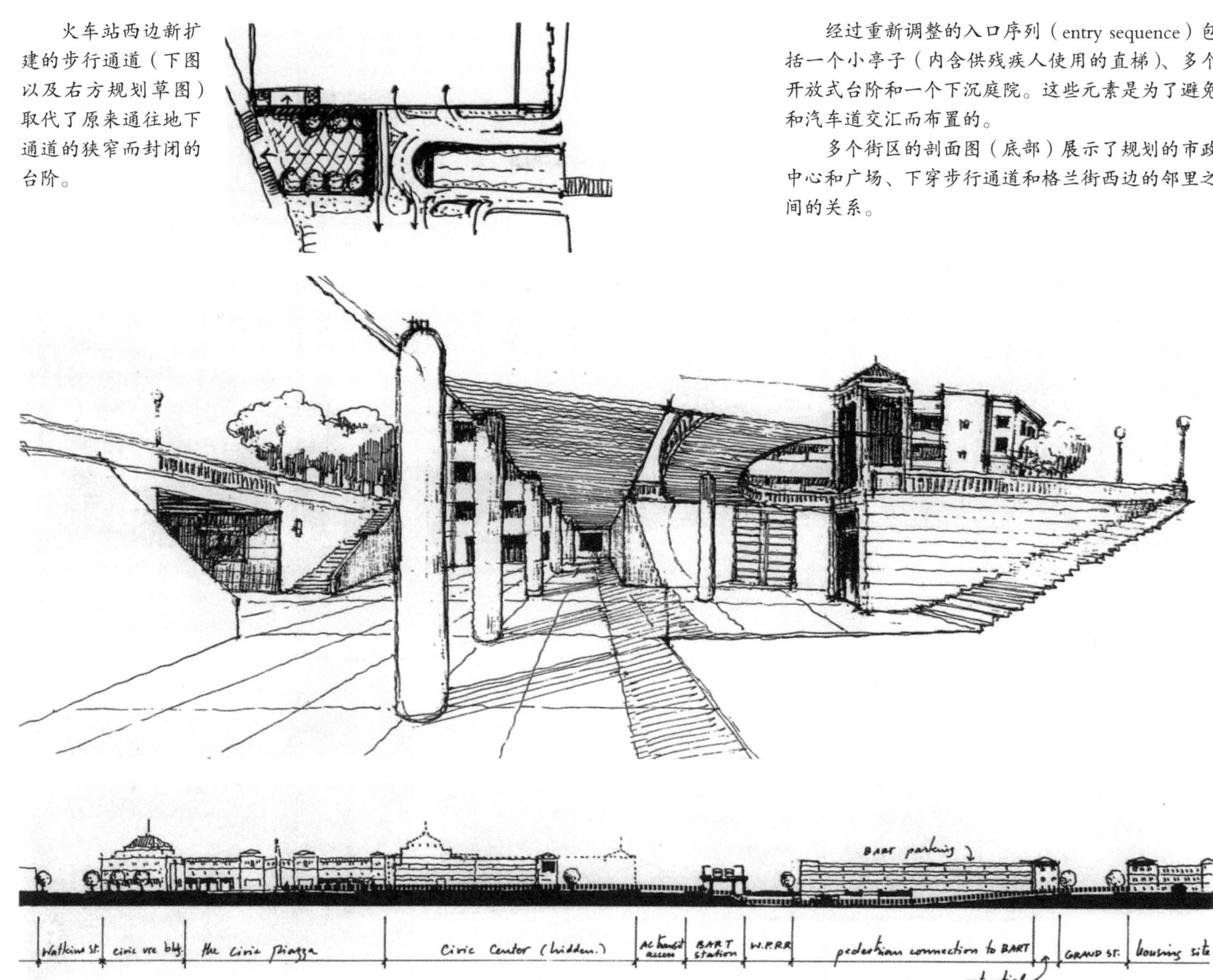

兴建住房被认定为复兴市中心区的一个关键要素。这被看作让市中心重聚人气以及扭转市中心房地产投资萎缩现状的唯一途径。

多个关键位置都被划定为住宅开发。图书馆广场（下图）与海沃德主图书馆和邮局附近的6个街区相邻。

给街道带来生机的建筑类型，比如联排住宅和低层公寓楼（地下车库的顶不高于地面半层）都得到鼓励。而正门朝内的住房类型和带内部地面停车场的住房在规划中是遭到禁止的。

海沃德市中心的街道各具特色。使命大道中间树木茂密的安全岛正好占据了一个活跃地震断层上的后退区域。方案提出在这里搞一个小推车市场。

树木环绕的B街（底部右图）将继续成为市中心主要的零售走廊。规划中对街道的门面设计、标牌和行人交通标识都有明确的规范。

广告牌公园（下方三图）被提出来建在佛德喜尔大道边上。这个创收的“城市活动”将全城的广告牌都聚集到一个曝光度很高的地方。

一个大型车场后面的超市已经被改作B街的入口（下图）。下面一系列草图（底部）是为了给主要路口的地标——高塔寻找合适的造型。

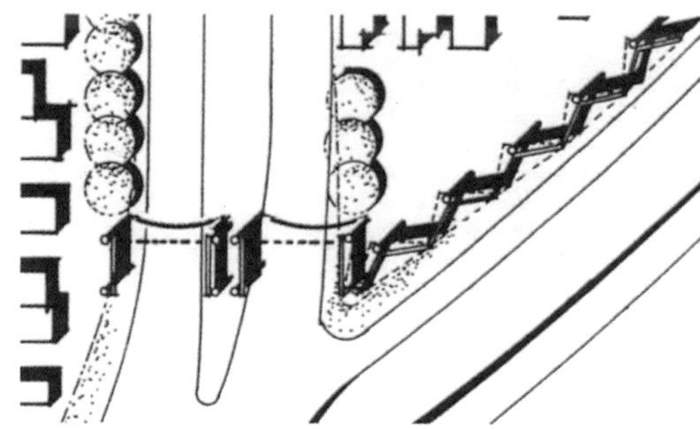

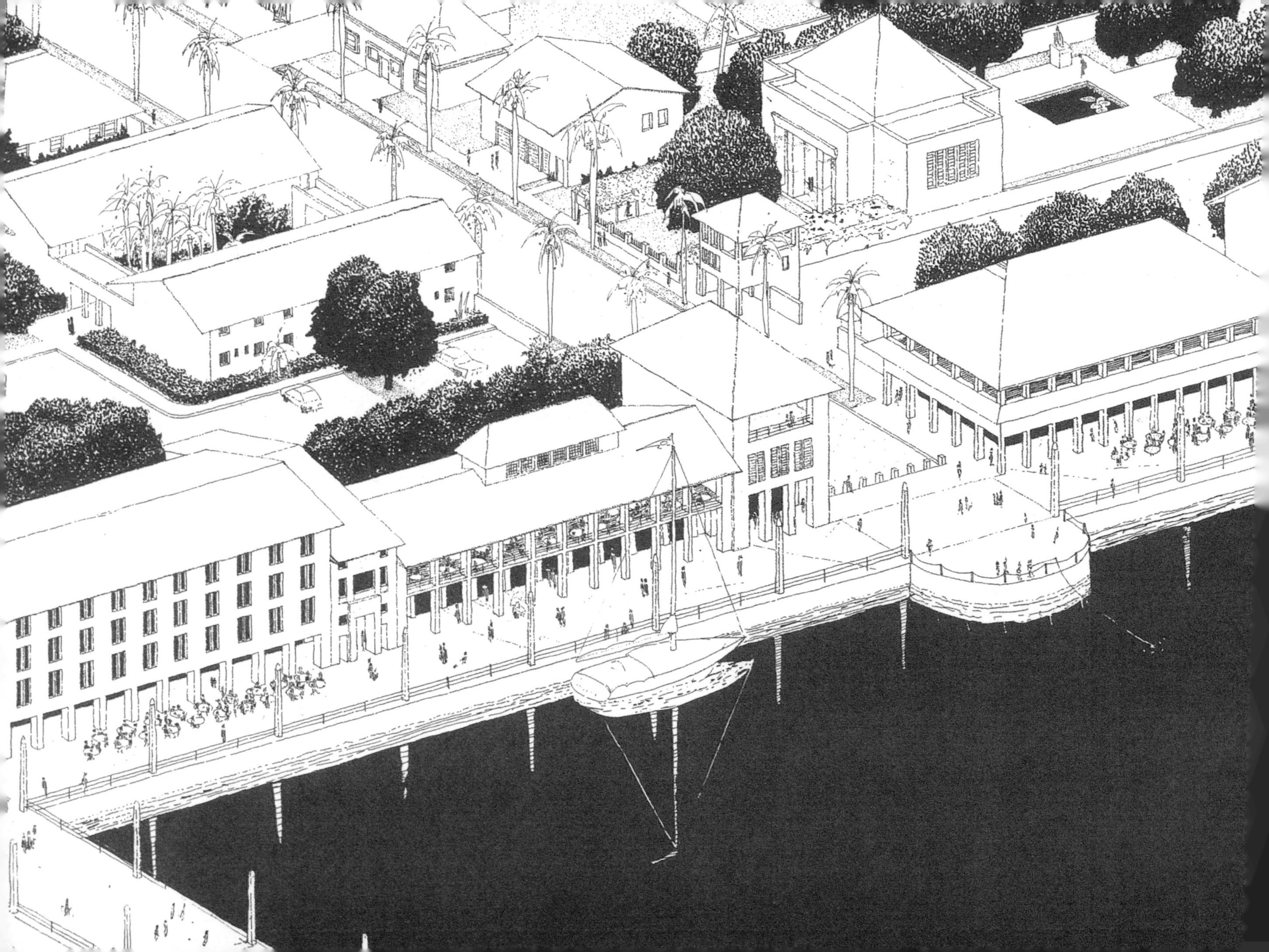

里维埃拉海滩市

棕榈滩县，佛罗里达州，1991 年

虽然与周边更富有的地区具有同样的自然条件，但是里维埃拉海滩的形象却一直以来都不太好。作为棕榈滩县最穷的城市之一，它满足了这个地区大量的实用需求。这里坐落着棕榈滩港、区域性电站和一片包含码头、船坞和商业性捕鱼设施的忙碌海岸。

因为其令人艳羡的滨海位置和不高的地价，里维埃拉海滩在 20 世纪 80 年代后期吸引了开发商的目光。但是，开发商设想的那种高层海滨开发项目实际上只会把富人之外的市民“拒之门外”。很多人认为这将损害城市未来的活力。

为了提升小城的形象和经济水平，同时保护各类长远利益，里维埃拉海滩的社区改造署发起一项由市民推动的规划工作，计划对包括 243 公顷的中心城区在内的 647 公顷区域进行规划。这项工作最后形成了一份详细的总体规划和功能分区标准。

由设计师马克·施门第（Mark Schimmenti）和 DCKCV 事务所编制的这份规划，其中一个关键之处在于把这座小城重新划作 9 个功能混合的邻里。每个邻里通过新的邻里中心和广场营造出各自的特征。这些中心可以满足 400 米步行范围内所有居民的日常需求。

规划还有一个关键之处，那就是恢复了布劳威路（Broadway）的“主街”地位。新规范对街面和骑楼有

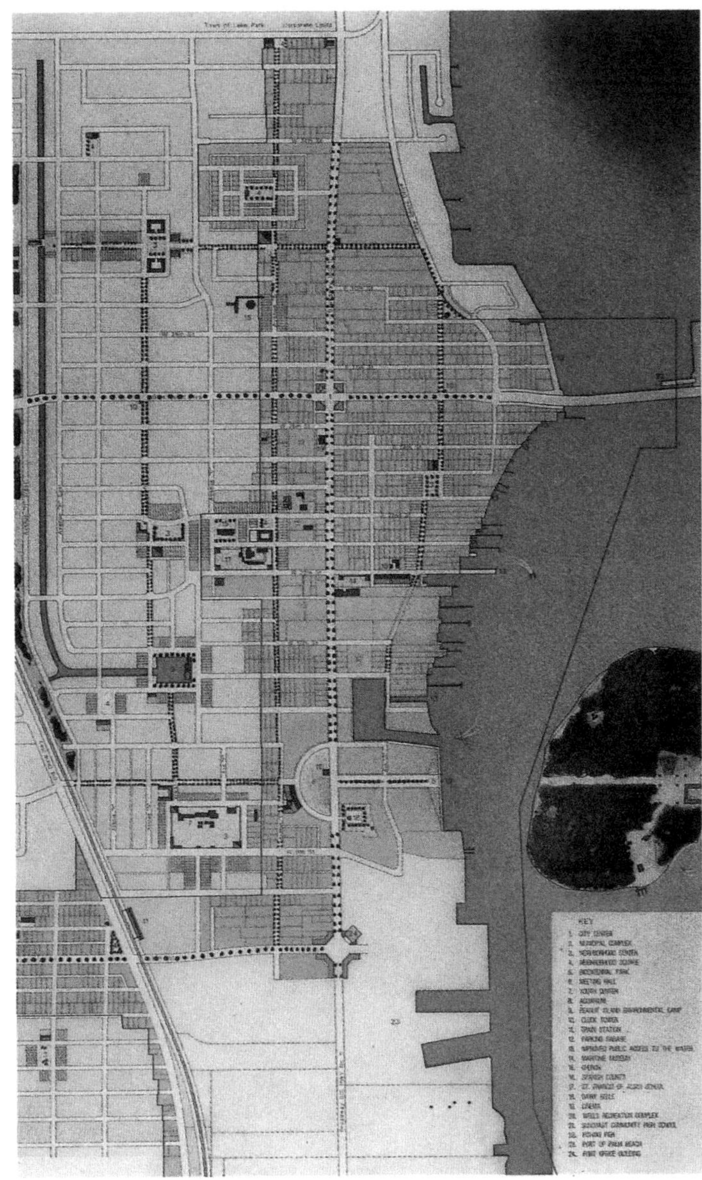

里维埃拉海滩市位于佛罗里达的近岸内航道旁（Intracoastal Waterway），紧靠在西棕榈滩北边。经过改善的景观视线走廊、计划修建的海洋博物馆、几处新建的公共码头和水滨步道（对页）都是为了加强这座临海城市的海洋特征。新的总体规划（左图）确立了 9 个邻里，每个邻里都有自己确定的边界和中心。

里维埃拉海滩（下图）在 20 世纪 40 到 60 年代经历了翻天覆地的变化。辛格岛（Singer Island），东边的一个高档社区（照片背景），是这座小城一个独立的部分，通过横跨近岸内航道的大桥与大陆联通。

布劳威路（美国国家1号公路）是里维埃拉海滩主要的南北向道路。当地人责怪佛罗里达州强制取缔街边停车造成了商业萧条。道路扩宽让这曾经的主街变成一条“赤裸裸”的高速干线。

一系列电脑模拟图让市民可以直观地对比现在的布劳威路（底部左图）和根据现有功能分区建成后的样子（右图），以及按照新总体规划（底部右图）所能得到的景象。

明确规定，以方便步行活动。从海滨迁过来的二百周年公园现在成为新城市中心和市区购物街区的焦点。

也许里维埃拉海滩的新规划最重要的特点就是将电脑成像工具运用到公众参与中。设计团队把现有城市的视频图像实时转化为多个可能的未来场景。尽管这个总体规划最终要一点一点地建成，但是这些“快照式”预览能让里维埃拉海滩的市民对社区的命运做出有根据的选择。

下面的时序图描绘的是里维埃拉海滩当前和提议的规范（本页），展示了未来的两种情形（对页）将如何实现。

随着建筑物规模的增加，过多的后退距离和停车需求现在迫使其与街道的距离以及相互之间的距离越来越大（上面一组）。建筑物之间巨大的间距和“停车场的海洋”造成了非常不利于步行的环境。

与其相反（底部一组），里维埃拉海滩新提出的城市设计规范让不同规模的建筑物沿着街道整齐排列，将停车场调整到地块的后面，并且在人行道之上引入了连续不断的拱廊。

安置好行人和车辆后，从前的购物街又恢复了主街的功能。而且，因为多家商铺可以共用停车场，所以停车场的需求得以减少，建筑可以在每个地块中占更大的比例。

本页背面：几组电脑模拟的里维埃拉海滩展示了如何通过渐进的实体改造让城市里的各种现状得到改善。

Mobil

里维埃拉海滩最新编制的总体规划中划出一块战略区域（下图）以充当社区的商业和市政中心。

二百周年公园，是经过复杂的土地置换产生的，其中还涉及一个废弃的海滨公园。它位于半月形的市政建筑群旁边。从公园到水边有一条两旁是拱廊和树木的大道，形成一条独具特色的零售街。

这条宽阔的林荫道与国家1号公路垂直，对公共空间的形态序列形成互补；而后者让整个里维埃拉海滩形成强烈的区域性特征。

这里的每个邻里的中心都有某种形式的公共开放空间，以及对社区的日常生活不可或缺的商业和市政建筑群。

海滨的邻里（下图）和规划中的其他邻里一样，有一个树木环绕的小广场。西南方的邻里（底部）围绕着现有的教堂、学校和计划修建的日托中心布局。

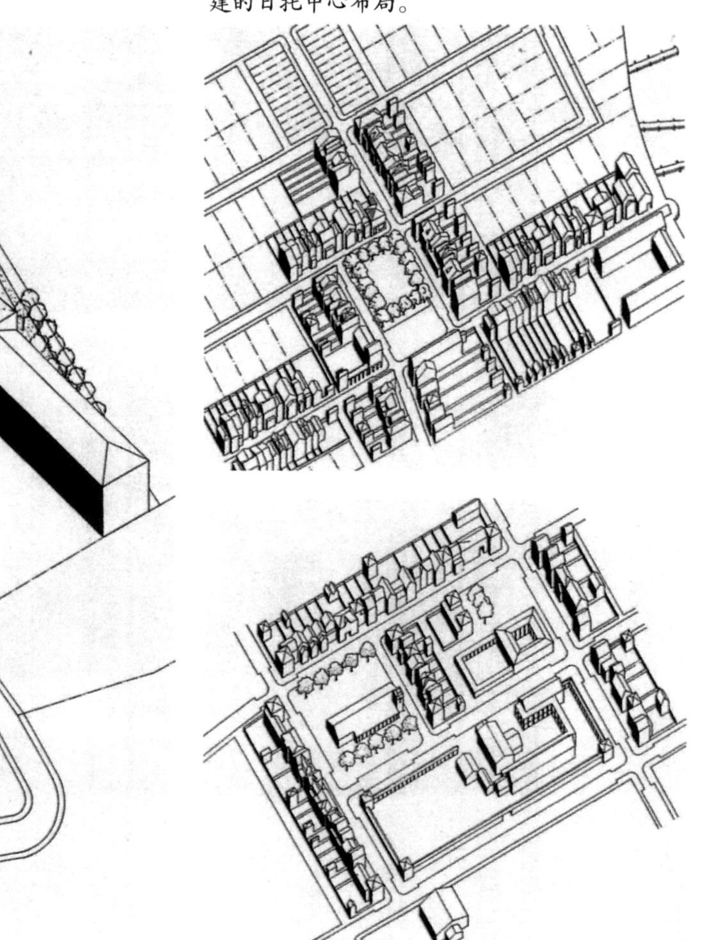

与以往繁冗的功能分区文件不同，乔弗里·费雷尔（Geoffrey Ferrell）编制的规范浓缩在了一张纸上（见右图）。这个城市设计规范以街道类型的等级体系为主线，并使用规划草图作为参照（下图）。

这张规划图向业主展示了哪些城市设计规范是适用于他们的。里维埃拉海滩以街道为基础确立的规范具有独特的分区政策：主要是以街区、地块或建筑类型组织起来的。

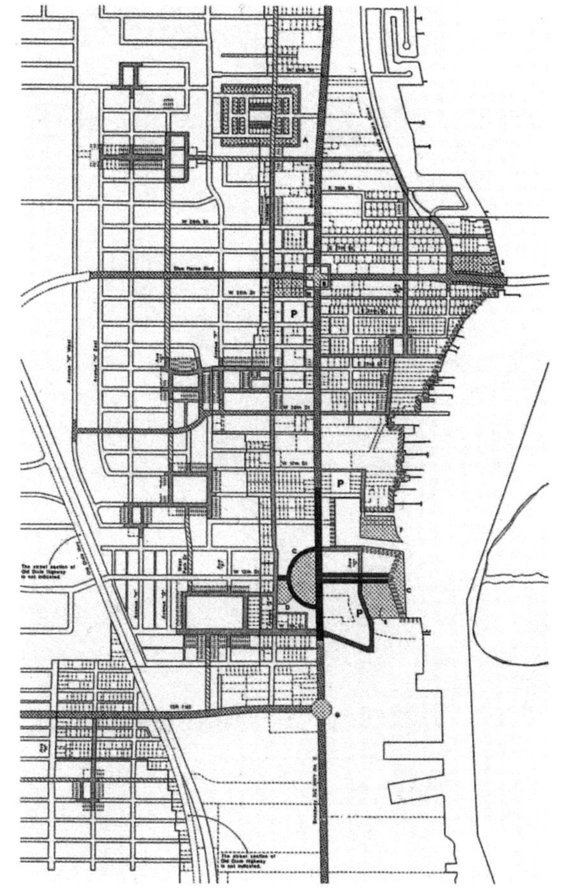

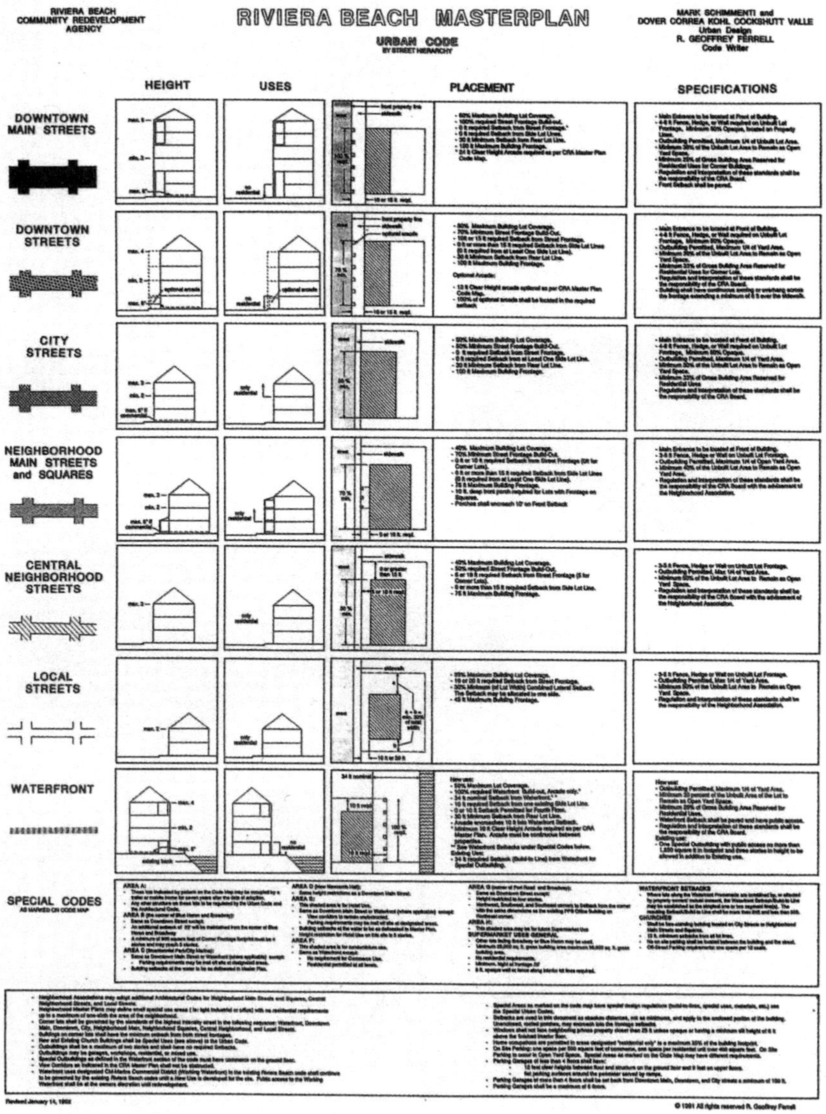

RIVIERA BEACH
COMMUNITY REDEVELOPMENT
AGENCY

RIVIERA BEACH MASTERPLAN

URBAN CODE
BY STREET HIERARCHY

MARK SCHIMMENTI and
DOVER CORREA KOHL COCKSHUTT VALLE
Urban Design
R. GEOFFREY FERRELL
Code Writer

HEIGHT | USES | PLACEMENT | SPECIFICATIONS

DOWNTOWN MAIN STREETS

DOWNTOWN STREETS

CITY STREETS

NEIGHBORHOOD MAIN STREETS and SQUARES

CENTRAL NEIGHBORHOOD STREETS

LOCAL STREETS

WATERFRONT

SPECIAL CODES

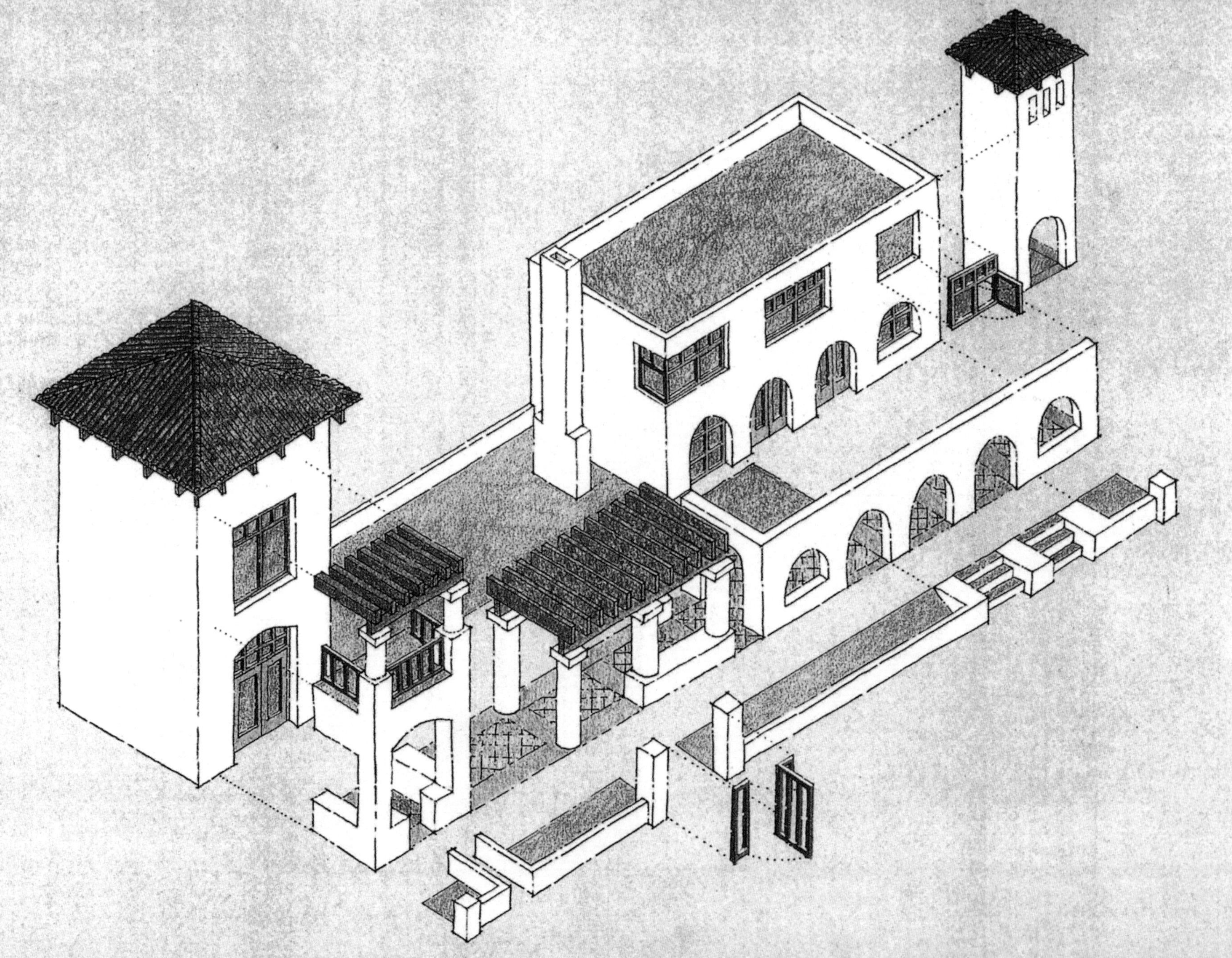

里奥维斯塔西

达拉斯，德克萨斯州，1981 年

零售业以汽车为主导似乎成为郊区生活的一个事实。随着道路变宽，路旁“大盒子”式的商场和“强力中心”也越来越大。很少有人能抗拒这看得见摸得着的实惠和便利。

但是，这些地方宽阔的道路和广告牌式的建筑，似乎与旧金山刚制定的“公交导向型开发”（TOD）政策所构想的那种步行邻里格格不入。这些反差正是使命谷（Mission Valley）的里奥维斯塔西邻里想要在其 38 公顷的场地中所要融合的。

作为圣地亚哥 TOD 政策最早的试点之一，卡尔索普事务所编制的这份规划将原来一个砂石厂改造成一个拥有 1070 套住房并方便步行的多功能社区。这里还规划了一条电车线将市区和其他的区域性目的地连接起来。

电车站旁的多功能核心区有各种专卖店、餐馆、多银幕影院、办公楼和商铺楼上的住宅。这些用途紧靠着里奥维斯塔西最主要的市民空间——一个街区长的公共绿地。园内规划新建一座社区大楼，用作日托中心、会议大厅或是圆形剧场。

里奥维斯塔西的住宅区有多种多户住宅以供租售。住宅设计规范特意借鉴了与圣地亚哥地区的历史和气候相适应的建筑传统。

里奥维斯塔西的建筑设计标准强调了反映地区传统的简洁而富有特色的形式。圣迭戈建筑师欧文·吉尔（Irving Gill）设计的历史性建筑物，例如拉贺亚俱乐部（左图），对设计团队的推荐产生了重大影响。

这幅分解图（对页）将设计规范中涉及的各种元素和细部都一一指明。

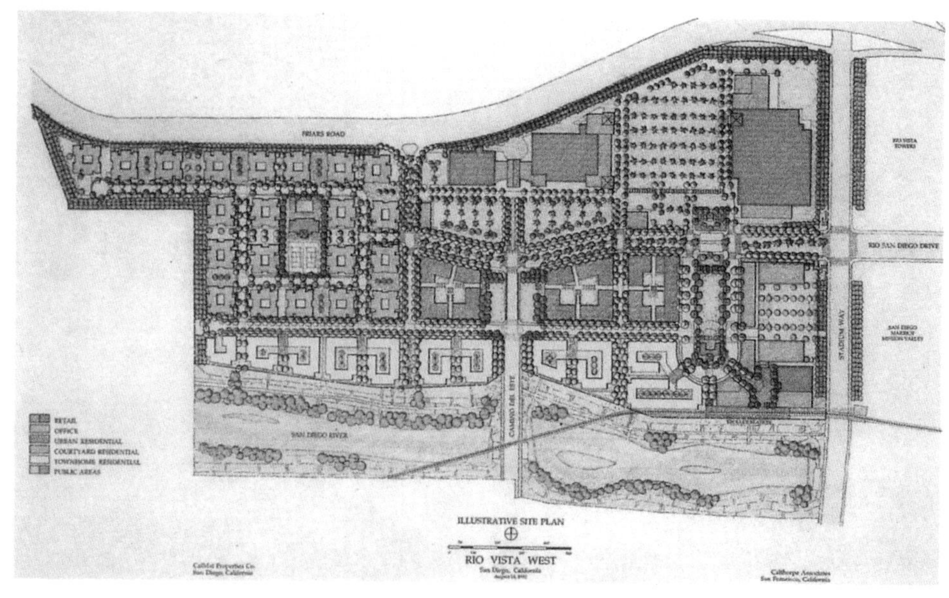

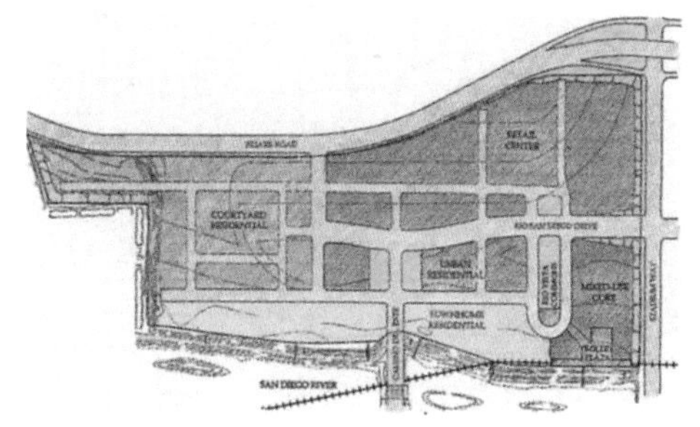

里奥维斯塔西总体规划（上图）在现有的高层办公和酒店开发项目（左图）的东边增加了大量住宅、零售和公共用地（最左图）。

里奥维斯塔西的规划中有一个汽车主导的区域零售中心（下方左图，部分可见）。中部的车道和人行道沿着当地的街道网格延伸。这有助于让大片的停车区域得到控制，方便了行人。

在项目最具“都市”特征的区域，这个多功能核心（下方右图）融合了居住、商业和办公用途。这些综合性街区将分两期开发，第一期是广场正面带拱廊的商业和住宅部分。

多条短小的人行道（底部右图）为第二期的办公楼和后面的停车场开启了人行通道。这些位于体育场道（一条有六车道的繁忙主干道）旁边的中层建筑成为整个项目的边界。

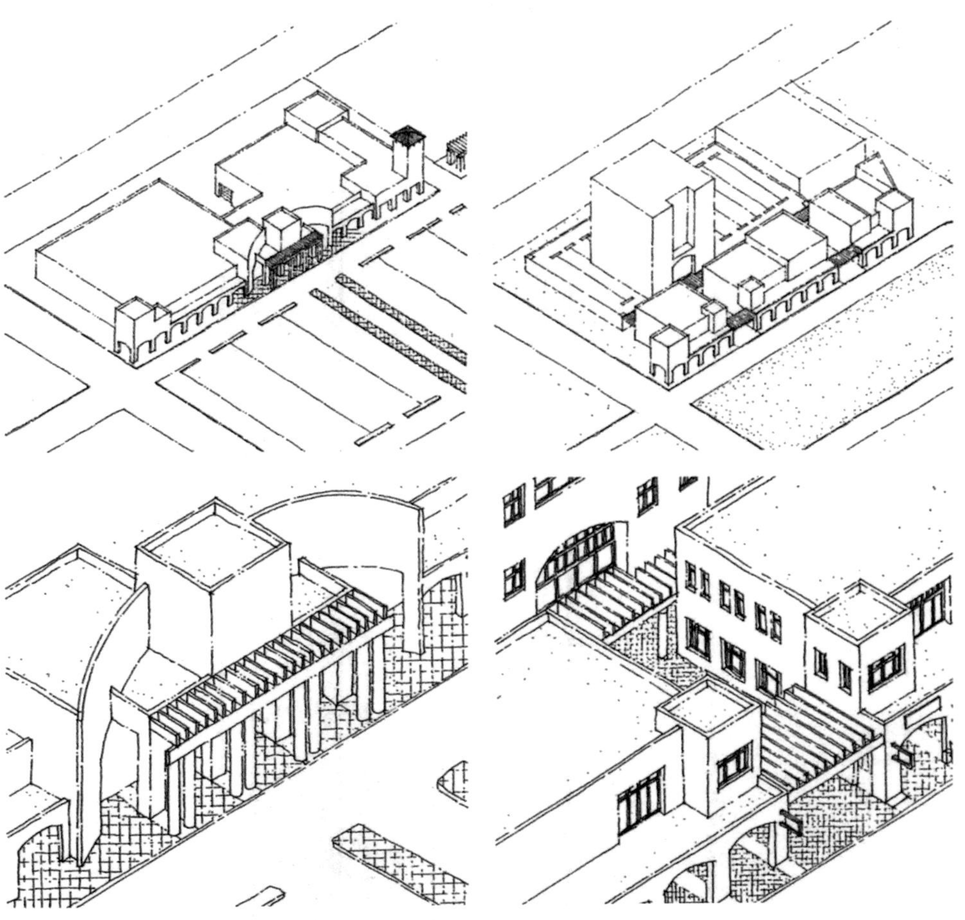

开发区中狭窄的林荫街道将这里的多种土地用途连接起来。一条滨河步道通过别墅区之间的步行小道与街道网格相连。

两条交通繁忙的主干道相交处，项目的一个角上坐落着一个区域性零售中心。其中有一家面积达 11000 多平方米、集折扣商场、超市和药店于一体的商场。尽管对这个社区来说，它很明显太大了，但是它对项目的经济可行性是至关重要的。

为了将表面上不相容的元素整合进这个社区的肌理中，里奥维斯塔西总体规划运用了多种设计策略。社区中心的车道和人行道是街道网格的延续。商店和停车场的布局能缩短行人步行距离的位置。设计规范中规定了商场要有多个入口，停车区域要有树荫等以人为本的要求。

里奥维斯塔西独特的混合策略是因为零售中心（郊区很普遍的一种土地用途）往往难以控制而产生的。项目中的主干道方便了开车路过的人，而内部布局（林荫街道和富有活力的公共空间）则主要满足当地居民和乘电车而来的人们的需要。

里奥维斯塔西规划中有多种类型的住房。三四层高的公寓楼位于项目中心区域（下图）。它们组成了项目的入口，并在广场周边提供了全天候的活动。

为了达到更高的密度（每公顷 62 到 136 个单元），公寓建在吊层车库上。主入口高于街面半层（底部左图），而次入口开向半公开的内部庭院。

另一种住房是（下方中图）是中等密度的三层小楼（每公顷 50 至 74 个单元）。有顶停车场是从屋后庭院进入，而主入口在街道或公共道路上（底部中图）。

社区内公寓的建筑规范要求街道边缘要主动设计。规范中列出了门廊、柱廊、凸窗和为一楼的单元设立的独立入口等元素。

两层的联排住宅（下方右图）是开发区中密度最低的（每公顷 37 至 62 个单元）。独立单元（底部右图）面向街道、人行道或者滨河步道。

这些住房计划用于出售而非租赁，所以还有能从每个单元后院进入的私家停车场。

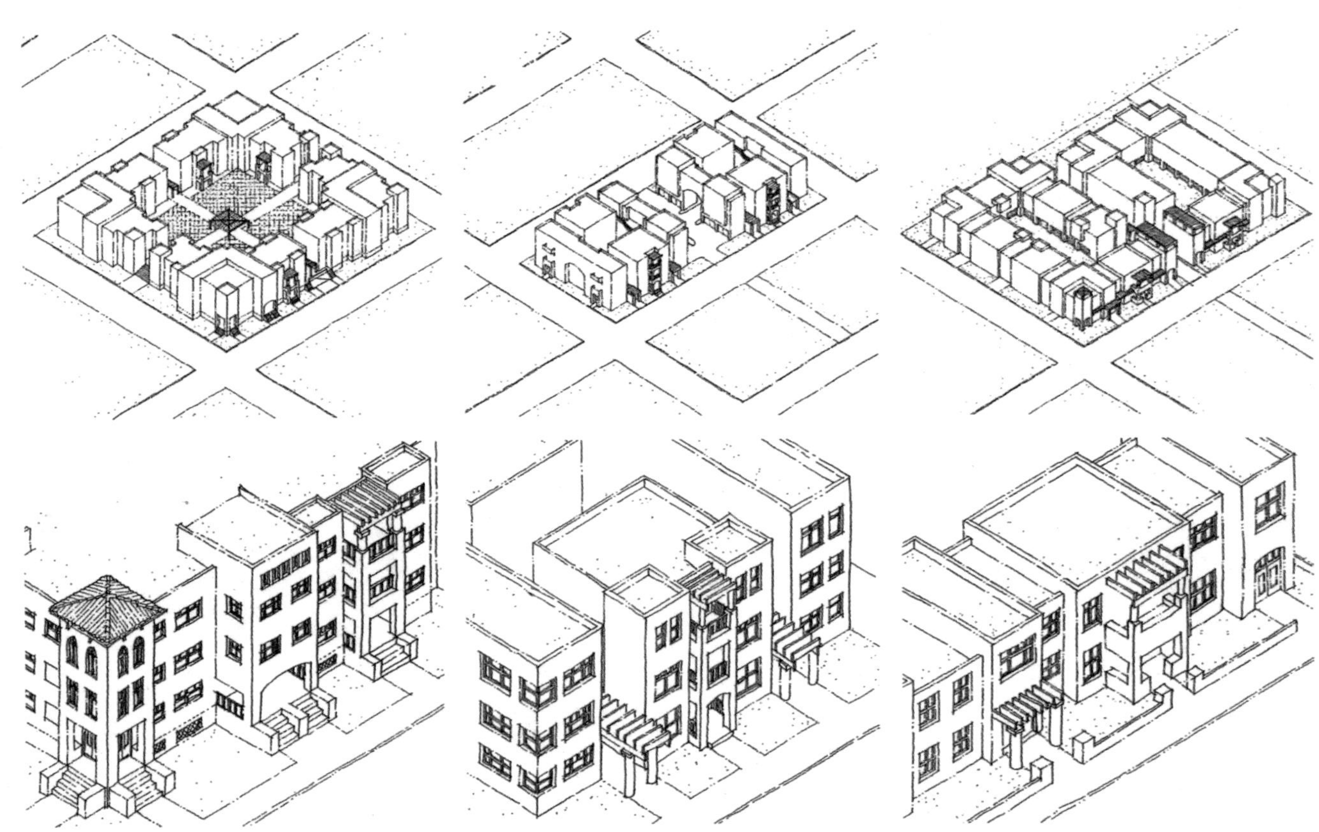

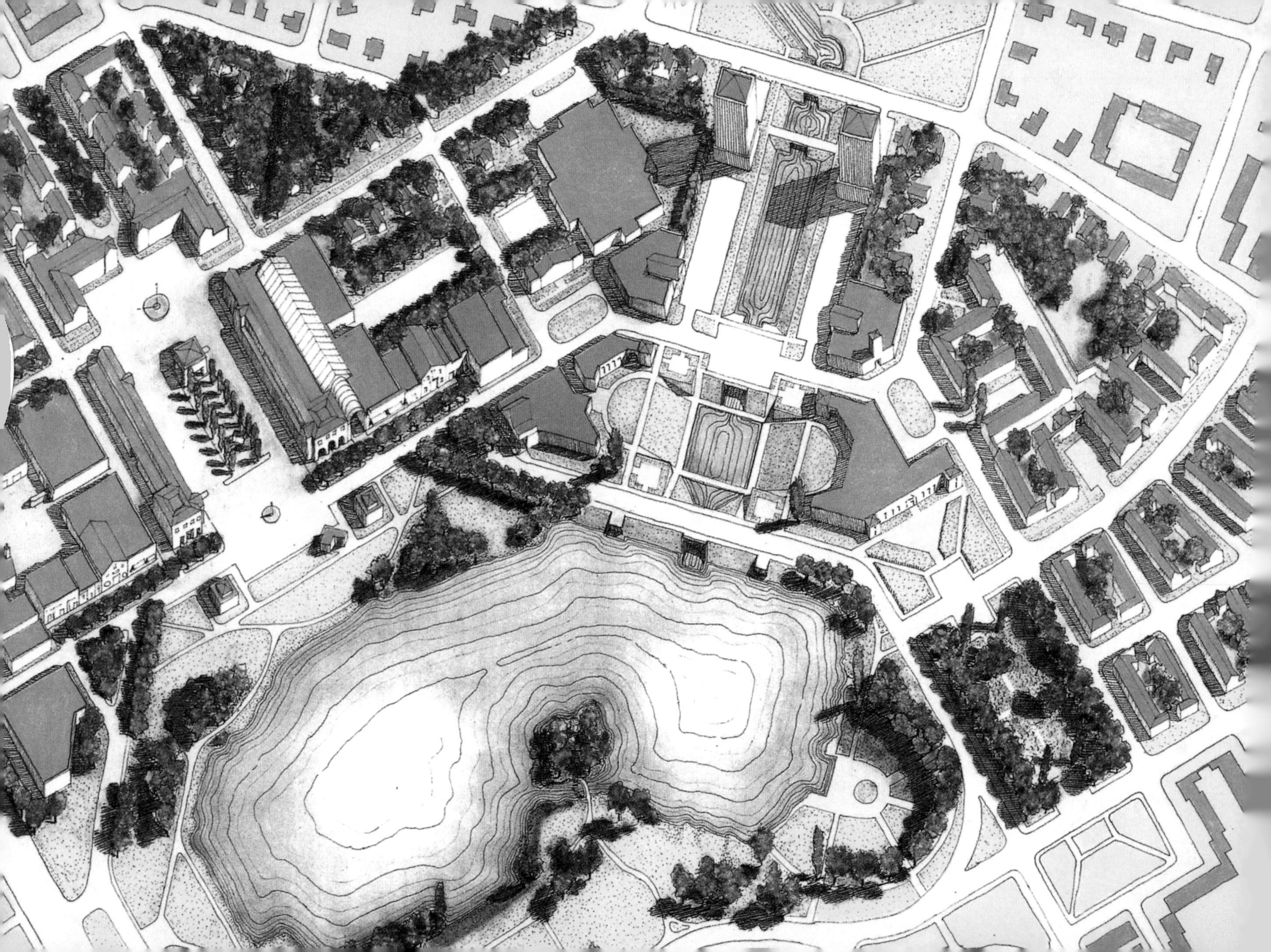

湖西区

达拉斯，德克萨斯州，1981 年

与五六十年代很多内陆城市的城市更新项目一样，“西达拉斯住房工程”结果比被它取代的贫民窟还要糟糕得多。这份新编制的湖西区总体规划计划将这些兵营式的项目改造成一个运行良好的多功能社区。

项目位于达拉斯市中心附近，面积约 260 公顷，其中原有 3500 套差不多完全一样的联排公寓——这是全国最大的低层公共住房集中地。建筑师彼得森和里滕伯格编制的新规划打造了一种“正常”的街区和邻里网格。这样得到的实体结构在公共和私人空间中设立了清晰的界限，大大增强了社区“主人翁”的感觉。

为了实现这一变革，这份规划里增加了新的街道，移动了一些现有建筑，并提供了私人后院和车库。对房屋本身的大修进一步提高了湖西的住宅形象。

该规划计划在湖滨新建一个囊括工作场所、办公楼、零售和市政用途的镇中心。在那周围还规划了社区大学、大片公共绿地、社区会议中心、圆形剧场和养老住宅。

在那么多美国内陆城市急需重建的时候，湖西社区的例子表明：相比于全盘推翻以往的错误，“循环利用”也许是可行的。

现在的西达拉斯住房工程（左图）当中的曲线型街道网络破坏了周边的街道和街区网格（照片上部）。附近邻里的很多直行街道在项目边缘戛然而止。

湖西区的总体规划（上图）建立了由小尺度的街道、街区和住宅区广场组成的全新的城市结构。计划修建在湖滨的城镇中心已经融入这个肌理当中。

现有223公顷的西达拉斯住房工程（下方左图）几乎由完全一样的房子组成——平顶排屋，每栋有6到8个公寓单元。

这一基本房型在整个项目区域内千篇一律地大量复制。菲什特拉普湖（Fishtrap Lake）湖滨和场地的中心有大片边界未明的开放空间。

新编制的湖西区改造规划（下方右图）在联排住房周围进行了改造和填充，让其组成正常的城镇街区。在有些地段，为了形成不同形状、大小的街区，将附近的房屋进行了迁移。

独栋住宅从附近的邻里中被移到没有充分利用的区域进行填充。

新的镇中心以重新塑造的菲什特拉普湖为焦点（规划图下部中间）。原有的排水池已经被改造成一系列的水道，融入大片公共开放空间中。

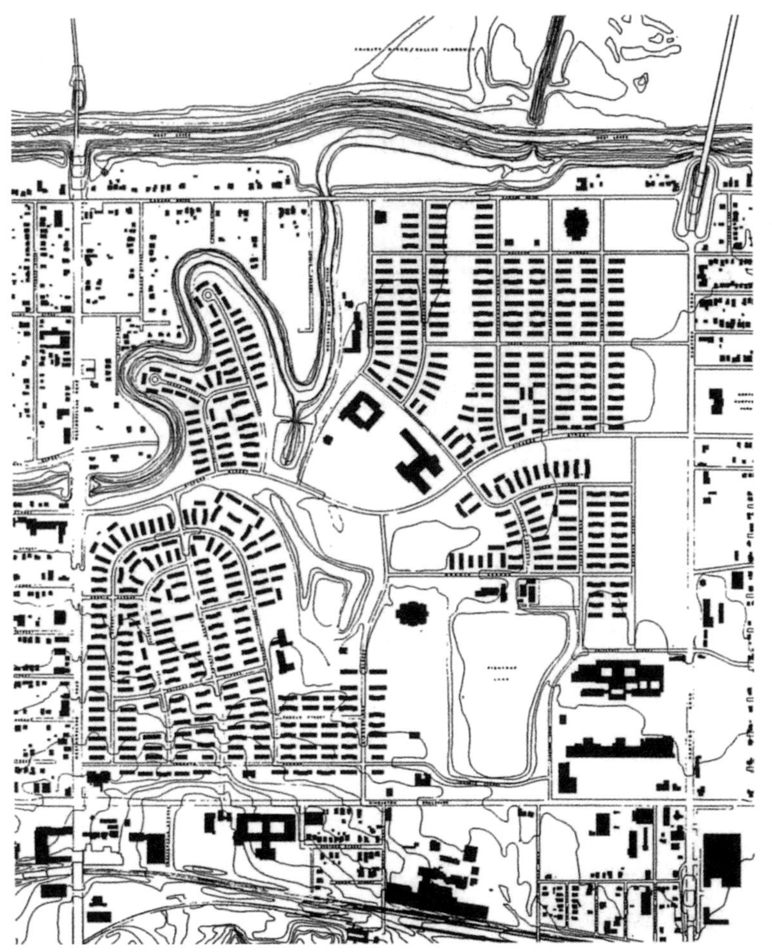

规划的镇中心（左图，以及下方左图）将办公、市政和零售功能聚拢到城镇广场和一条原有的南北向道路周围。而仓库和轻工业设施（左图，照片前景）则位于项目外围。

湖西区的新规划中，许多小广场按照固定的间隔分布在住宅街区中。项目中有个区域（下方右图）内就能找到五个这样的广场。

每个邻里广场周围聚集了大概450套住房。而且还有小型服务建筑、凉亭和小操场。

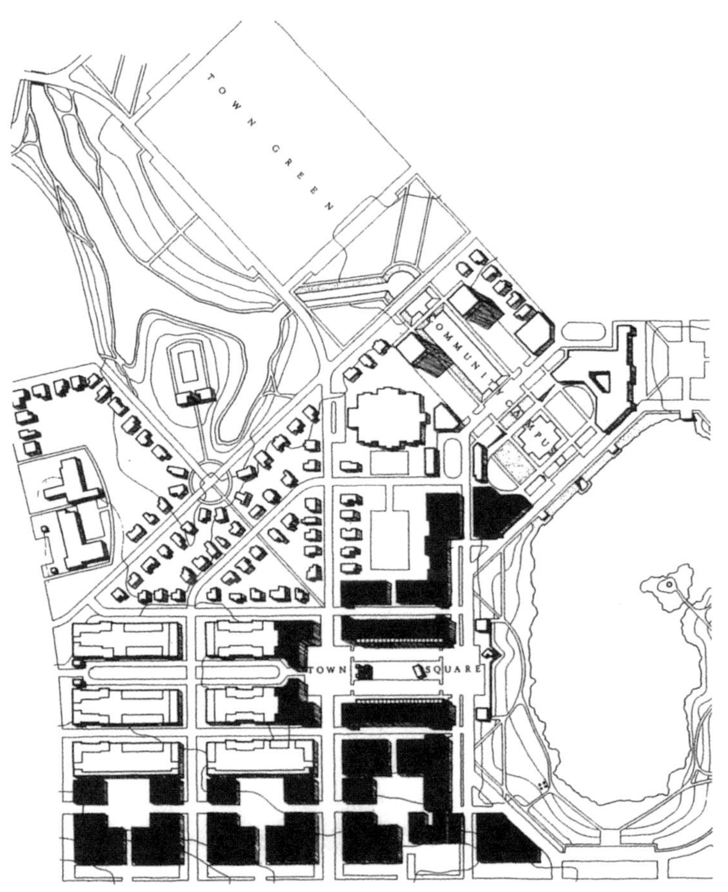

西达拉斯住房工程原有的兵营式房屋（本页）和50年代无数其他的城市棚户区拆迁工程中所能见到的房子很像。

正对着街道和停车场的是没有窗户的房屋两端。有的居民进入小区后，甚至必须穿过整个街区才能到家。因为人们在房屋里看不到街道，所以蓄意破坏和偷车现象很猖獗。

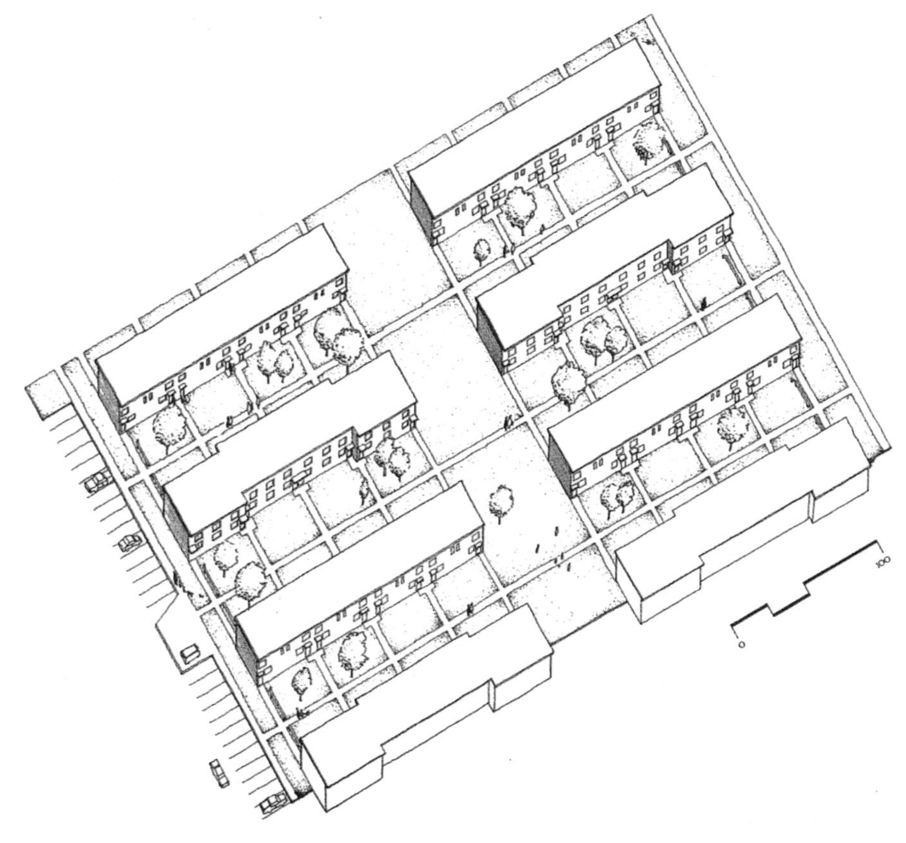

改造后的联排住房街区（左图和下方左图）让房屋与街道有了更密切的联系，而且改善了房屋的形象。成对的联排住房之间规划了新街道；街区中心也填充了庭院。

计划的填充建筑和街区两端延伸的楼房侧翼有助于将公共空间（街道）和私人空间（后院）隔开。

湖西区的规划团队只用了四种街区类型（下方右图）。每一种都是对现有楼房格局改造而成。它们包括：短街区、长街区、“L 型”街区和“H 型”街区。

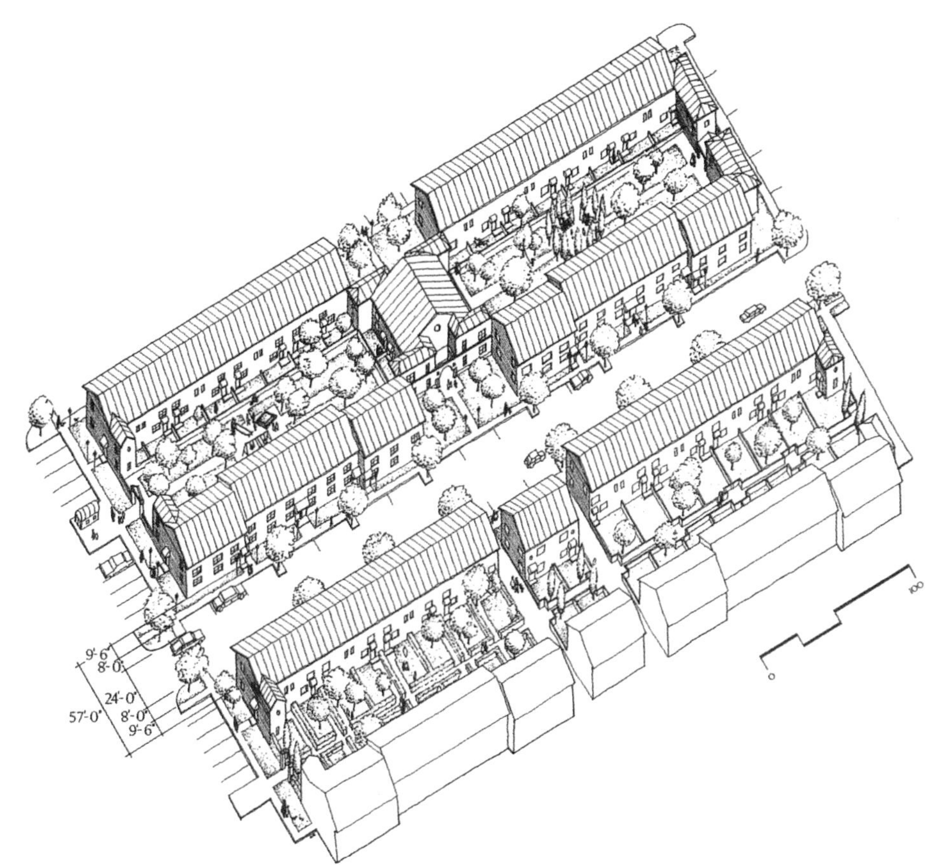

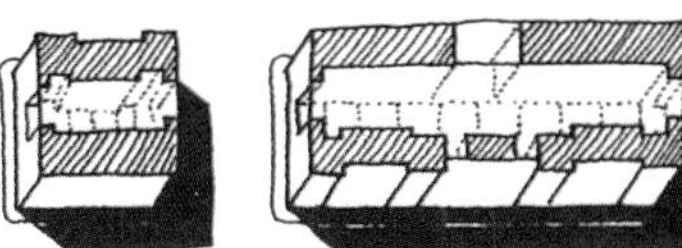

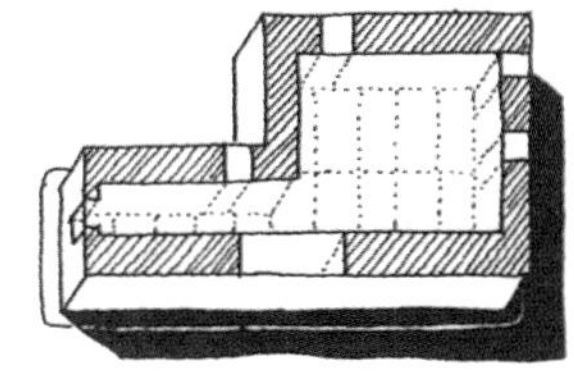

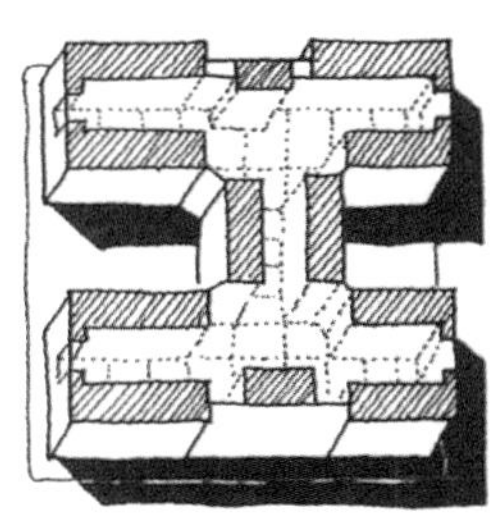

四种街区类型在邻里结构的大格局中都起着各自的作用。不同的形状和大小让街区结构可以容纳与之相应的一些住房类型和策划元素。

“L型”街区（下图左部）布置在场地东边的公园和住宅邻里附近。这些经过提升改造的联排住房计划用于出售而非租赁。

这样的街区有更大的进深，方便了后巷的使用。这些街区的房子后都有封闭的停车场。有的还有私人车库和宽敞的后院。

湖西区的短街区还有各种变化（下图右部）。典型的街区（右上）只是标准的长街区缩小得到的。因为小巷在这种情形中不可行，所以在街区的一端有简易房用来收集和存储垃圾。

少数街区将原有的平房（右下）整合到一起。车库加在房子之间、在街区两端，共同围成了停车场。

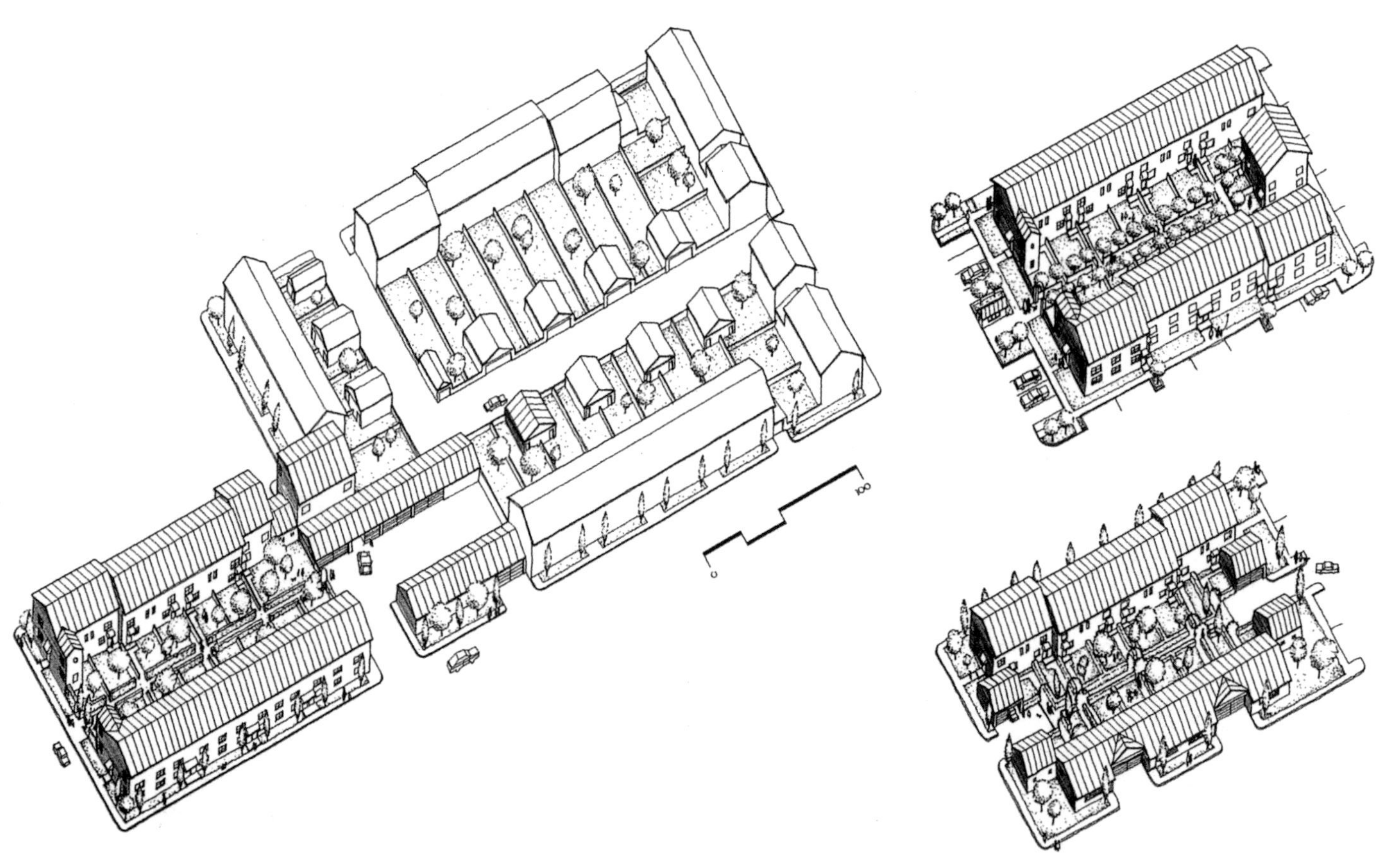

湖西区规划一个不同寻常的特点是其重建的方法。因为美国住房与城市发展部基金只能用于整修翻新，而不是新建建筑，所以规划团队采用了迁移原有楼房的新策略来打造新街区。

原有房屋布局的形状（下方左图）使其很容易确立新的城市网格。只要移四栋楼（底部右图）就能造出一个邻里广场（底部左图）。

有趣的是，这并不是规划团队的首选方案。但是，它是实现总体规划最经济的方法，而且它能够以符合政府基金的严格条款的方式来完成。

美国住房与城市发展部禁止拆除原有房屋的规定带来的结果之一就是：在这次改造中，西达拉斯住房工程原有的全部住房都得以保留。

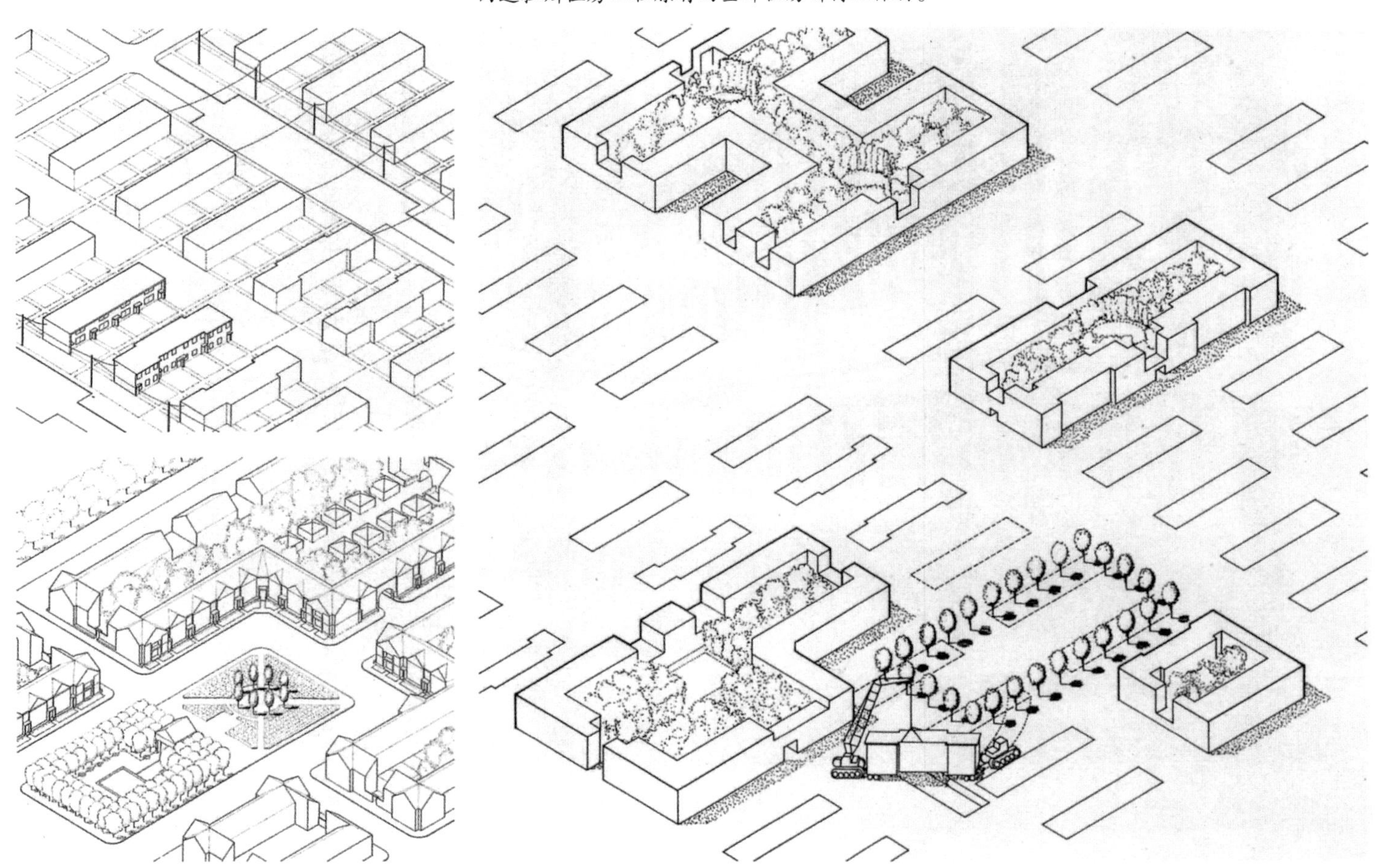

普罗维登斯下城

普罗维登斯，罗德岛，1992 年

普罗维登斯下城规划团队的领导者想用他们复合式的、联系密切的小尺度项目，打破普罗维登斯过去四十年规划的功能单一的“巨无霸”项目（有的已经建成）所形成的传统。与那些昂贵的改造项目和公建项目不同，这个方案的渐进策略只需要较少的政府或私人投资。

普罗维登斯下城总体规划形成于一系列由当地企业、机构、个人和市政府联合赞助的公共研讨会。这个包含了住房、零售、营销和管理等领域专家的规划团队由安德雷斯·杜安伊和伊丽莎白·普拉特－兹贝克领衔。“下城”（Downcity）这个名字是当地人用来特指 40 年代发展到顶峰时的市中心的，团队将这个名字沿用下来。

值得称赞的是，普罗维登斯市中心成功地保留了相对完整的城市肌理——由高品质的街区、街道和老建筑组成。所以，下城区规划最主要的建议集中在功能区、运营、管理和营销上。另外，这份规划还建立在市区及其周边近年有一些大型项目完成的基础之上。这其中包括一个新的会展中心、铁路改线工程、一条河的开通和改道以及一条正恶化的公路改道。

最早的几场下城规划设计研讨会上，讨论焦点是市

新建恩典广场（对页）是新规划中的一项特殊工程。这个平易近人的公共空间位于翻新的恩典教堂对面，取代了四栋品质很差的小楼（左图）。

这个广场两边是新建的“边线建筑”，理想情况下是出租给书店和咖啡馆。

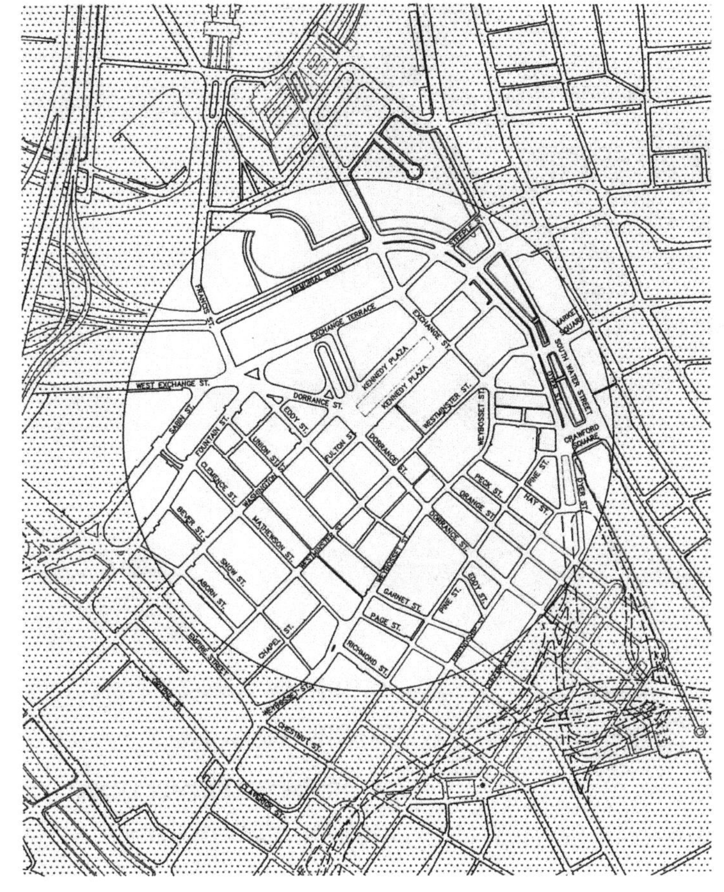

下城的街道两边是一系列令人印象深刻的 19 世纪和 20 世纪早期建筑（上图）。这样的城市肌理具有极高的建筑和空间品质。

这个复兴工程的焦点（左图）是以肯尼迪广场西南角为圆心，五分钟步行距离为半径的圆形区域。约翰逊威尔士大学（第 158 页）扩建的校区与规划的南段重合（就在 195 号州际公路上方，虚线标出）。

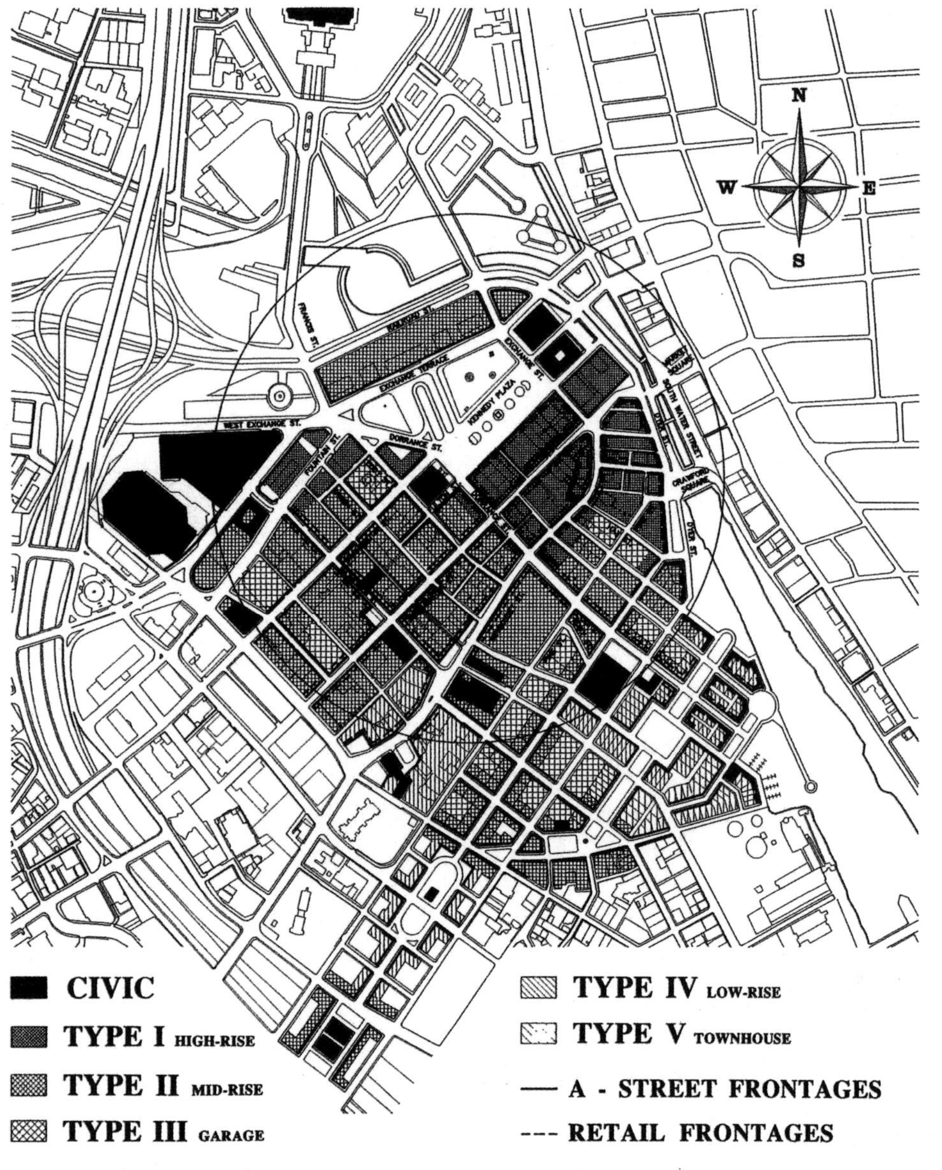

普罗维登斯下城控规（左图）在市政设施以外确立了由五种建筑类型组成的等级体系。这份规划被用在一份简单的设计规范中作参考，其中明确规定了各类型的建筑可以用于什么用途和要有什么样的实体特征。

政厅周边的圆形区域，那又引出后来一场研讨会，专门讨论一所正在扩建的当地大学的市中心校区。规划团队也考虑了项目外围因公路改道而新建的一个社区该如何设计。

市中心的零售业是规划团队主要的焦点。尽管市区大部分的大型零售店都已经消失了，但是调查表明附近邻里的高收入居民对去市区购物兴趣很足，而且愿意走路或者乘坐公交过去。这一居民群体同时表示出对郊区购物中心的反感，因为他们得开车去。

规划建议将成功的商场管理技术应用到市核心区。规划团队认为规划中建议的集中式结构是协调市区多个街区同时进行改造的最佳方式。而且，这种大规模的聚集对于把这个区域重新确立为购物首选的目的地来说至关重要。管理方也将在承租组合、推销、店面设计、维护、安保和停车等方面提供指导。

市区住房是规划团队探索的另一大领域。规划将学生、艺术家和退休人员归类为复兴市区的潜在居民。阁楼（loft）房是一些美国城市中非常流行的住房形式；所以规划建议将此作为一种把市区的大型建筑改造成住

规划中明确了A街和B街构成的体系（下方左图）。这一策略表明，不是所有的街道都同样地适合休闲漫步。

A街道（实黑线标出）计划用于步行密集的区域，在规划中具有较高的等级。B街道（斜线标出）用于车辆和服务需要。这其中包括提供免下车服务的街道、连接停车场的通道和卡车装货区。

这样，市中心车辆密集的活动可以远离步行密集的地方。

普罗维登斯市区中大片间隙（下方右图，斜线标出）是拆除旧楼所形成的。这些扩大的空地往往被用于停车，对附近的零售业和步行活动都造成了很不利的影响。

进深较浅的“边线建筑”（规划中以实黑线标出）计划用于恢复空地的街墙。这些建筑（右图，历史性范例）可以让商业街有连贯的临街面，同时保留大片场地的停车功能。

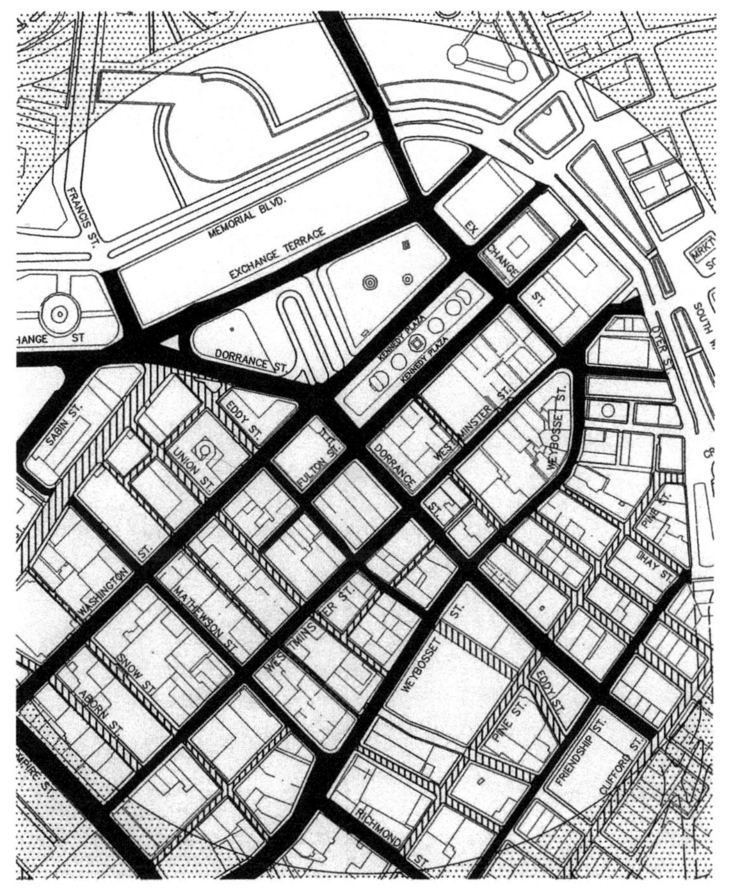

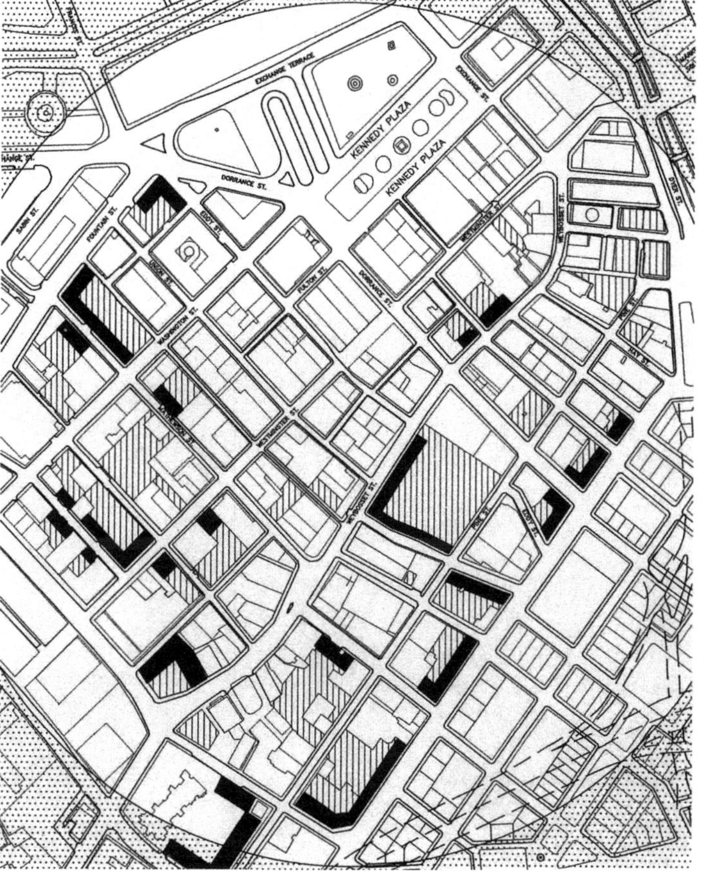

规划中约翰逊威尔士大学计划新建的由查尔斯·巴内特设计的图书馆（下图左边）是校区扩建的第一期要完成的一个项目。

古典主义的柱廊（右图中部）隔着韦伯赛特街（Weybosset）与普罗维登斯众人皆知的地标建筑——恩典堂（Beneficient Church）相对，而后者也有着类似的元素（下图）。这两栋楼像是一对书挡，成为了进入普罗维登斯市中心的大门。

教堂和图书馆旁边原有的绿地（右图）紧靠在韦伯赛特街的一端。它是现有和规划的公共开放空间所组成的网络的一部分。这个开放空间网络赋予这个市中心校区以独有的特征。

约翰逊威尔士大学校园的总体规划（右图）明确了未来收购和开发的重要地段。

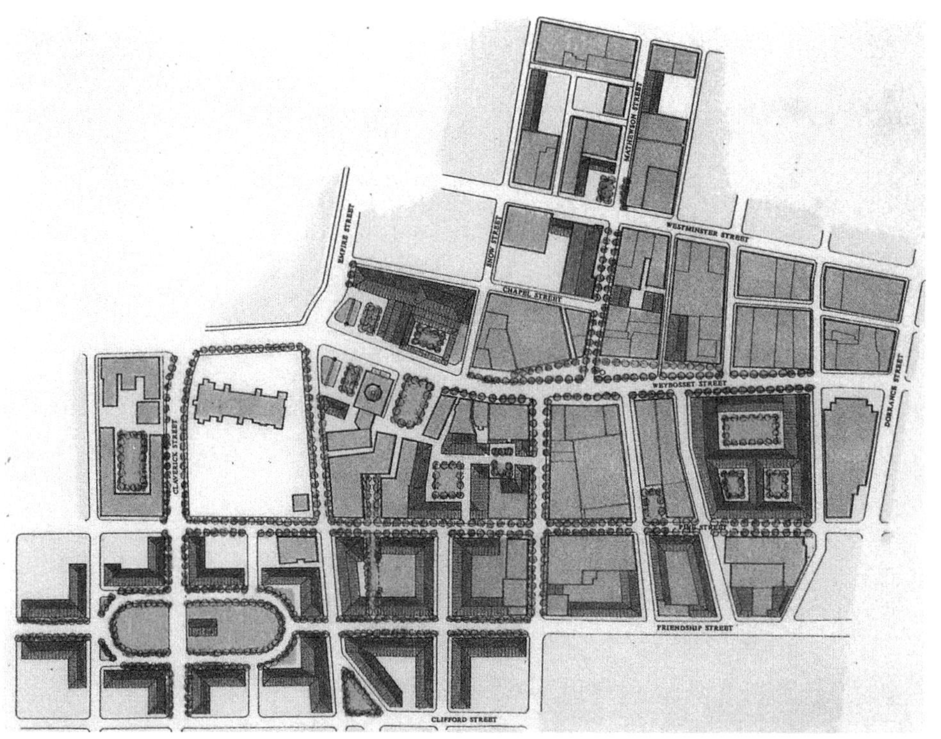

查尔斯·巴内特和今井兰道（Randall Imai）设计的集教室和宿舍于一体的综合楼是规划中设想的最大的建筑。

宅的较为廉价的方式。

规划强调将文化融入市区生活结构。市中心的几家教育机构和约翰逊威尔士大学扩建的市区校园，将为市核心区的零售、住房、街道生活带来活力。研究表明，市中心作为“大学城”的形象对多个潜在的居民群体都很有吸引力，特别是退休人员。

规划中计划进行几处关键的实体改造。其中包括在一座著名的教堂对面建“恩典广场”，添建“边线建筑”以填补停车场在街区中造成的空隙，并在约翰逊威尔士大学新建几座大楼。运营上的变化包括：调整现有街道方向，改善停车区标识，改进建筑照明，扩大周六农产品市场和一条免费的市区公交环线。

下城区规划虽然连一个“重大举措”都没有；但是，人们希望：这许许多多的不起眼的方案所产生的总体效果——用规划团队一员的话来说——将最终让普罗维登斯“完成它”作为一个真正伟大的美国城市的“使命”。

橘树庭

河滨市，加利福尼亚州，1988 年

保护和改造的关系有时候比较难以处理。保护和重新使用历史性建筑的工作往往专注于一个或少量几个显眼的建筑，而忽视了周围的城市环境。

加利福尼亚州河滨市的橘树庭试图通过精心重建市中心的一个街区来克服这一常见的规划错误。

80 年代时，河滨市米申酒店（Misson Inn）后面有个街区的小型商业建筑被拆了一部分，目的是为这个历史悠久的酒店和附近的企业建停车场。不幸的是，这个停车场产生的巨大缝隙将酒店孤立出来，严重影响了这一带的步行活动。

认识到这个问题后，河滨市就停车场的开发组织了一场竞赛。赢得此项竞赛的是布赖特维尔（de Bretteville）和波利佐伊迪斯（这里展示的是穆尔和波利佐伊迪斯修改的版本）设计的橘树庭，其中融合了零售和办公用途，街面上有车库入口，而楼上还有 74 套住房和办公空间。

该方案让这个大型停车场不再那么显眼，有助于恢复河滨市区的城市风貌。30 多年以来这里首批新建的住宅完成后，城市核心区也将再次成为维持自身运转的邻里，而不是一个仅供工作、购物或办理银行业务的地方。

河滨市历史悠久的米申酒店（左图）建于 1902 年至 1932 年，位于项目的南边街区。酒店的附属建筑，一组低层建筑（照片下方右侧），也被整合到策划的项目当中。

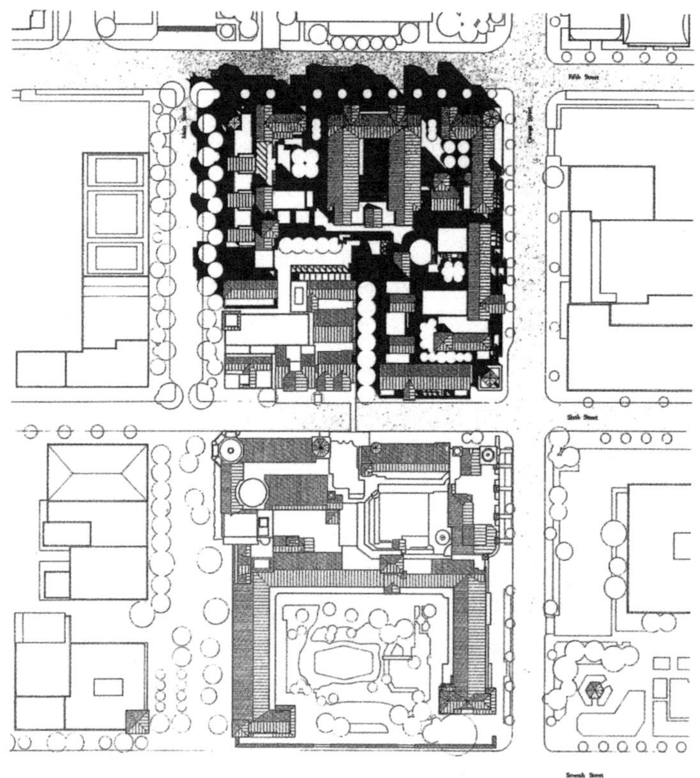

项目场地（左图，规划）是在 80 年代中期河滨市政府建的一座大型停车楼基础上进行扩大的。虽然计划覆盖车库的混凝土顶层可以承载任何类型的低层木结构房屋，但是橘树庭将项目计划分散到五栋楼上。这一策略可以延续旁边酒店配楼精致的尺度和体量。

原来的车库有350个停车位，是有斜坡的混凝土建筑。橘树庭将车库隐藏起来，并且在第二层建了新的“地面”。

街区四周的多个楼梯和斜坡连通着公共庭院，人们可以从那里通往二楼的住房和办公场所。一楼有一条零售街，将车库入口和主街道以及米申酒店的后院连接起来。

公共庭院和私人露台组成的连续网络（下方规划图）围绕在五栋楼的周围。主街道上的那栋楼底层有零售店，上面是办公。其他几栋楼上共有74套住房。

项目里的五个庭院都有名字，而且各自以一种树作为特征——橄榄树、葡萄柚、橘子树、柠檬树和石榴树。这些树在历史上对河滨地区的农业都有着重要意义。

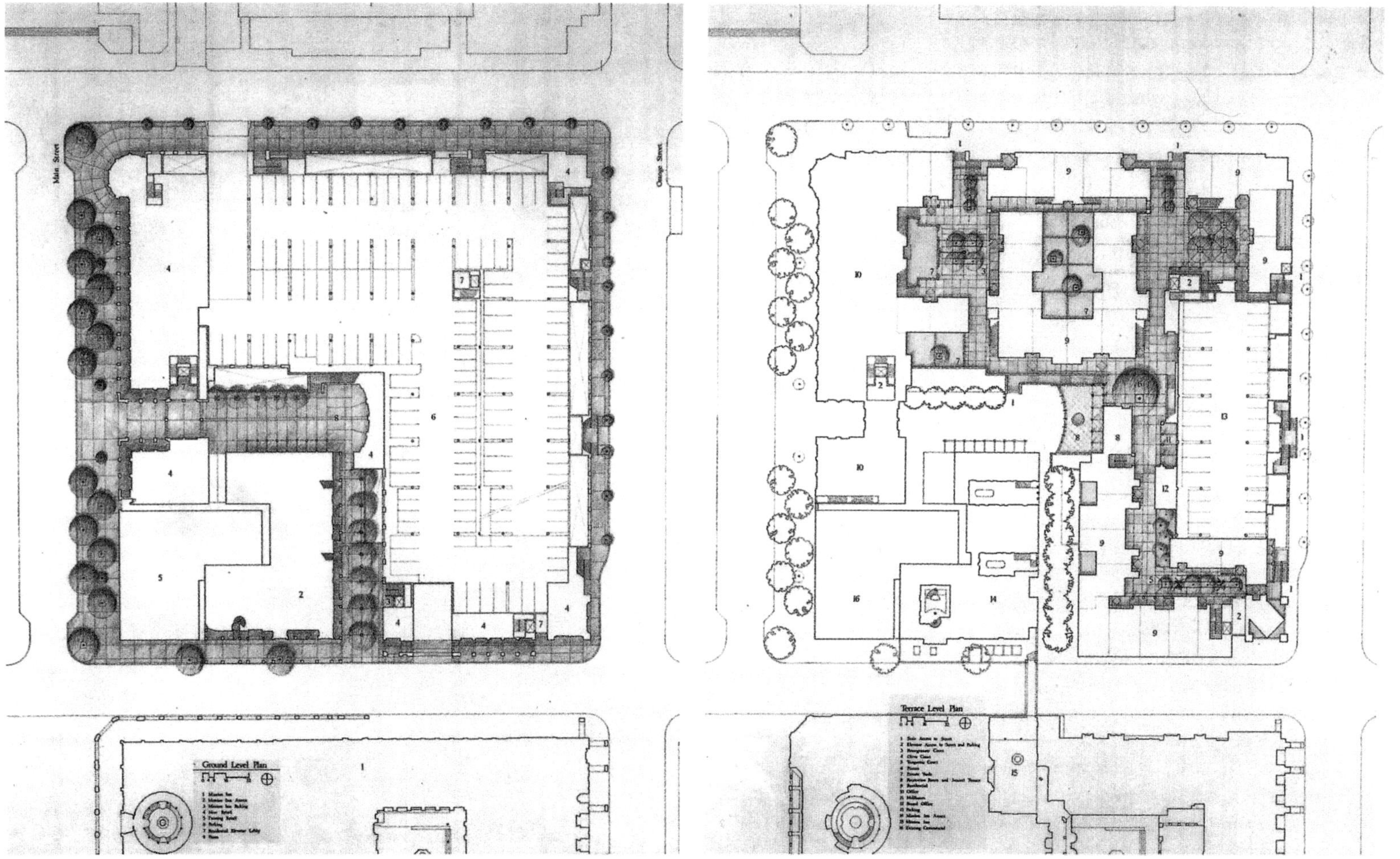

橘树广场的步道（右图和下图）和私人露台（下图左侧）在相对密集的城市街区结构当中提供了广阔的户外空间。

项目中使用的低层建筑是从圣塔芭芭拉和其他那加州城镇的成功范例中借鉴而来。

基于以往的范例，这些没有电梯的住宅非常适合当地的气候和生活方式。它们在照顾到现在的停车需求的同时，还保留了方便步行的街道环境。

亚特兰大中心

布鲁克林，纽约，1986 年

80 年代后期，曼哈顿高涨的房价迫使很多纽约市的企业将其关键的“后台业务”（back-office）机构迁往外围的郊区。为了遏制就业机会和税收的流失，时任市长艾德·科克（Ed Koch）启动了一项财政和开发激励计划，意在保留市区范围内的后台业务活动。

这个计划的结果之一就是规划出布鲁克林市区的新亚特兰大中心——一个集办公、零售和住宅于一体的开发项目。项目位于一个通勤铁路站点上一片面积约 10 公顷的空旷城市更新区。这里聚集了 10 条地铁线和多条公交车线路，为人们的出行提供了无与伦比的便利。

彼得·卡尔索普和 SOM 事务所（Skidmore Owings & Merrill）提出的这个方案包含约 28 万平方米的办公空间，其中有一半就在这个交通枢纽上面的两座大楼上。这个综合体中心附近有一个天窗采光的购物广场，还有餐馆、商铺和一家有 10 块银幕的电影院。东边一个有 641 户住房的邻里容纳了中低收入的租房者，街面上还有几家零售商店。

在获得当地政府审批之后，有个环保组织因为担心亚特兰大中心将带来拥堵，于是阻止了项目推进。可惜的是，他们的合法质疑并没有考虑到：把这个区域的增长转移到城市之外更加敏感的农村和农业用地将要付出多大的生态代价。

亚特兰大中心的总体规划（下图）将布鲁克林中心区内绵延约一公里的几块废弃土地连接起来。场地中心是亚特兰大大道和弗拉特布什大道十字，这是布鲁克林区最繁忙的路口之一。

这里有长岛铁路火车站的主入口和一个有 10 条线路的地铁站（底部右图）。原来的火车站是一座宏伟的新文艺复兴建筑，而现在已经完全放到地下了。

项目一期计划在车站上面建两栋 25 层的高楼。这些大型高楼和其他的低层建筑将围出一小块绿地。亚特兰大广场，一个新的住宅邻里，就位于绿地的东边。

项目二期位于最西端的地块（图中左侧），计划建成用于租赁的建筑面积特别大的商业楼盘。12 层的大楼，共 120800 平方米的建筑面积。

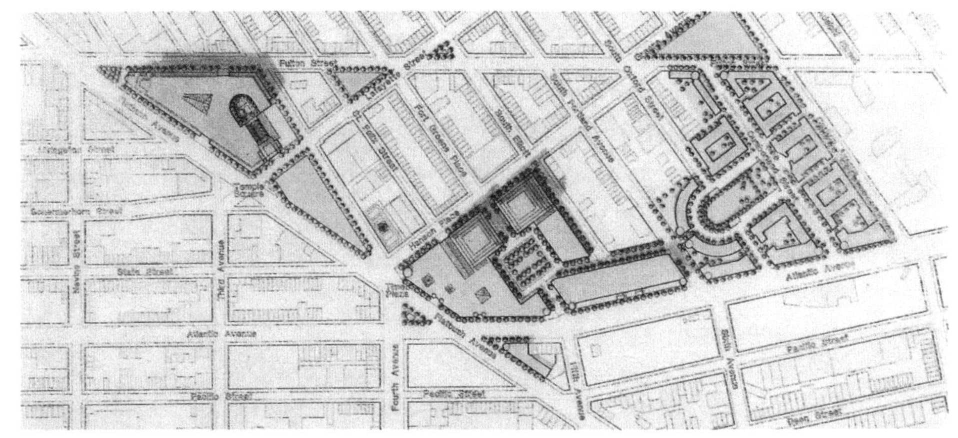

亚特兰大中心一期共有 288000 平方米的办公和零售空间（左图和下图中部）。

项目临近火车和地铁站，有利于它在纽约大都市区域内争取后台业务租户。尽管这个项目强调公共交通的便捷性，总体规划中还在这里设计了一个有 1700 个车位的车库。

亚特兰大中心容纳有641套房的居住邻里，是受到附近历史悠久的褐石屋邻里（左图，艾德菲街）平易近人而又迷人的气质所启发。

项目的这部分，被称为“亚特兰大广场”（下图右侧），在原有的街道、公园和半公开的庭院之内容纳了许多四层高的住宅楼。这些小街区围出一个个小型私人庭院。

按照规划，小型社区商店和服务机构分布在富尔顿街边上，亚特兰大大道上还有一个大型超市。

695 JVS

马什皮广场

科德角，马萨诸塞州，1986 年

二十年前，《美国新闻与世界报道》宣布购物中心正在替代“主街”，成为美国社区的核心。为了扭转这一趋势，60 年代科德角一条购物街的业主们决定把这个 6000 平方米的购物中心改造成小镇主街。除此之外，他们还打算在自己曾经创造的繁荣的零售区周围建一个古典的新英格兰村庄。

马什皮广场村的开放商兼规划者巴夫·蔡斯（Buff Chace）和道格拉斯·斯托尔斯（Douglas Storrs）让马什皮广场（波士顿以南约 105 公里）中一度破败的新西布里购物中心发生了翻天覆地的变化，因而受到了举国关注。两条相交的新街道——市场街和尖塔街——在原镇中心后面形成了一个新的核心区。这个核心区里有零售商店（有的楼上还有公寓）、办公楼、餐馆、银行、邮局和多银幕影院。图书馆、教堂、学校、警察局和消防站也都聚集在附近一个城镇广场的四周。

零售区的初步改造进入正轨之后，安德雷斯·杜安伊和伊丽莎白·普拉特－兹贝克被请来组织一场公共研讨会，为核心商业区周围规划一个新社区。最后形成的总体规划增加了一些零售商店、办公楼和一些住宅组团。其中混合了小地块的独户住宅、联排住

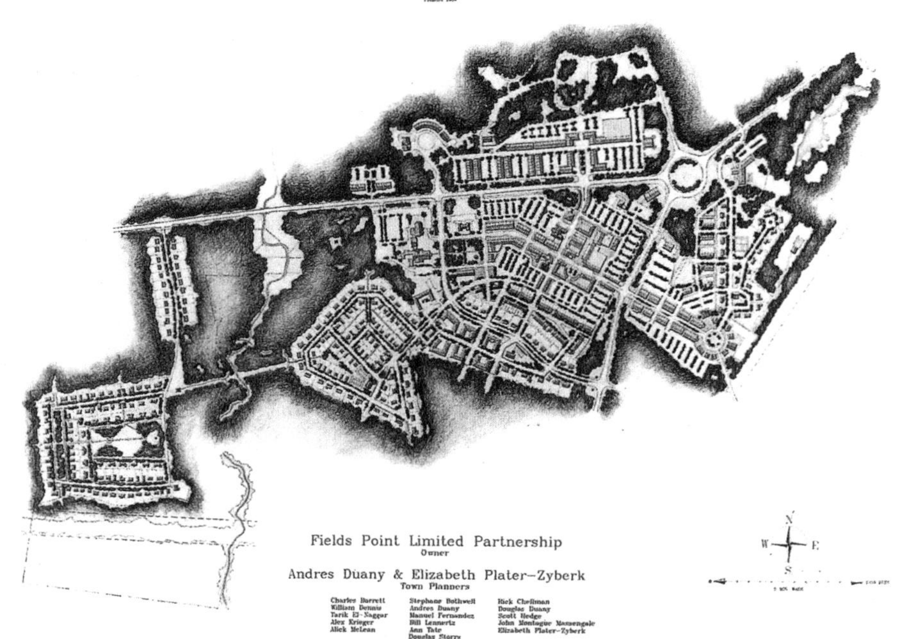

马什皮广场的规划中最显眼的是一个交通环岛（上图），它连接着向五个方向辐射的道路。原西布里购物中心（左图）建于 20 世纪 60 年代（左图），位于环岛的八点钟方向。尽管照片中能看到的大部分都保留下来，商店后面新建的建筑（对页）已经形成了一个全新的、更适于步行的街道网络。

城镇广场（下图）位于尖塔街西端，其中有计划修建的市政厅、教堂（图中最右侧）和公共图书馆（未画）。

这个公共空间将成为马什皮镇的市政中心。这个镇子散布在 5900 多公顷的土地上，一直没有一个确定的中心。

鉴于马什皮镇缺乏市政设施，马什皮广场的规划者认为这倒是一个刺激这个区域形成丰富的公共生活的机会。在乡镇中心聚集了这些公共设施，是为了对周围的商业和居住活动形成补充。

镇广场上这些公共建筑所在的场地是开发商捐出来的。一笔不错的土地交易促成了当地的教会把教堂建在这里。

北市街（右方上下两图）是由马什皮广场原有的零售区扩张而来。大型商铺紧靠小镇主路排列，让商铺非常显眼。

和一般的商业购物街不同，这里的建筑离道路很近，周围是有树木环绕的停车区。按照这样的布局，商店的实体形态和琳琅满目的商品成为了很好的广告。

宅、后院附属住房和商铺楼上的公寓等。地块和房屋的面积根据居民的年龄段、收入水平的不同而有所变化。每个住宅组团中心都有一片社区绿地，那里通常也是镇上的公共建筑所在之处。

马什皮广场目前主要集中于建设其中的零售、办公和社区建筑。这里目前已经建成了成熟的商业中心，其中有各类商店、服务和市政设施，而且离规划的住宅区只有较短的步行距离。

这个村分期开发的方式与大多数战后郊区的开发模式相反。按照后一种模式，大片的住宅往往最先在镇子边缘地价不贵的地方建好。然后，有了足够的市场需求之后，就会产生大片仅仅用于零售和办公的低矮建筑群。

马什皮广场中非常规的“零售先行”策略让人想起很久以前就得到证明的一个模式——在两条行人众多的道路路口设立乡村商店。后来，商店旁边会出现住宅，然后是铁匠铺、旅馆，又一家商店，更多的住宅、银行，如此等等。在这个模式中，就像马什皮广场这样，增长以一种更加敏感、均衡、循序渐进的方式对市场的力量做出回应。

马什皮广场村包含四个小邻里，每个邻里的中心都有公共开放空间。住宅组团中已经规划了多个位置用于新建社区建筑。

怀庭绿地（下方左图）就在镇广场西边，主要是小地块的独户住宅。它的中央广场上规划了一个会议厅。

乔布斯绿地（底部左图）位于村里主要商业区的南边。这个邻里有着独户住宅、联排住宅和公寓。马什皮工地村的议会厅规划建在这里。

大脖子环岛（下方右图）位于马什皮村中心的东南方。它由小心商业建筑组成，楼上都是公寓和办公场所。

夸什内场（底部右图）位于马什皮广场的西边，是村子住宅区中最有乡村气息的地方。这里的独户住宅都面朝着广阔的绿地。

马什皮广场的居住建筑大量借鉴了科德角村的建筑。理性而紧凑的新英格兰盐盒式建筑是一种最基本的民居类型。设计团队画了多种立面图（左图），想用来说明不同类型和大小的房子如何能在村庄街道上共存。庭院公寓（底部右端）两侧有延伸的侧翼，是为了呼应周边独立住房的形式和尺度。这一设计手法让大型建筑看起来显得小了一些，这样就不会对周围的房子产生压迫感。

马什皮广场改造后的商业区以市场街和尖塔街十字为中心。这里的建筑包含着老一代新英格兰城镇常见的实体的和符号的特征。

由本地建筑师托尼·费拉加莫设计的邮局本来很不起眼（下图），但是因为两侧对称的店面而变得突出。小广场就让它得到进一步的强调。

街对面，比尔·丹尼斯设计的古典主义门廊（下方右图）成为街区中间拱廊的入口。以红砖为外墙的银行和办公楼（底部右图和对页），都出自今井兰道之手，紧靠在市场街和尖塔街十字周围。

砖石结构的银行办公楼一直就是小镇主街道的标配。在联邦银行保险出现以前，银行营业楼的形象和外观传达着这家机构是否可靠的信息。

尽管时代（以及银行业）已经变了，但是马什皮广场的开发商把精心设计的银行放在村庄最显眼的路口处，想以此来延续这个传统。

STOP
STOP

Cest Si Bon
BAKERY

新的零售街（这两页）为逛街购物提供了一个平易近人而友好的地方。建筑离街道和人行道都很近。街边停车拉近了购物者和商店的距离，并且在行人和移动的车流之间形成一道缓冲带。

街边的树木、长凳、店面、人行道和遮篷等都有详细的设计，一边给行人创造一个舒适而愉快的环境。

因为当地强制的 12 米后退距离会让建筑没法与人行道离得那么近，于是开发商选择保留所有街道的所有权。

由于功能分区的原因，这些街道被划定为镇中心的内部交通和停车系统。

普莱亚维斯塔

洛杉矶，加利福尼亚州，1989 年

洛杉矶长久以来被视为美国汽车文化的圣地，所以这个区域似乎不大可能出现主打步行独立性和生态敏感性的新社区。开发商称其为“对战后主导南加州增长的传统郊区开发模式的不同寻常的反叛”，普莱亚维斯塔代表了为反转当今无处不在的、具有破坏性的、汽车主导的蔓延模式所做的努力。

规划的这个社区位于威尼斯、玛丽安德尔湾和卡尔弗城之间的霍华德·休斯机场和飞机制造厂旧址，其中涉及了多种规划和环保措施。之前的很多开发方案因为过度商业化而遭到周边居民的反对，而目前的这份总体规划则混合了多种土地用途，很接近真正的邻里。

与原来所做的工作相比，最终得出如今这份方案的设计过程本身，就对区域发展问题和当地的关切有着更多的回应。在设计的各个阶段，开发商都邀请了曾经对原来的方案提出反对的社区团体参加。虽然每个团体都有各自关切的问题，但在一些基本问题上也有着共识。这其中包括：要对片区中一块退化的湿地进行扩充和恢复，必须建立与周边社区相协调的建筑高度标准，以及要尽量降低开发对当地带来的交通影响。

针对这些关切，开发商组建了一个规划团队，由那些愿意与市民一起做出创新性成果的人组成。这个

普莱亚维斯塔的总体规划（下图）将一系列的邻里布局在由街道、开放空间和公园组成的系统之间。规划充分融合了多种用途，与原有的用地规划（右图）形成鲜明对比。后者的用地模式在传统郊区开发项目中非常典型。

村庄中心（对页）是这个规划的焦点。这是社区比较稠密的区域之一，在较小的范围聚集了居住、零售和市政用途。

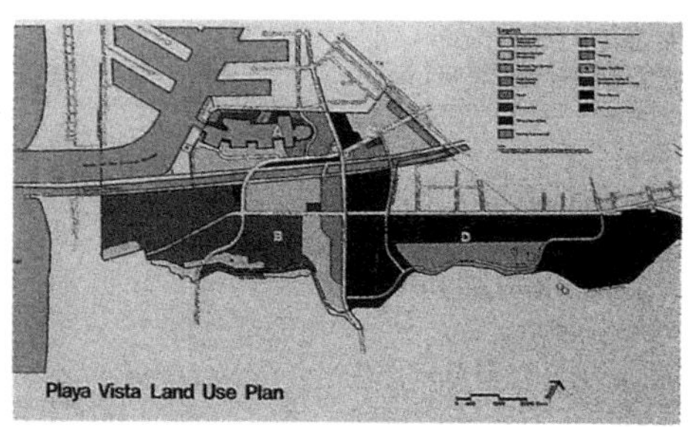

普莱亚维斯塔 440 公顷的场地（左图）就在海滨社区普拉亚德雷向内陆更深一点的地方。这块地是霍华德·休斯 40 年代为了建休斯飞机制造厂和跑道而买下来的。具有传奇色彩的“云杉鹅”运输机就是在这里的一个大机库中建造的，这个机库现在还保留着。

现在四周都是住宅、商业和工业用地，这里已经成为洛杉矶最大的一块未充分利用的土地。场地西边的巴罗纳湿地是南加州现存不多的潮沼。按照规划，超过 105 公顷的这一独特的自然生境将得到修复和保护。

街道和街区的网格状格局对塑造普莱亚维斯塔的城市特征起到了重要作用。规划希望通过这些元素的大小和形状来平衡行人和车辆的需要。

规划选用南北向的网格来优化朝向南面悬崖的视线。

普莱亚维斯塔的生态系统（底图）是经过深思熟虑的。在废料废水处理、废水回收、雨水收集和循环中都使用了最先进的技术。

内部的公共交通系统适用的是电能或天然气车辆，自行车道为社区内部出行提供了方便的替代选择。

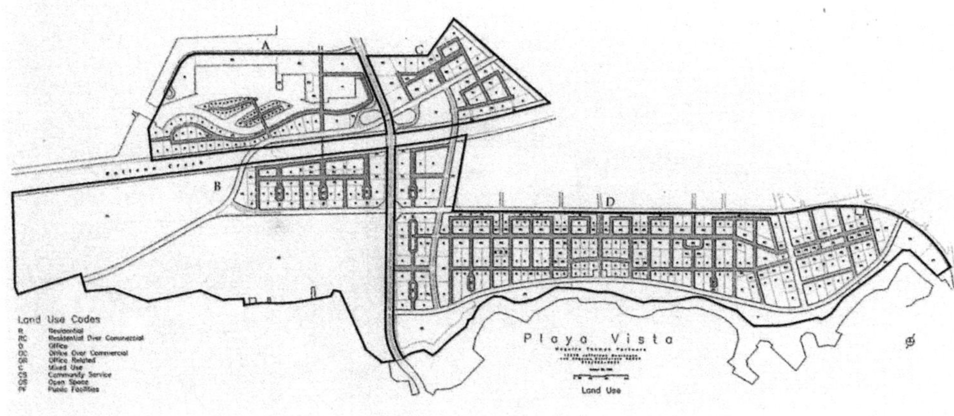

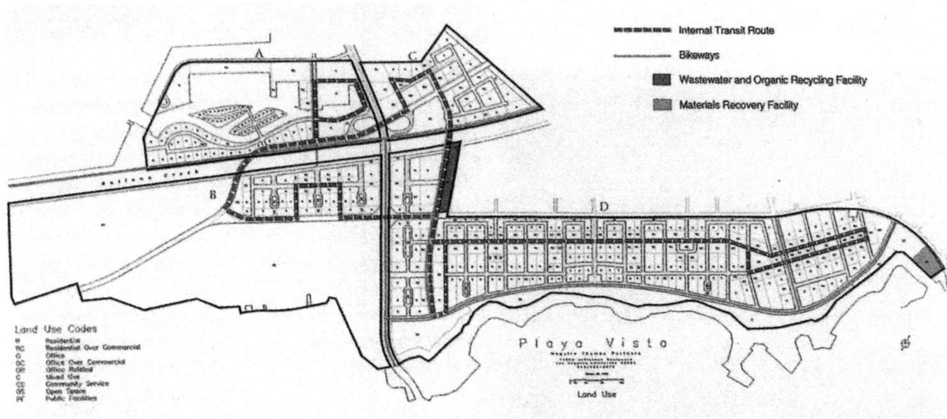

团队包括伊丽莎白·穆尔和斯特法诺·波利佐伊迪斯（Elizabeth Moule and Stefanos Polyzoides）、摩尔·鲁布·亚戴尔（Moore Ruble Yudell）、安德雷斯·杜安伊和伊丽莎白·普拉特－兹贝克，以及李格瑞塔（Legorreta）等建筑设计事务所以及景观设计所汉娜/奥林（Hanna/Olin）的负责人。

这个规划团队与其他专业的顾问共同组织了一系列工作坊，参与者包括社区代表、当地政府和环保团体。因为这些有着广泛参与的活动，市民的关切在规划阶段一开始就直接得到了处理。

最终形成的普莱亚维斯塔总体规划勾画出一个中低层建筑均衡分布的社区，而且特别强调预留广阔的公共空间。和南加州很多受人敬仰的城镇一样，普莱亚维斯塔的街道和公共空间具有鲜明的等级体系。尽管这里主要是住宅，但也包含了其他用途：办公、零售、娱乐、文化和市政等。每个邻里中，在舒适的步行距离内就提供了多种功能。规划中还包括了几个专门的功能分区，比如办公园区、村庄中心和码头。

普莱亚维斯塔有超过一半的地方被留作开放空间。其中既有大型公园和操场，也有小型的社区公园和广场，还有骑行道、跑步道和漫步道。修复的陡岸、湿地保护区和河岸走廊都承担着社区绿带的功能。

普莱亚维斯塔的环境管理项目的特色之处在于采用了最先进的方法回收废水废料，而且使用自然系统净化雨水。社区提供并鼓励在社区内外使用除驾驶私家车以外的其他方式出行。街道设计同时照顾到行人和车辆通行的舒适和安全。规划中还有低排量的内部摆渡车服务，用来连接区域性公共交通系统。除此之外，规划还积极推动拼车、共乘和公共交通激励措施。

普莱亚维斯塔因为其具有“为落实区域政策做出巨大贡献的潜力”受到南加州政府协会的嘉奖。环境影响评估报告已经公布，项目第一期（占普莱亚维斯塔最终建成面积的 25%）预计将在 1993 年获批。

普莱亚维斯塔一半的地都留作社区的开放空间和公园。

区域性开放空间区域（下图）包括 105 公顷的巴罗纳湿地保护区和韦斯特切斯特悬崖（Westchester Bluffs）沿线的连续绿带。40 多个小型社区公园（底部）分布在街道网格之中或周围。

本页后面：这份详细规划确定了项目的开放空间网络和公共景观。街区和单独地块的排布可以容纳多种不同的开发密度。

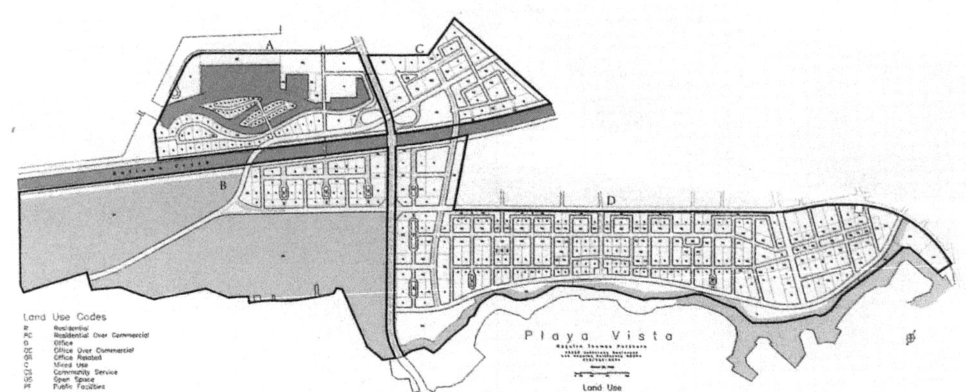

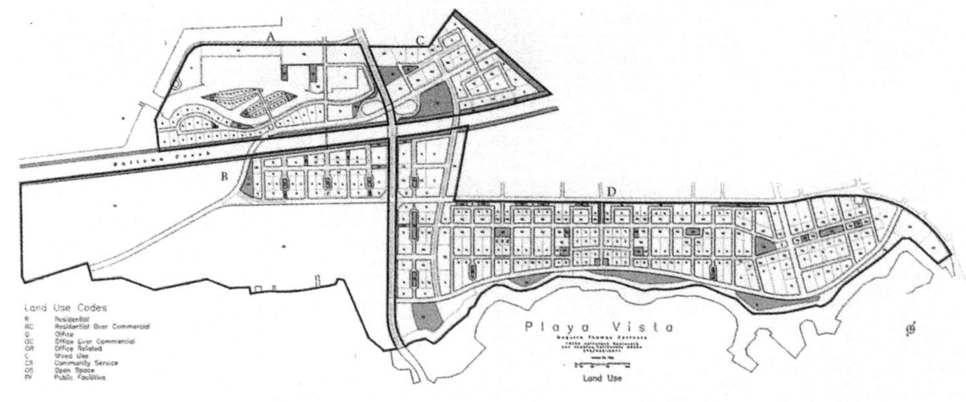

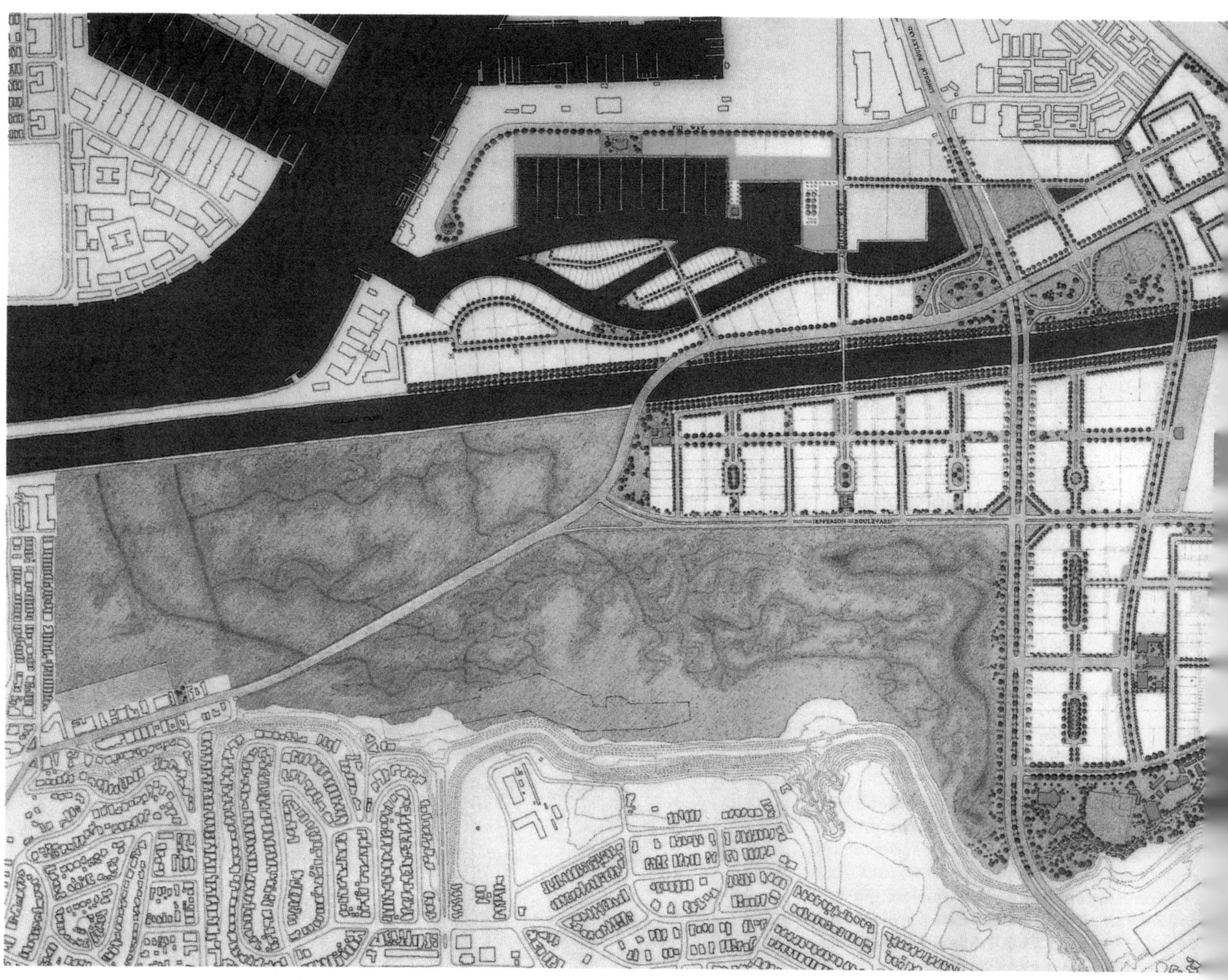

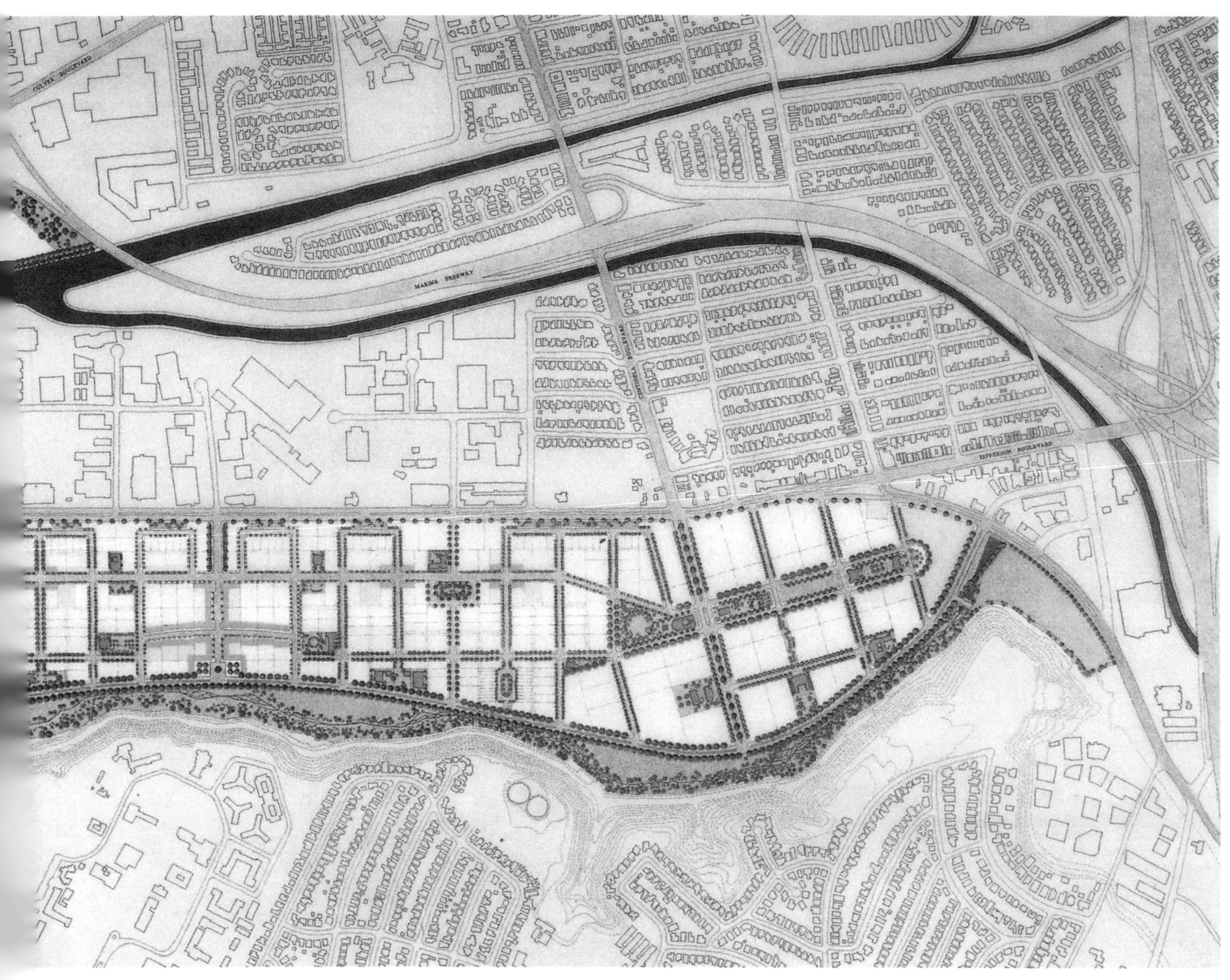
CULVER BOULEVARD
MARINA FREEWAY
CENTINELA BOULEVARD
JEFFERSON BOULEVARD

普莱亚维斯塔的公共区域是由现有的和规划的多种元素所划分的。巴罗纳运河（左图），最初是陆军工程兵团开凿的，后来在河畔增加了休闲空地。

扩大和修复的巴罗纳湿地（底部左图）充当着社区的一条绿带。一条滨水廊道（下图）使用了自然过程来处理径流。邻里公园（底部右图）经过精心设计，充分考虑了它们与周围建筑的关系。

社区街道的细部装饰非常讲究（例如右图）。为了减少社区内的汽车使用，步行环境的品质和功能也是比较注意的。

人行道、车道、路缘、路灯、绿化等街道设计标准（下图，典型的路口平面图）是吸收了很多用户团体的建议得到的，其中包括视障和四肢有残疾的团体。

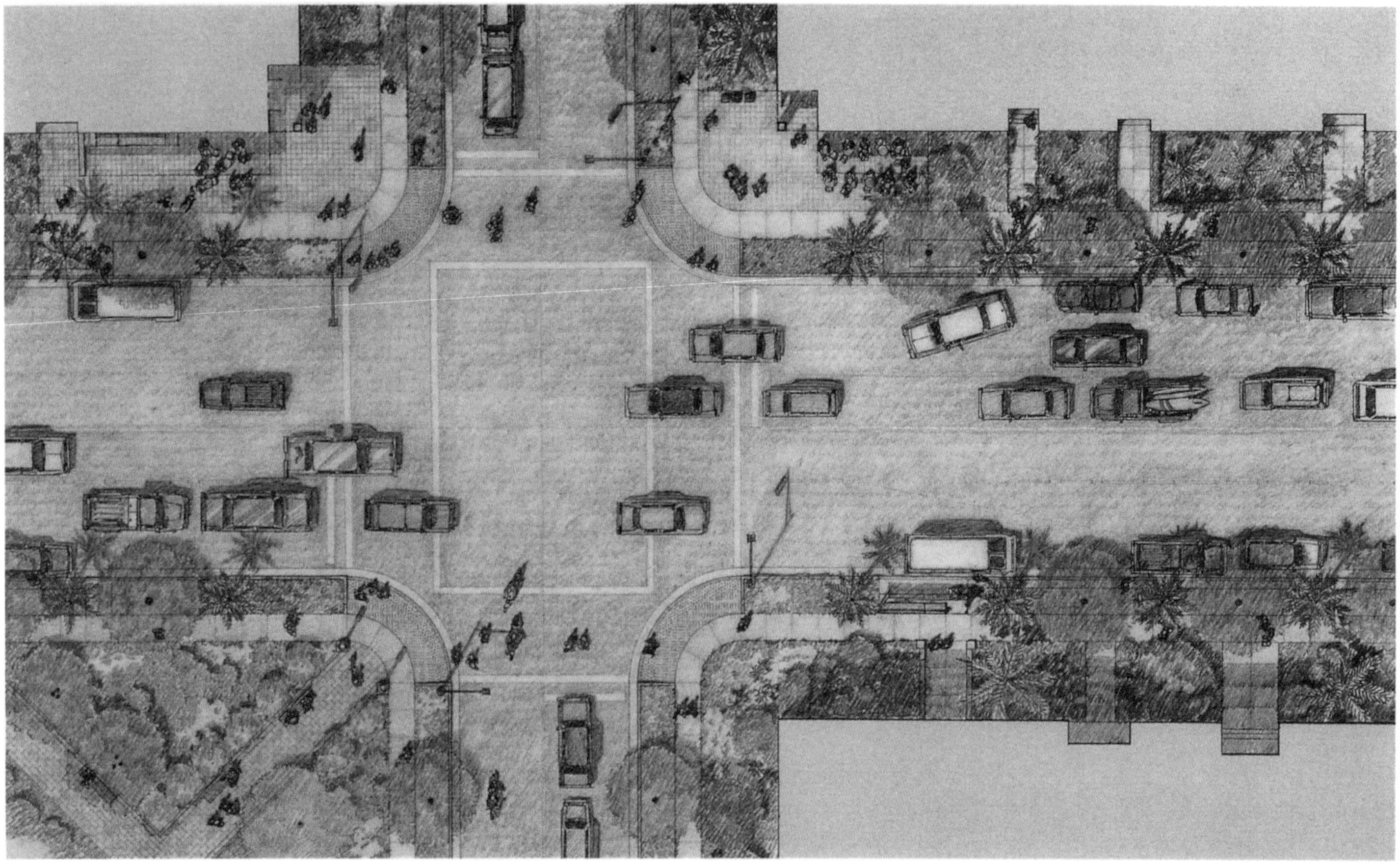

普莱亚维斯塔的每个居住邻里都有着各种特色的特征，主要体现在实体布局和与场地主要特色（湿地保护区、码头和韦斯特切斯特悬崖）的距离。

市政、文化和零售建筑围绕的小公园（下方左图和右图）是赋予社区各个邻里以特色的另一元素。

普莱亚维斯塔中13000多套房子里包含各种多户住房，有庭院公寓、联排住宅、四户住宅、复式住宅。其中的15%是经济适用房。

多个“示范小区”已经设计出来（底部右图），用来测试这个社区混合多种住房类型的方案以及城市设计标准。

涵盖普莱亚维斯塔多个居住邻里的详细规划（对页）中充分混合了多种建筑、街道和开放空间，这些都是有生气而多样的社区必不可少的元素。

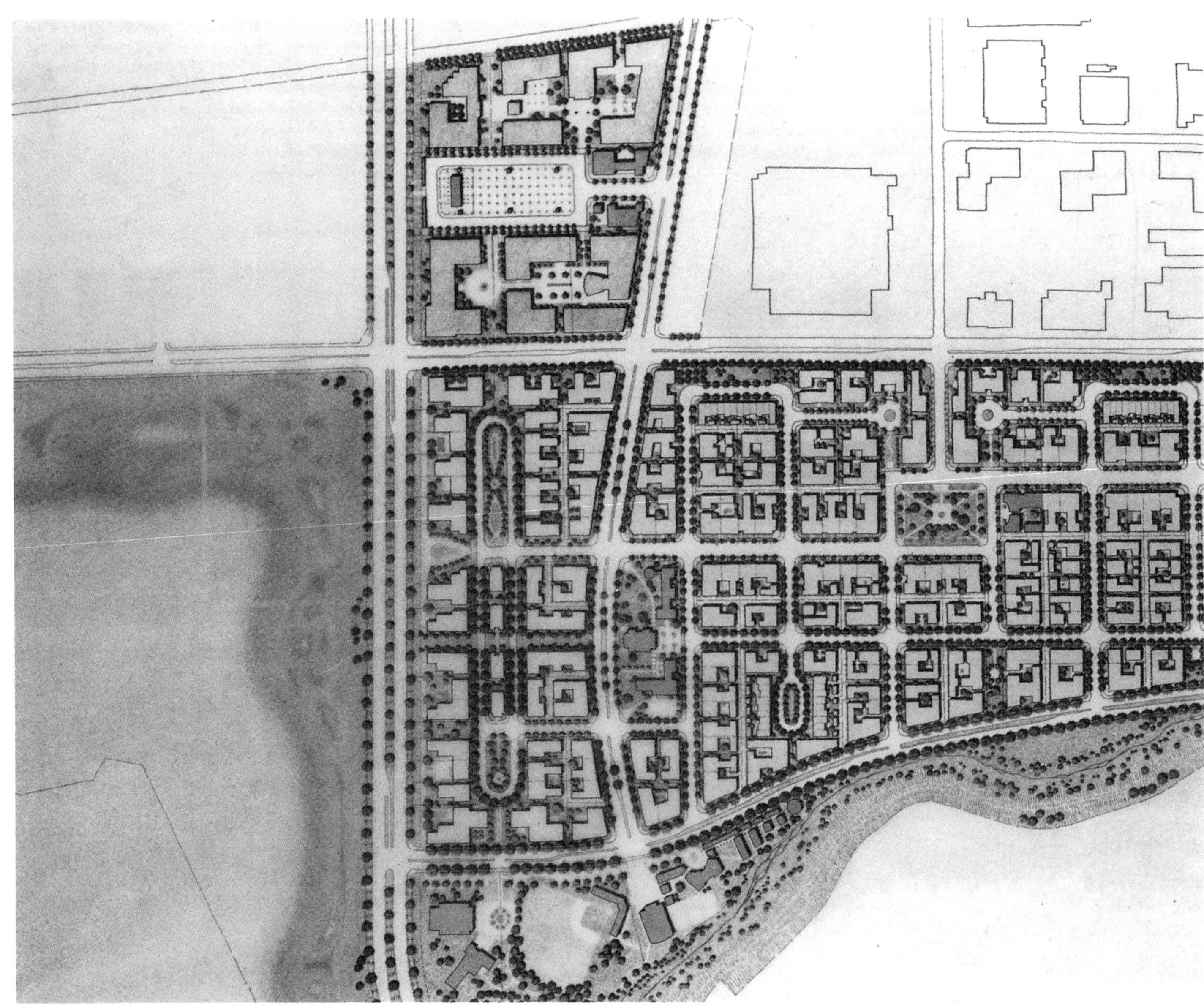

普莱亚维斯塔总体规划中还策划了几个特殊的功能区。村庄中心和码头都将居住功能和其他活动结合在一起，这也成为它们的特色。

普莱亚维斯塔主要的购物区位于村庄中心（见下方平面图）。虽然感觉像传统的主街，但是这个零售区利用了很多大商场的管理和推销方法。

为这个地区策划的中心化管理结构将要协调安保、业态搭配、店面设计、停车场和营业时间等方面。

跑道大街（下图）是普莱亚维斯塔的主干道，这里的街景展示了村庄中心的多种功能。一层主要是商铺，楼上则是住房。

邻里商店（底部右图）在整个规划的一些特殊位置都能找到，通常位于小公园的旁边。

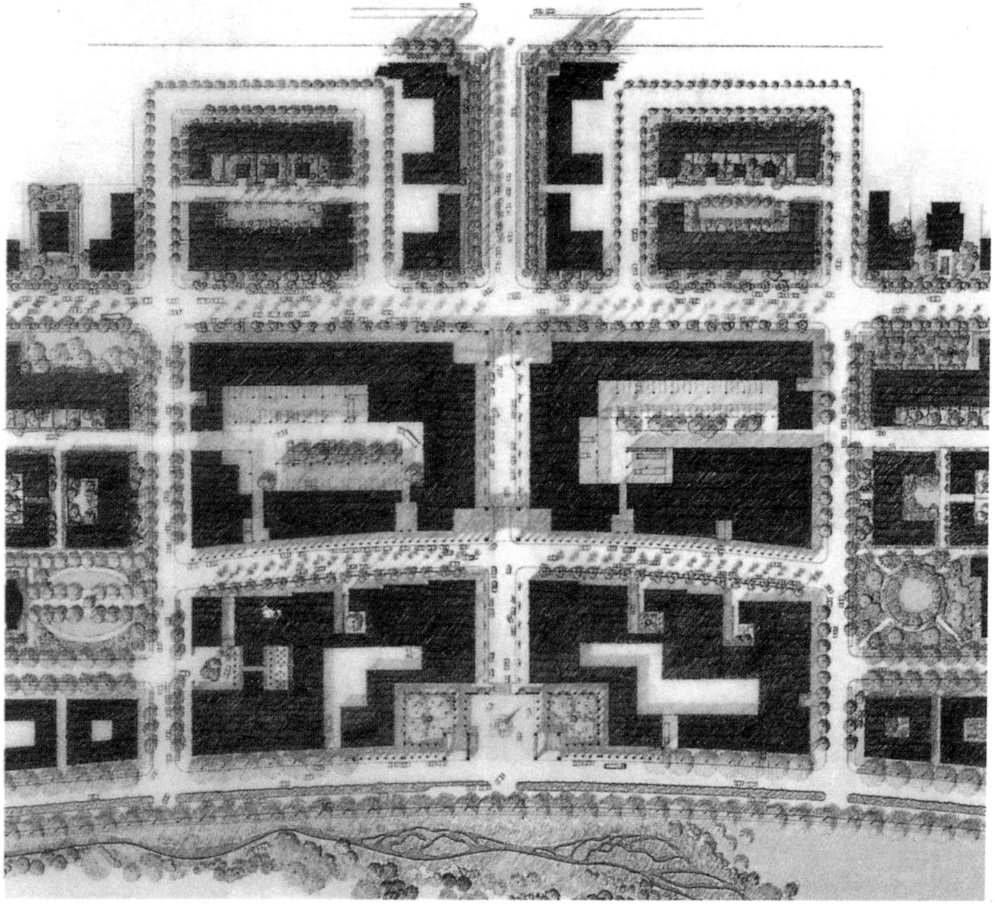

普莱亚维斯塔的码头区（本页）兼有公共船只停泊设施，以及住房、酒店和商业用途。3200多米长的海滨步道（下图和右图）提供了绵延不断的亲水通道。

两个小岛（底部左图）的中心有公园，并建有普莱亚维斯塔唯一的一片独栋别墅。有商店和餐馆围绕的大广场（底部右图）开口朝向片区北边的海湾。

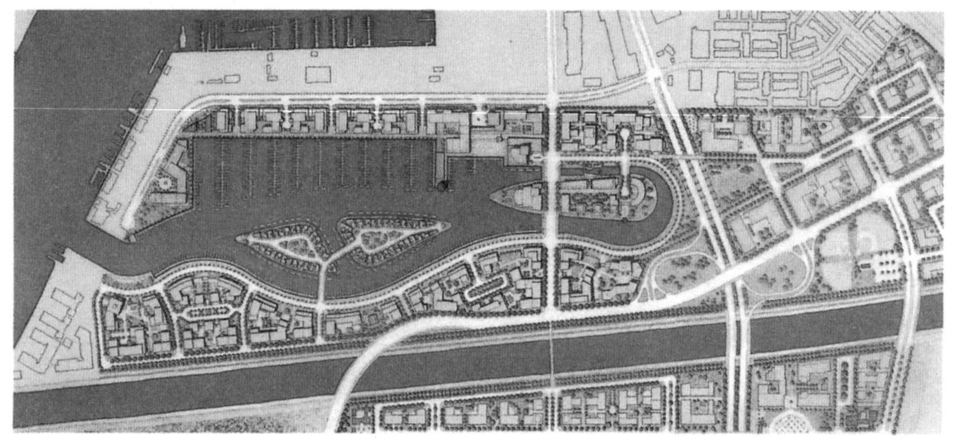

这份普莱亚维斯塔规划中，办公功能散布在整个场地的各处。最大的办公区位于社区的东边，邻近圣迭戈高速公路。这片占地 32.5 公顷的办公空间是按照办公园区规划的。这里的街道和街区是围绕一条中央林荫道组织起来的。零售商店、餐馆、市政建筑和文化设施（红色标出）穿插于办公园区的建筑之间。附近的居住邻里都在舒适的步行距离之内。这一带稍微大一点的街区可以更好地容纳大型建筑以及与办公场所相适应的停车容量。

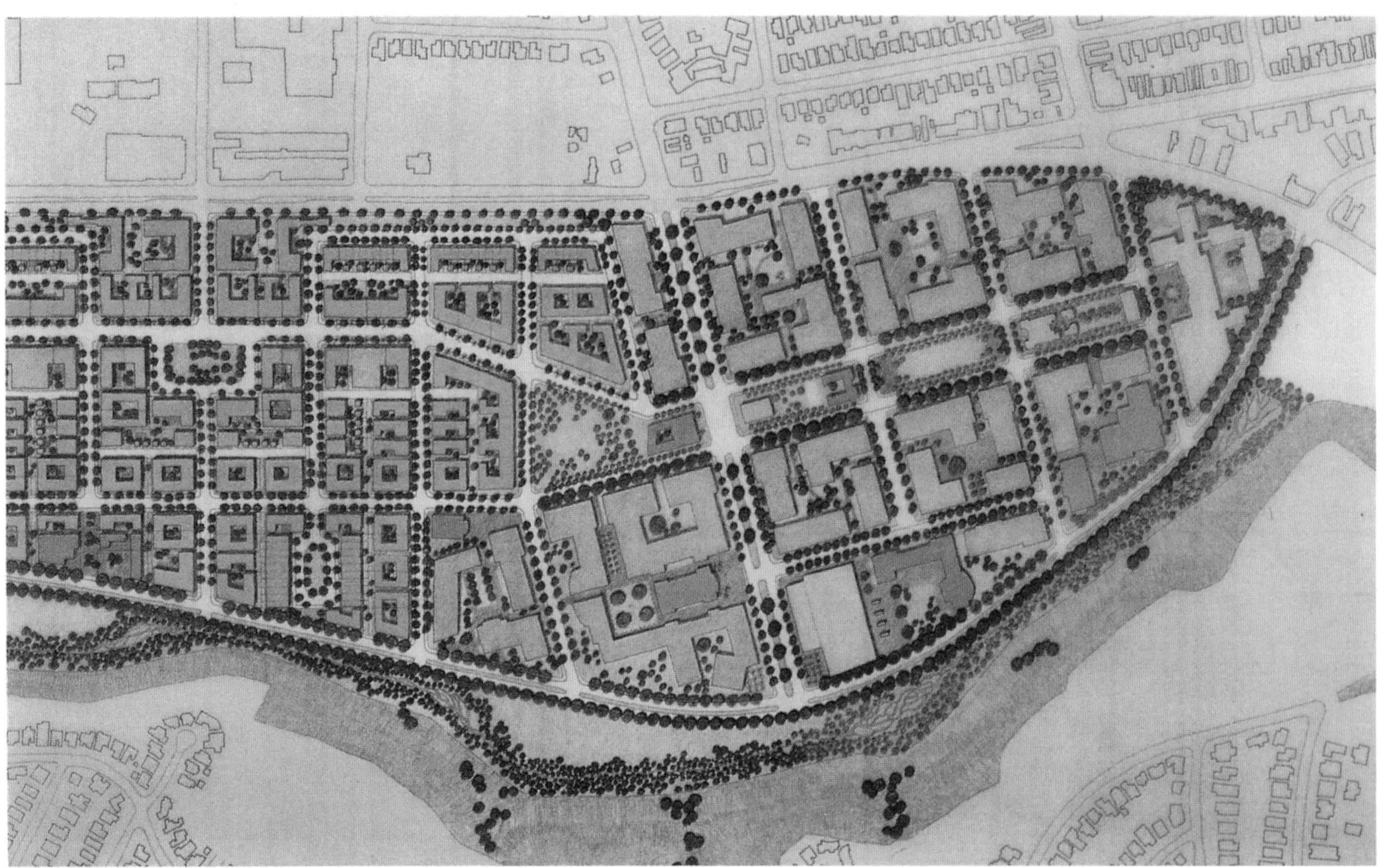

中低层办公楼（本页）位于街区边缘。这样的布局让每个街区的中心都形成一个庭院。

就像传统的大学校园那样，这些半公开的空间是为了方便步行和交往而设计的。

VIDEO
.CAFE.

杰克逊 - 泰勒

圣何塞，加利福尼亚州，1991 年

杰克逊 - 泰勒社区最早是为圣何塞地区一度繁盛的果园和农场服务的食品加工中心，而现在可以说是个“两不靠”的地方。它包括两个少数族裔社区（一个是日本族裔，一个主要是西班牙族裔）的边缘地带和一个历史性街区，这里聚集了全市最多的维多利亚式住宅。这里的工业还保留着，但是已经迅速让位给小型孵化器和专业企业。它们被吸引过来是因为工业建筑方便进一步细分而且租金也低。

一条未充分利用起来的铁路线贯穿整个社区，它也许在未来会用于通勤。约 30 公顷的杰克逊 - 泰勒地区与通讯山（见第 79 页）等铁路沿线周边的社区一起，被圣何塞市确立为深度开发区域。

区域内共有 1600 套住房和 5.1 万平方米的零售、办公和工业用地。卡尔索普事务所编制的这份总体规划，体现了由社区团体、业主和热心市民组成的广泛联合体的参与和投入。这个按计划逐步实施的方案会遵循一系列详细的建筑规范。虽然这个项目的目标是创造一个活跃而有生气的邻里核心，但是为这一带所规划的建筑类型格局却试图与附近的居住邻里做到无缝融合。

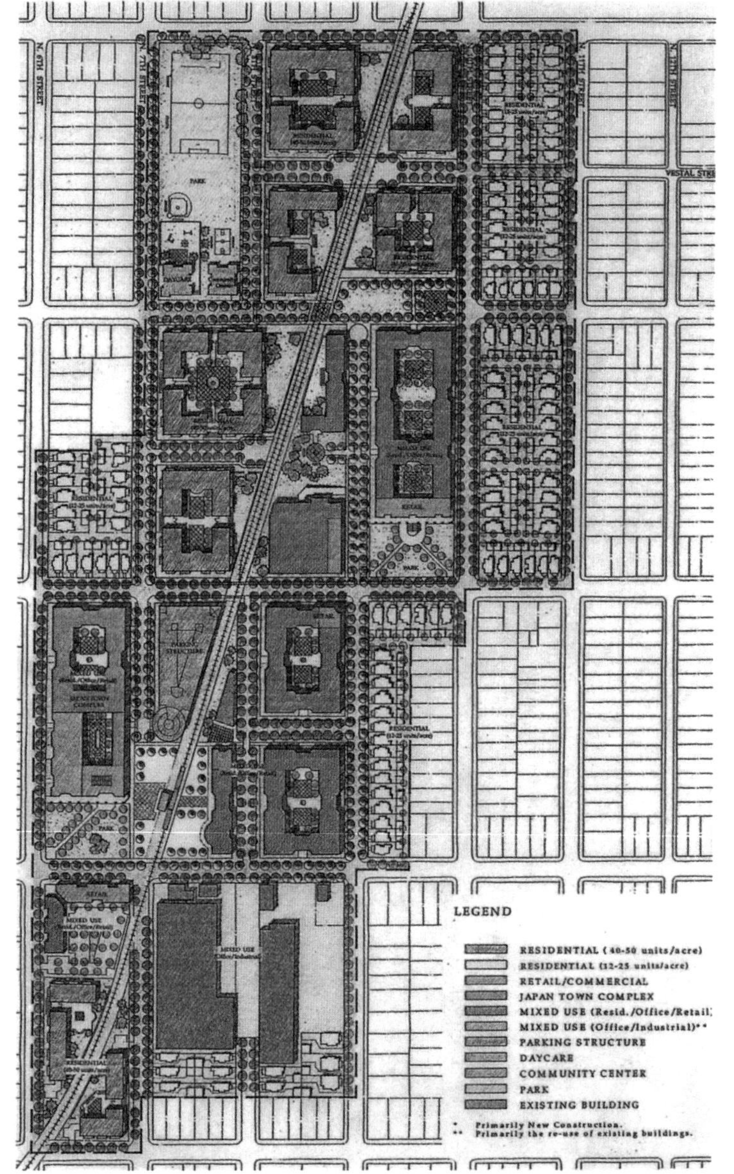

杰克逊 - 泰勒社区规划（左图）在原来周围都是住宅（上图）的轻工业区（最上图）中插入了一个中高密度的混有住房、办公和零售的多功能核心。社区中心附近的建筑（对页）面积较大，而越往规划边缘，建筑也逐渐变成较小的住房（图中中部）。这与附近独户住宅的尺度相对应。

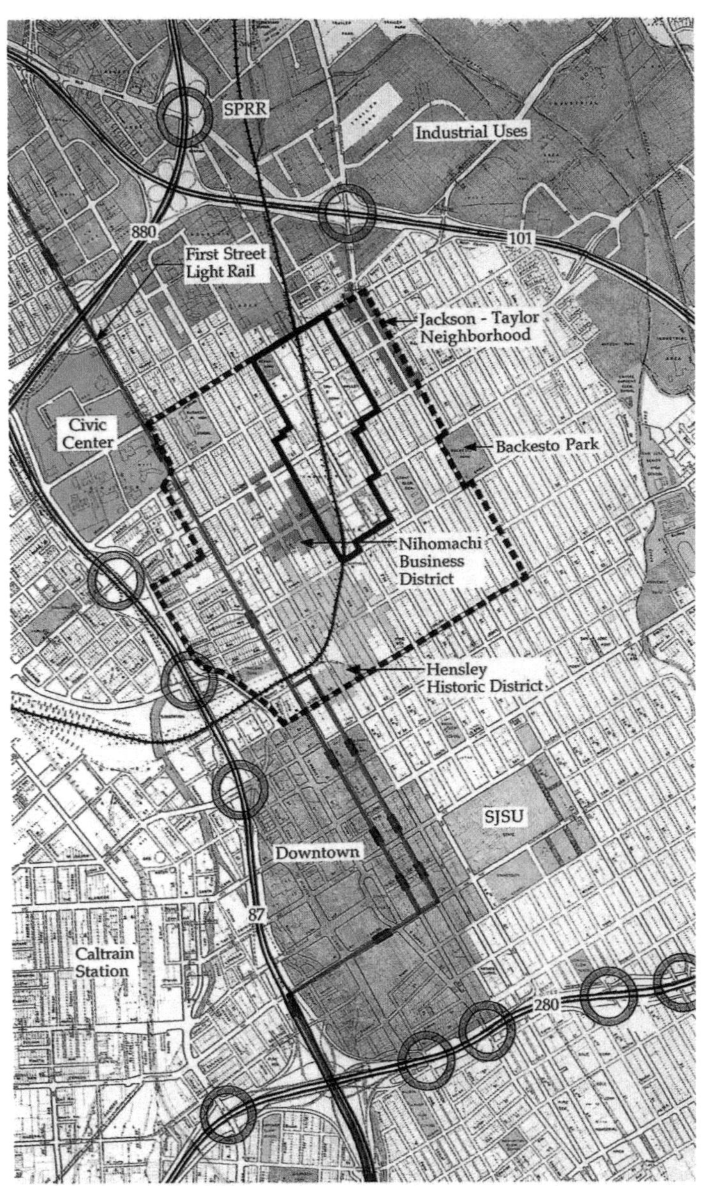

圣何塞多个有名的历史悠久的少数族裔邻里都与杰克逊－泰勒（左图）相邻。现有的一条铁路支线也许会成为未来区域性通勤铁路的一部分，这个片区现在有轻轨和公共汽车线路。

有多个替代方案（组合了不同的功能和实施策略）被提出来，以供公众评估和评论。最终的邻里总体规划（前一页）从这些早期的草案中吸收了很多东西。

一种方案（下图）提出对现有的建成区域做最小的改变。它主要着眼于容易开发的闲置地块，因为不会影响到社区的经济和社会生活。

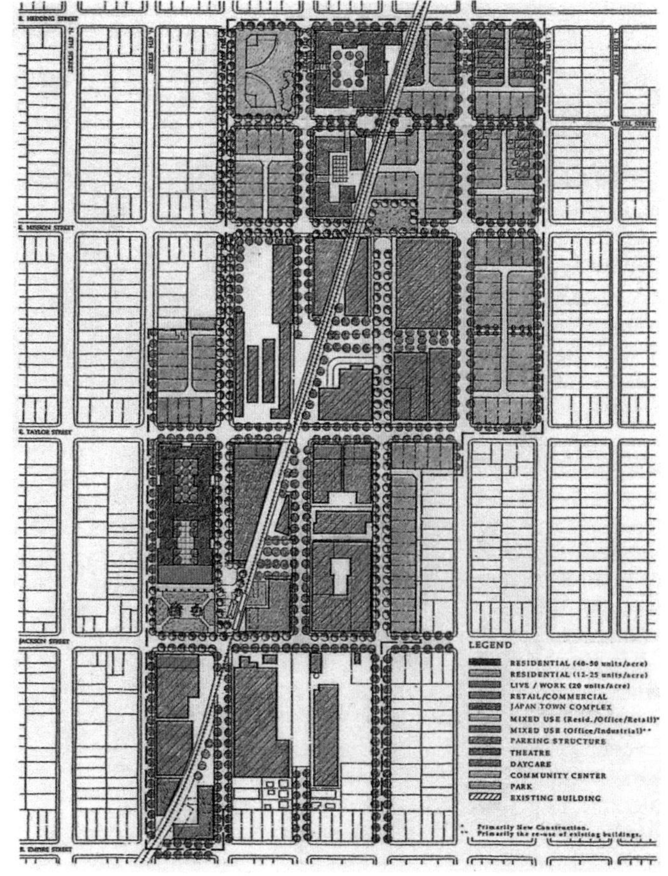

第二种方案（下图）将铁路东侧许多孤立的工业建筑替换成密度更高的多功能建筑。而在铁路西侧，这样的建筑则由多户住房所取代。

一家运行良好的企业，场地南边的一家水果加工厂（底端的深紫色块区），在本页的两份规划图以及最终的规划中都得以保留。

第三种方案大部分是住宅（下图），并且围绕公共开放空间而组织。中心地带有一个小广场，它的三面都是底层商店。场地北边有一个更热闹的公园，占据了整个街区。

这份规划是对圣何塞市将大片住房聚集区安置在通勤火车站附近的策略做出的回应。

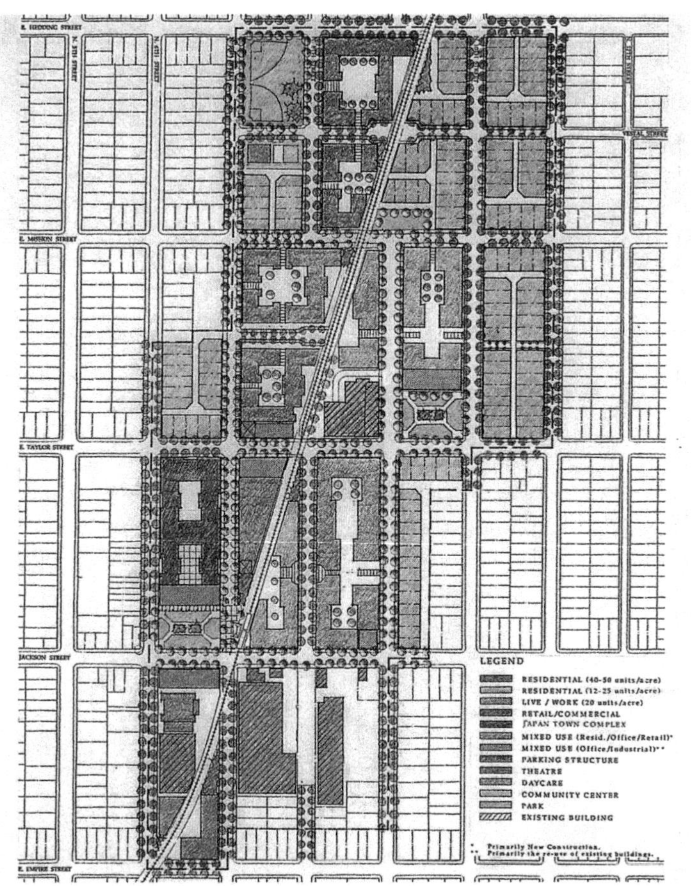

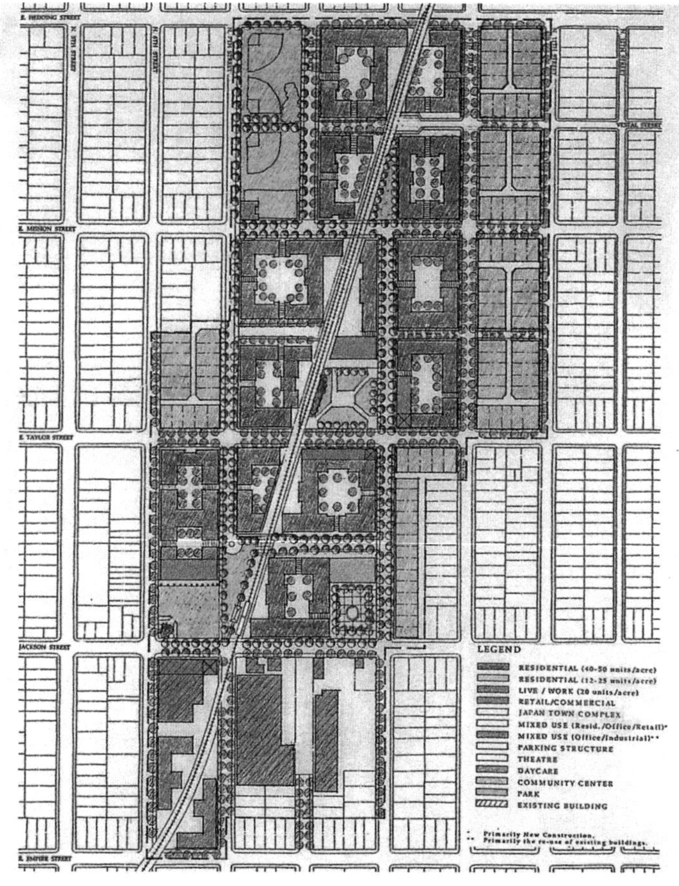

杰克逊－泰勒的总体规划中设计了三种街区。每一种街区都有详尽的设计规范，从而确立了清晰的实体模型。

多功能街区（下方左图和右图）维持了每公顷 100 至 125 户的密度。这些建筑的一楼只能用于商业。楼上除了在二楼还有一些办公场所外，全是住宅。

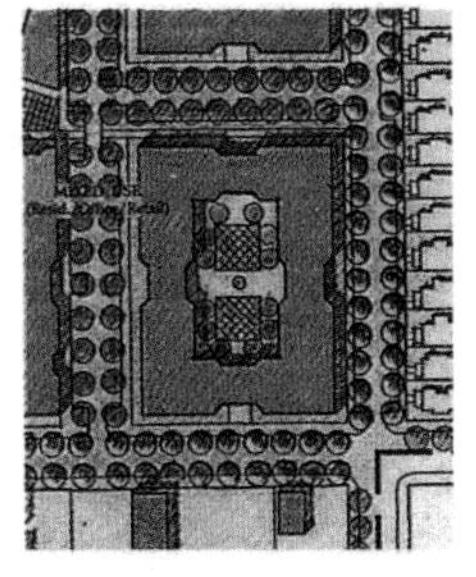

住宅街区（下方右图和右图）也规划了每公顷 100 至 125 户的密度，其中的车库吊层比地面高半层。这对于满足区域内每套房 2.2 个停车位的要求是必需的。

建筑中停车位和入口的聚集方式和位置要考虑地块增加的量和周围的独户住宅邻里的尺度。

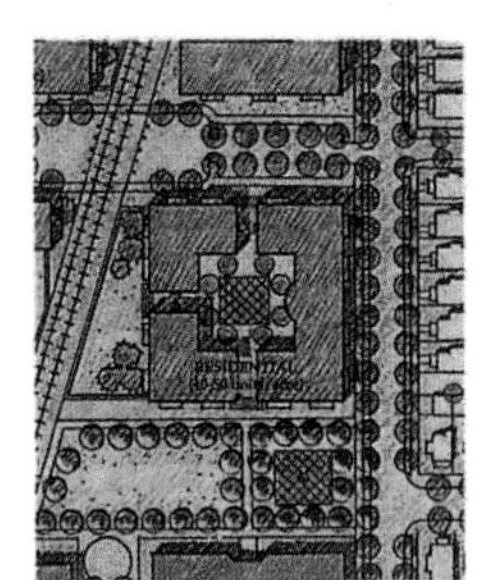

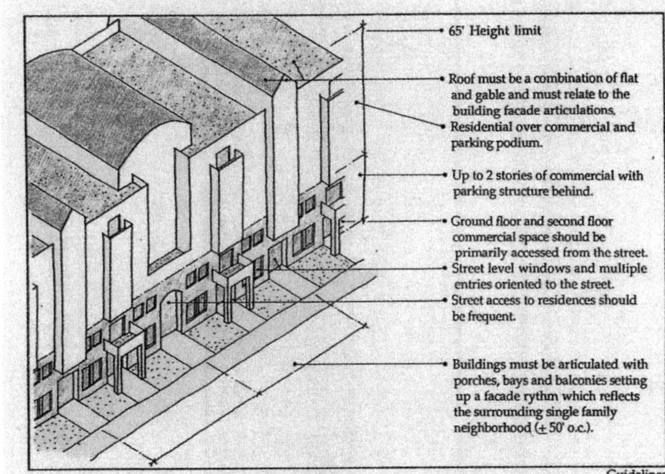

Guidelines

Typical Block Axonometric

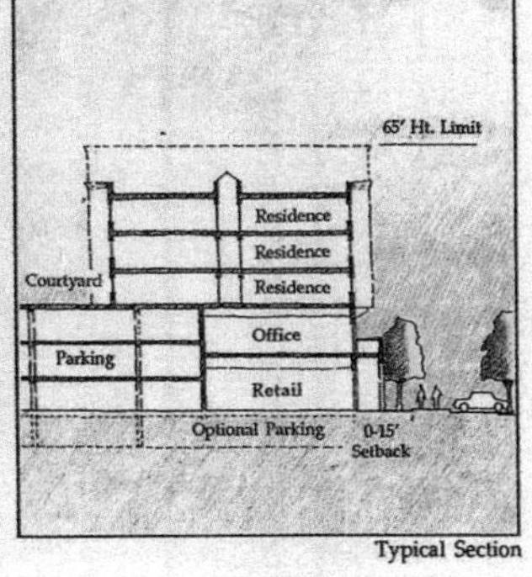

Typical Section

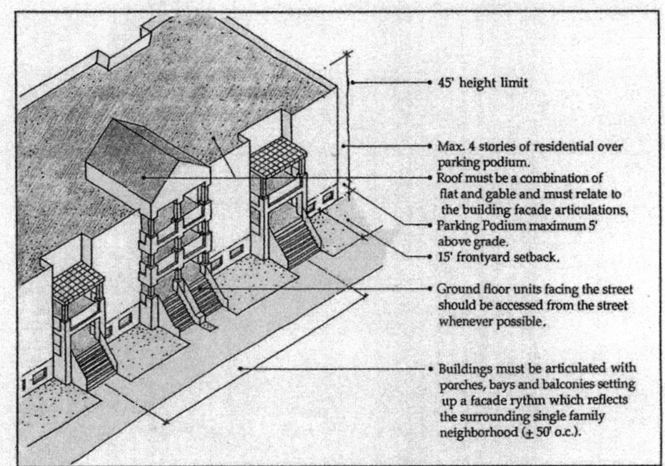

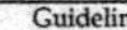

Guidelines

Typical Block Axonometric

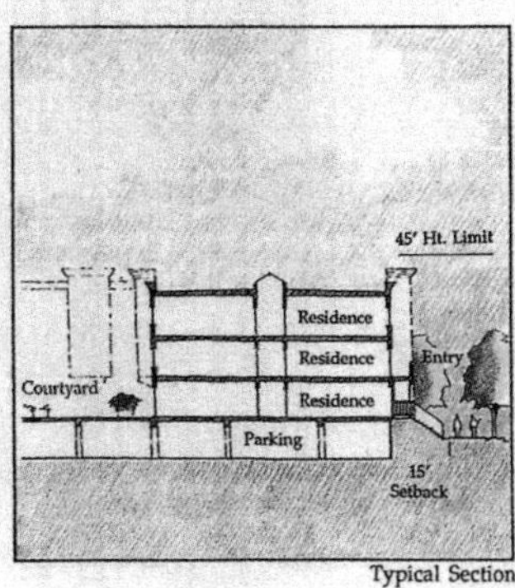

Typical Section

低密度住宅区（下方左图和右图）每公顷有 30 至 62 户。尽管建筑在形式上与附近的独栋住宅相似，但是每个地块可以容纳三套房外加停车位。

这个区域里既有自住房也有出租房。这一策略将按照传统邻里常见的以整块土地为单位的方式实施。

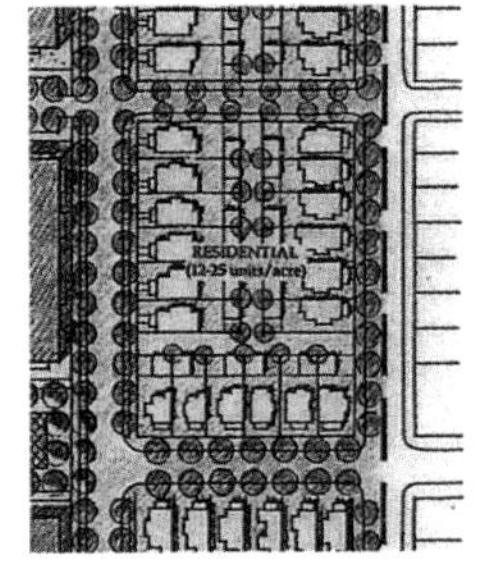

杰克逊－泰勒地区一直以来是工业占据主导，很多年来街道都未能引起足够重视。在有些地段，公共路权被周围的食品加工企业破坏甚至完全侵占。

这份复兴计划的一个元素是把路权交还公用，作为街道或者开放空间。规划提高了街道和人行道标准（下方右图），以便进一步加强该区域对行人的吸引力。

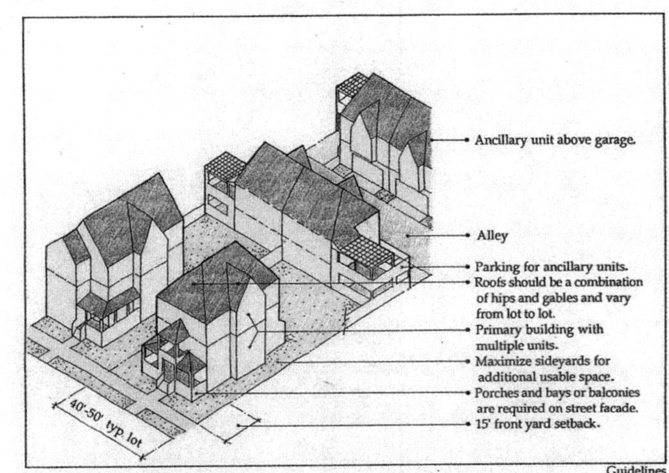

Guidelines

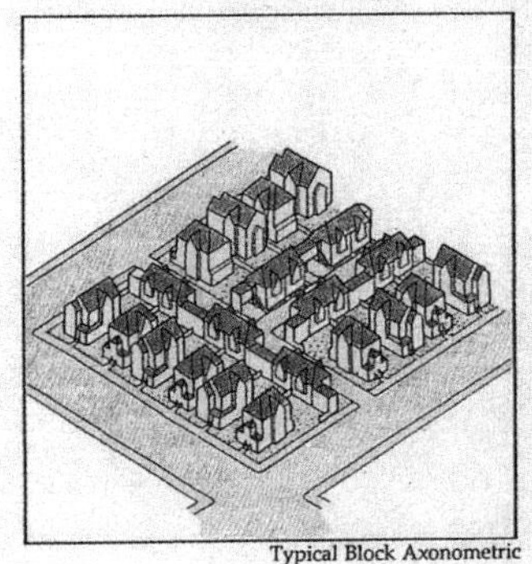
Typical Block Axonometric

Typical Section

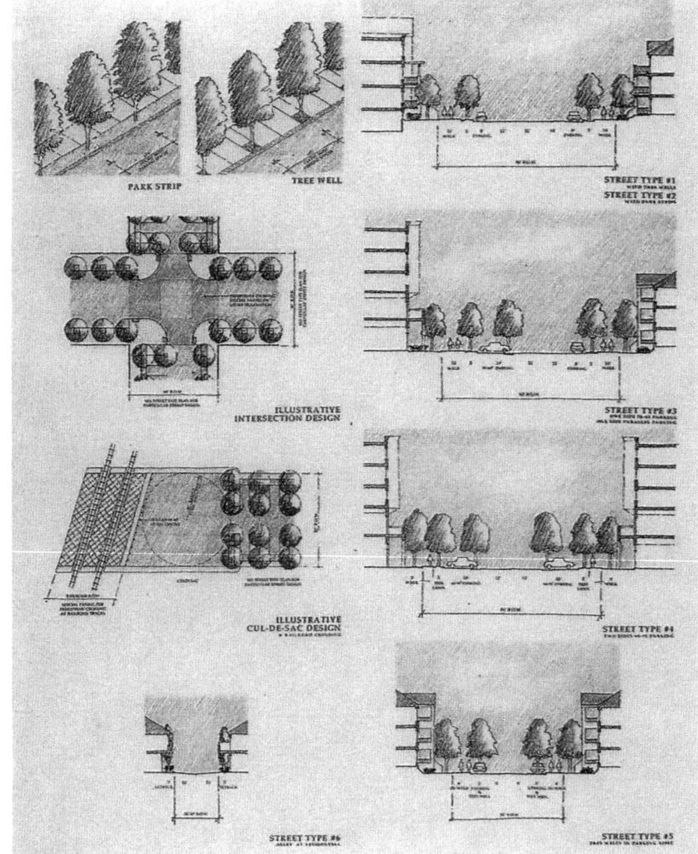

高地区

图森市，亚利桑那州，1990 年

亚利桑那大学（左图）位于图森历史悠久的市中心，校园建筑主要是砖石结构。图森市的街道网格贯穿了校园，一直延伸到校园中央的林荫大道（下图）。

规划的宿舍场地上，现在坐落着许多一两层高的废弃的住宅和服务建筑。

和汤姆斯·杰弗逊设计的弗吉尼亚大学校园一样，亚利桑那大学高地校区（Highland District）的总体规划也属于“学院村”。当年的大学流行盖一栋“昂贵的大楼”，而杰弗逊却提出要围绕一个广场建许多“独立的小房子”。与此相似，亚利桑那大学高地区的设计者也设计了一个低层院落建筑社区，而不是校方一直在考虑的高层大楼。

为了从走读学校变成住宿学校，这所大学开始了一项野心勃勃的建造计划，准备在新校区容纳 3000 名学生住宿。但是，管理层也知道：它们得比普通的大型学生住宿综合楼拥有更强的社区感才行。

伊丽莎白·穆尔和斯特法诺·波利佐伊迪斯提出的方案表明，低矮建筑群可以轻松地容纳与高楼同样的密度，同时还能为学生提供更高的生活质量。对这块 7.3 公顷大的场地所做的初步草案，最终演变为一个“分区”的系列城市设计规范。这个“分区”里既有私人住宅区，也有很多供学生和教职工互动的公共区域。项目中还包括一层的零售商铺、行政办公室、教室、休闲设施和大型停车场等圆素。

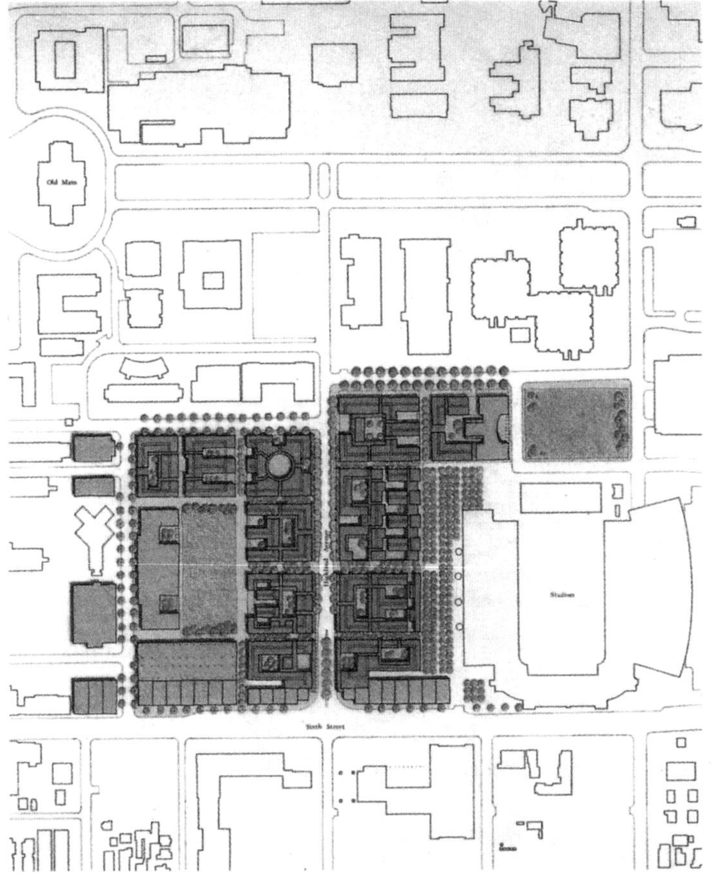

规划的高地校区（对页和左图）包括十二栋宿舍楼、两间公共食堂、一个停车库和两块休闲运动场。这些共同组成了校园新的南面入口。零售店正对着交通繁忙的第六街，一条连续的步行拱廊紧靠在更适合步行的高地大道旁。

高地区采用的建筑、景观和开放空间类型借鉴了图森及其周边地区和与其气候相似的中东和北非地区的众多先例。

伊丽莎白·穆尔和斯特法诺·波利佐伊迪斯画的草图（下图）说明了对这个项目的设计有启发作用的一些特殊来源。

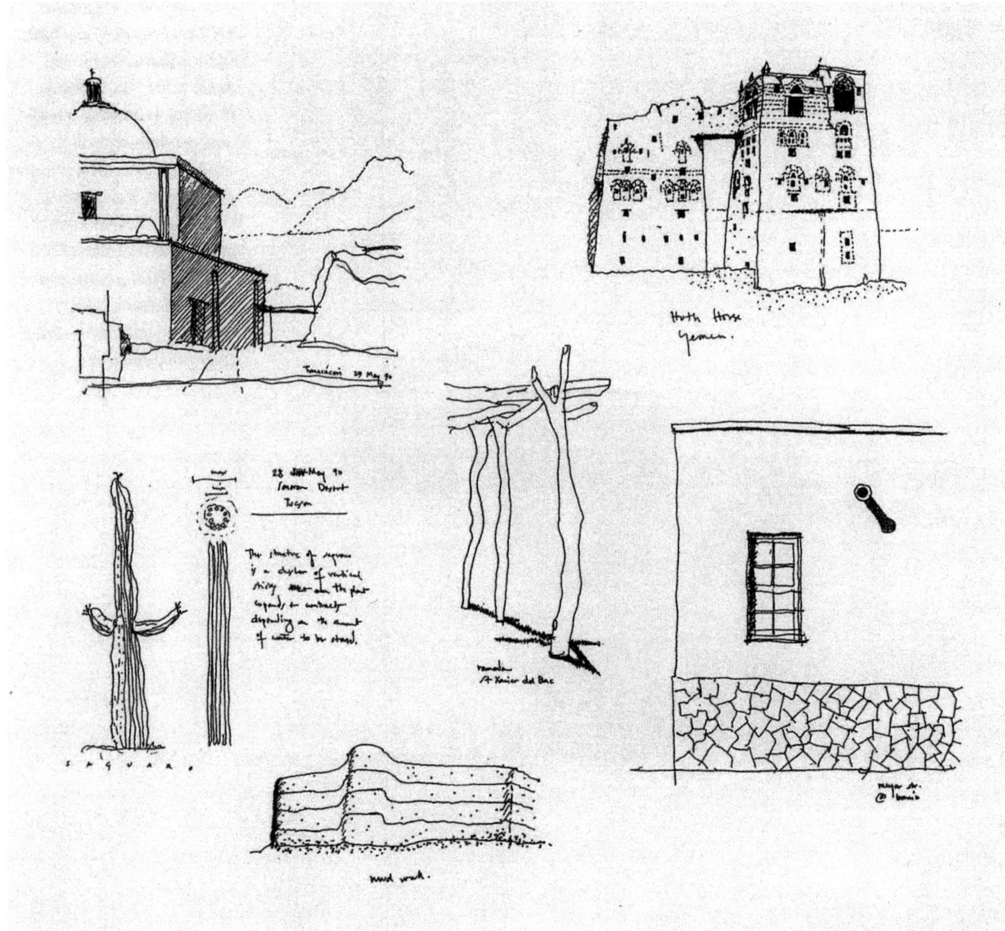

建筑师研究得出的城市设计模型更适应图森市的沙漠气候，而没有照搬典型的美国大学校园。其他校园中常见的那种有景观绿化的大院子和大片的绿草地已经被证明在西南部炎热干燥的气候里难以维持。

高地区的规划让人联想起一个与众不同的城市设计传统。那个传统运用各种节省能量和资源的建筑元素，让沙漠环境变得宜居。就像墨西哥的天井和小巷或者中东要塞里复杂的空间网络一样，这个地区很多小型的“自遮阴”庭院可以促进空气流通，并让阳光在大部分时间里都无法直射进来。石料是最主要的建材，其材质可以起到稳定的作用，能抵抗图森炎热的白天和寒冷的黑夜带来的极端温差。

这个规划的实体结构也能对其社会目标起到强化作用。学生宿舍都聚拢在小型私人花园庭院周围。而离高地大道近一些的更大更开放的庭院四周全是公共空间，其中有生活区和学习区。每栋宿舍楼也像一个界限清晰而连接紧密的社区一样。

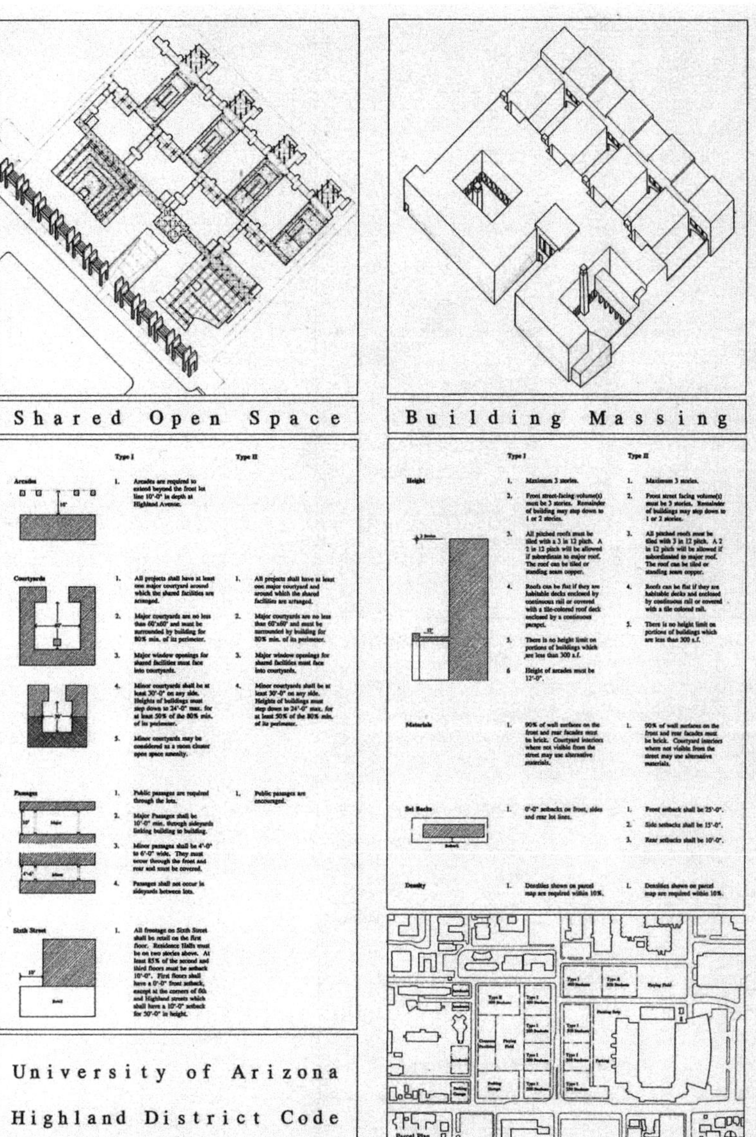

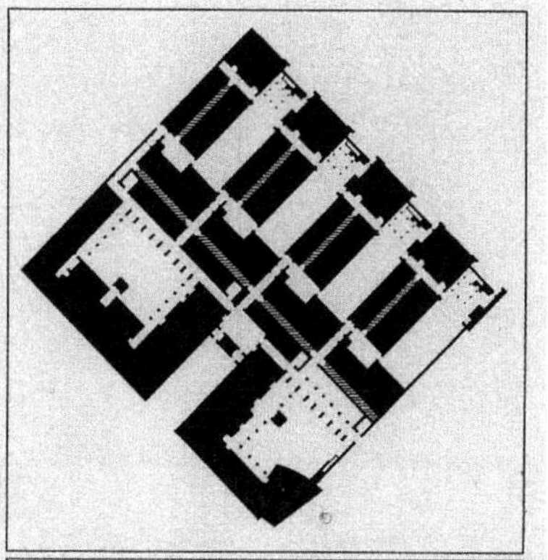

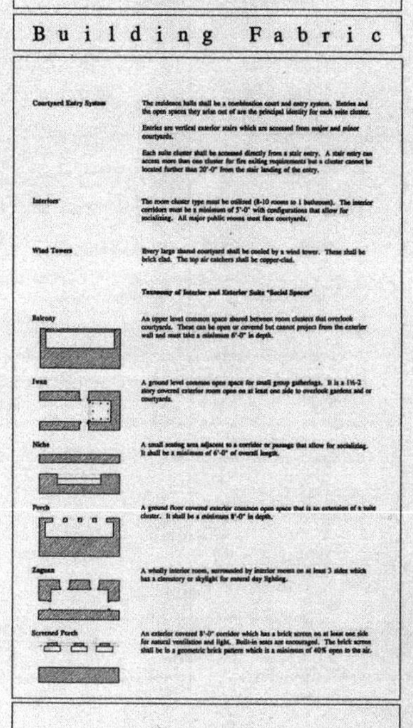

规划团队制定了详细的规范（左图）来管控总体规划的实施，其中主要规定了建筑物与相邻的街道的关系、庭院和道路的组织方式，以及每栋建筑的公用和私用空间的分布。

像图森市外17世纪修建的图玛卡科里布道所（Mission Tumacacori）那样，高地区的建筑在大的空间组合中使用了一系列有围墙的庭院划出私人区域。

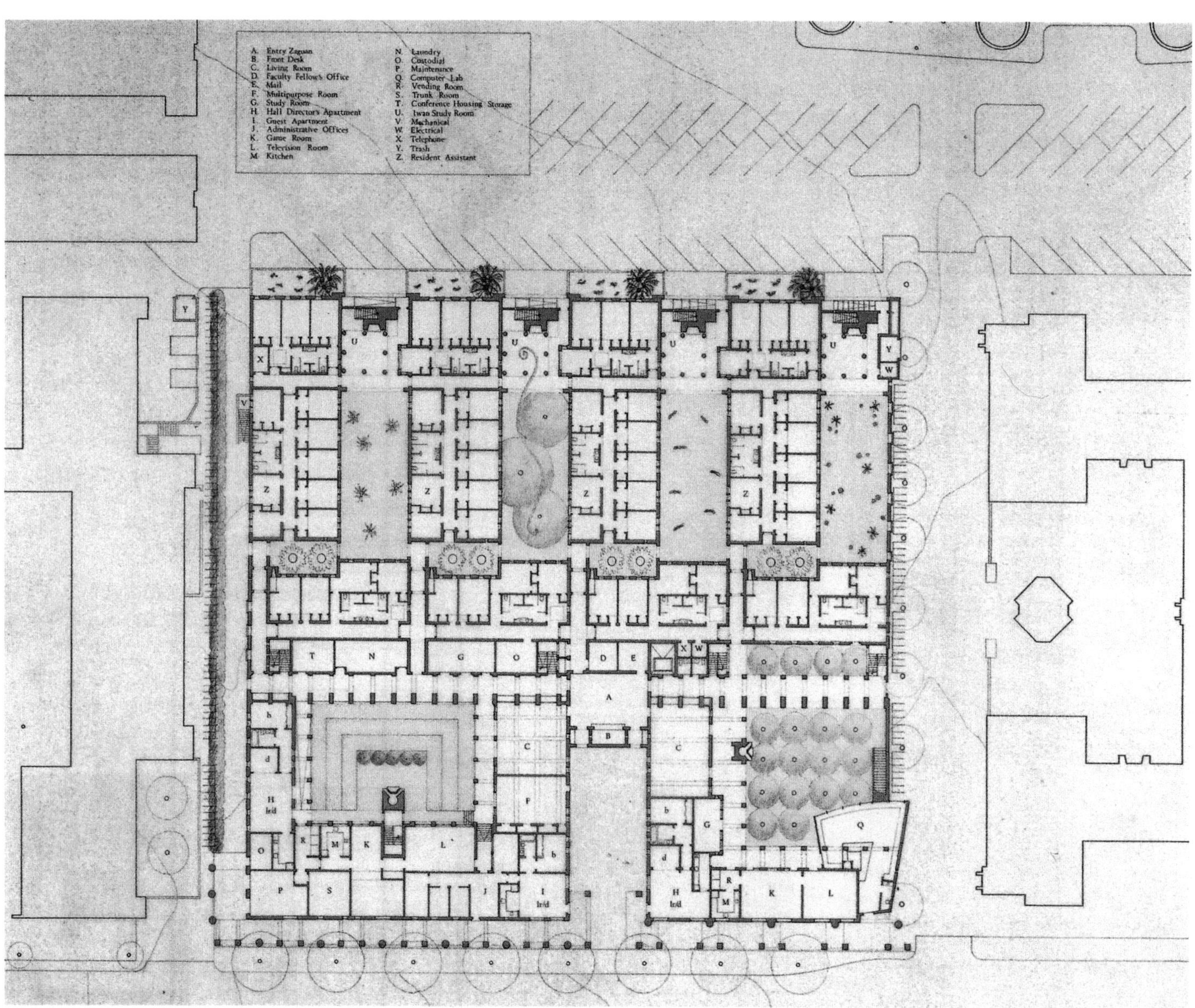
A. Entry Zaguan
B. Front Desk
C. Living Room
D. Faculty Fellow's Office
E. Mail
F. Multipurpose Room
G. Study Room
H. Hall Director's Apartment
I. Guest Apartment
J. Administrative Offices
K. Game Room
L. Television Room
M. Kitchen
N. Laundry
O. Custodial
P. Maintenance
Q. Computer Lab
R. Vending Room
S. Trunk Room
T. Conference Housing Storage
U. Iwan Study Room
V. Mechanical
W. Electrical
X. Telephone
Y. Trash
Z. Resident Assistant

这栋楼的六个大院子都有独特的区位特征（左图）和景观特色，选择的植物都是本地最耐旱的品种。

更加开放的前院（下图）周围主要是共享的起居、休闲和会议室。有一些客房也正对着这些室外空间。而更加私密的后院周围则完全是教室。

通风塔被用来给两个前院降温。空气穿过塔顶上浸水的滤网后温度下降，然后经过对流运动下沉到竖井底部。比周边同样阴凉的地方相比，这个过程最多能让室外空气降低6摄氏度。

这种被动降温方法是亚利桑那大学的研究人员从中东地区的先例借鉴而来。这些塔在冬天还能用作室外火炉。

宿舍楼倾斜的进门庭院（对页）学习了在很多受阿拉伯影响的西班牙城市常见的“小巷”（callejon）或断头街道。（右图的例子位于科尔多瓦。）藤蔓植物攀援在高高的架子上，有助于为进门庭院遮阴。

宿舍楼西边的立面（下图）在高地达到旁设有柱廊。这栋楼的红砖外墙表面是新的规范中强制要求的，与校园里原有的建筑非常协调。

东立面（底部）隔着一个树荫停车场与学校的体育场相对。这一面的体块与体育馆的巨大尺度比较协调。

它是规划的12栋宿舍楼中最先修建的，它将展示高地区规范所确立的概念和实体设计标准（参见第201页）。

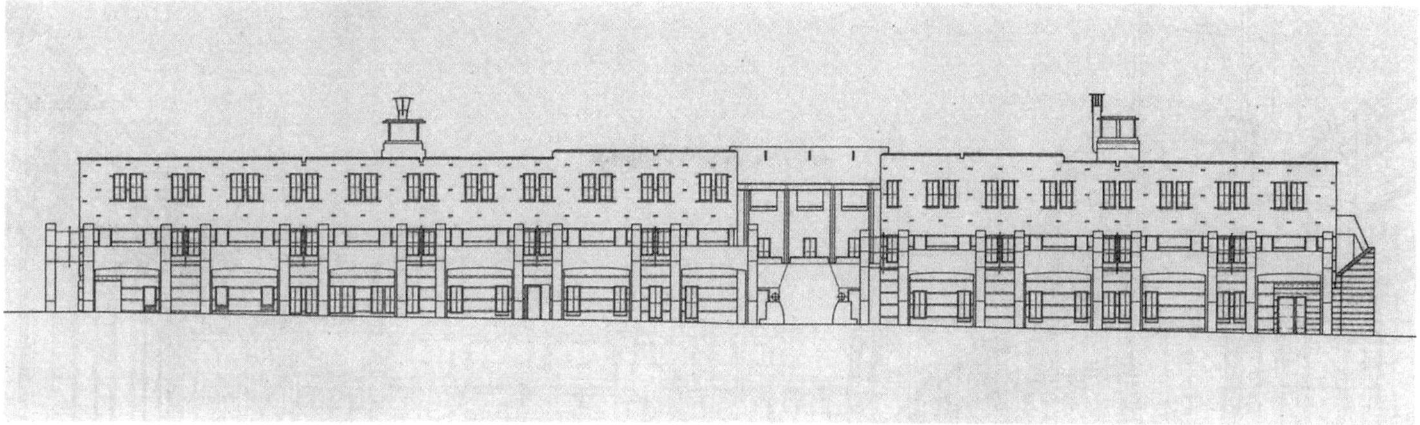

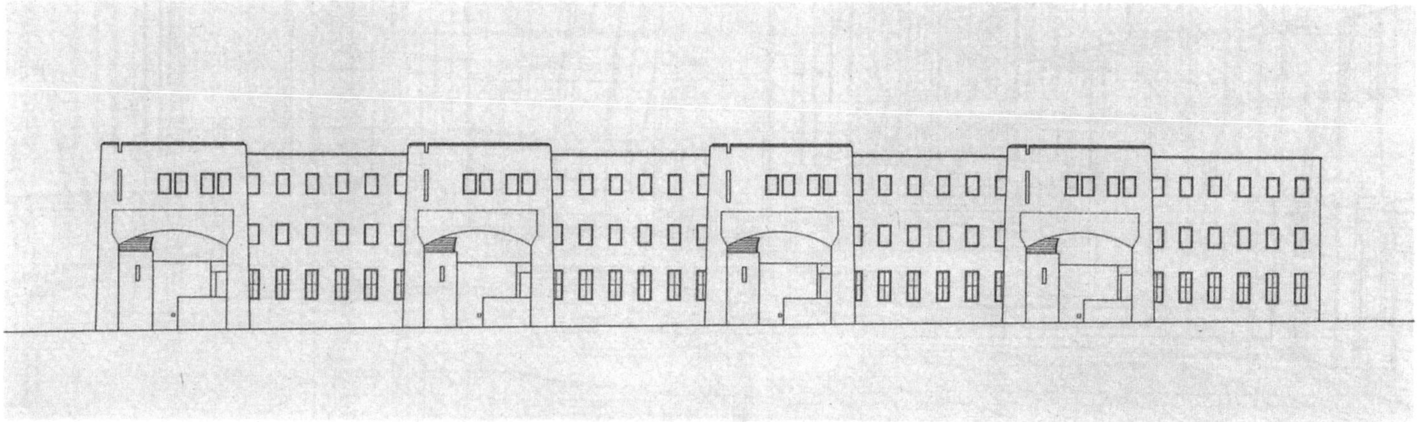

克林顿

纽约市，纽约州，1986 年

与很多社区利益团体反对增长的邻避（NIMBY，“不要在我后院”）态度相反，曼哈顿区克林顿邻里的居民虽然回绝了一项市政府支持的增长计划，但是主动提出了自己的发展规划。他们提出了一份在尺度和风格上与周边地区更加融洽的总体规划，而不是新建两栋高大的公寓楼，让其变成《纽约时报》所谓的“第十大道上的长城”。

克林顿邻里地处纽约市属城市更新区。这里在 20 世纪 60 年代资金耗尽时还没有全部完成，于是几十年来就一直陷于官僚主义的深渊之中。私人开发商在 80 年代后期为这里制定了一份规划，尽管需要大量拆迁而且只能提供 20% 的经济适用房，市里还是支持了他们建高楼的方案。

建筑师斯蒂文·彼得森（Steven Peterson）和芭芭拉·里滕伯格（Barbara Littenberg）提出的替代方案不仅能保留区域内原有的全部住房，而且可以提供更高比例的平价和中等收入的住房。他们的规划保留了更多真正的城市肌理，其中涵盖了住宅、商业和工业建筑。街区内部许多新规划的公共空间将为这个“运行良好的”区域满足功能性需求，并为这个多样化的社区带来更强的认同感和凝聚力。

克林顿社区规划（下图）划出一个由原城市网格中的公开和半公开空间组成的网络。这个邻里的街区约有 300 米长，是曼哈顿的街区中最长的。

规划新建的街道和开放空间形成了由小街区构成的城市肌理，从而让这个区尺度更加平易近人，更加利于居住。

克林顿市场广场（对页和规划中部）是一片公共空间，其设计和功能反映了这个地方的运营特征。在上班时间，它是卡车装卸货物的地方；其他时间则成为邻里广场。

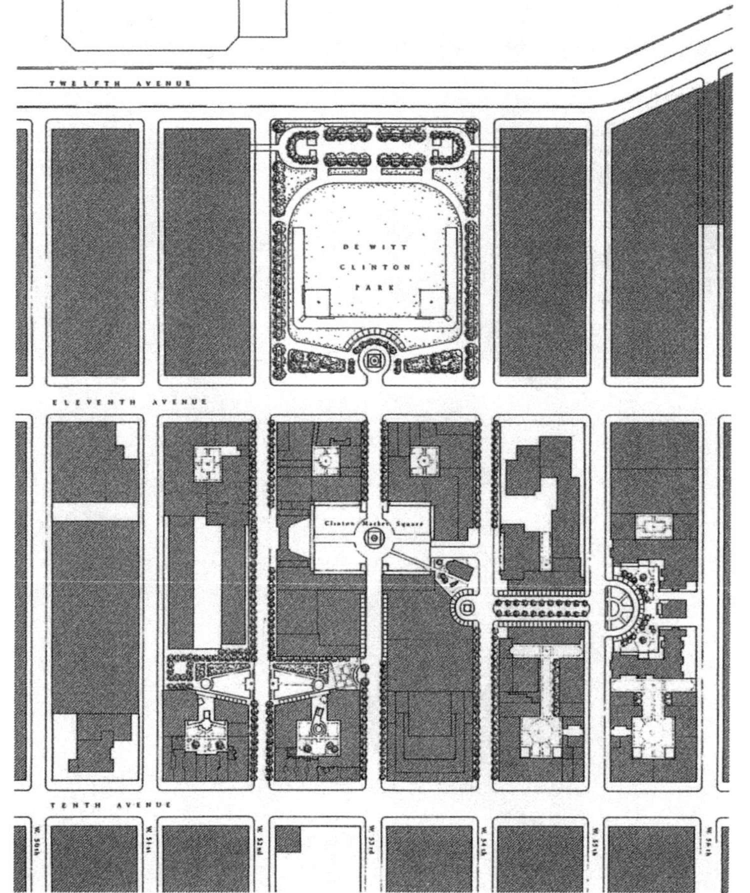

项目场地位于曼哈顿的切尔西－克林顿区（上图），这里曾被称为“魔鬼的厨房”。这份总体规划有一个主要目标，那就是保护邻里中仅存的小尺度建筑；很多这样的建筑在 60 年代被高楼大厦组成的城市更新项目所消灭。

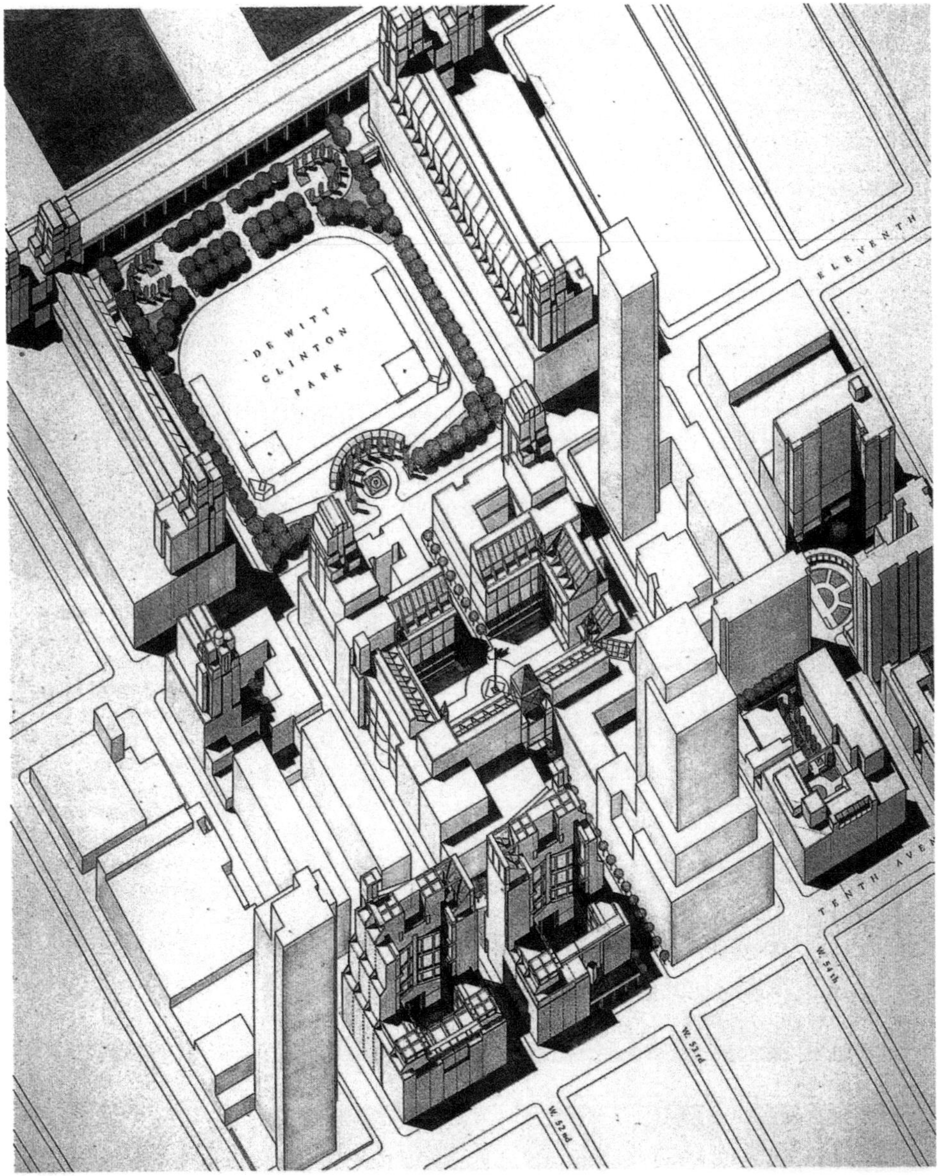

设计的克林顿社区总体规划（左图）利用了邻里（下图）当中大片未充分利用的土地。新增加的建筑将勾画出一个公共开放空间体系（底部）。

规划中的这些“公共空间”都有其自身确定的功能和特征。

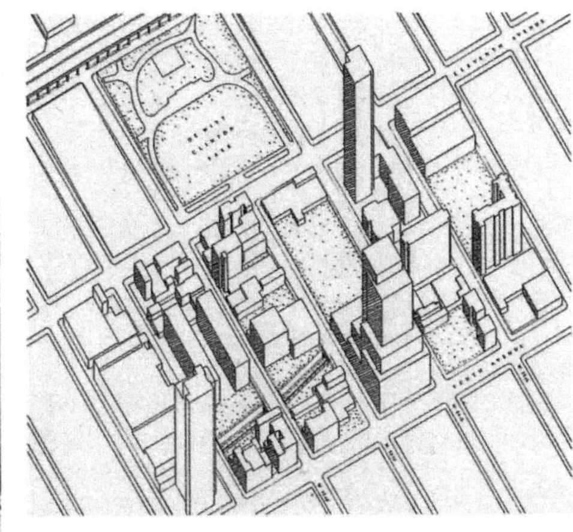

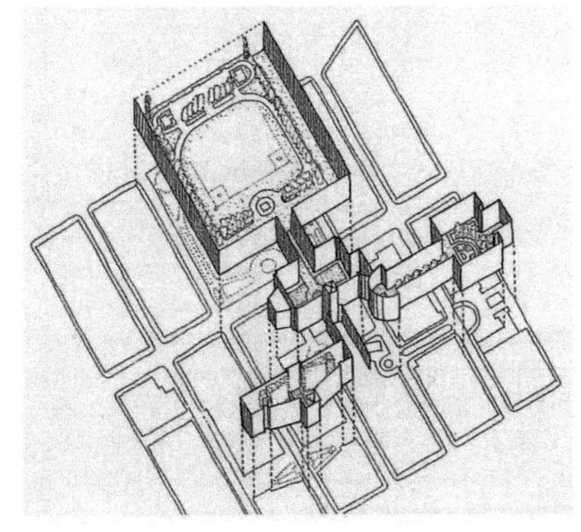

德威特·克林顿公园（下方左图背景）将继续用于积极的休闲活动。这里的操场与克林顿市场广场（前景）的人工设施形成鲜明对比，后者特意给人以意大利式广场的感觉。

“三角广场”（底部左图）延伸了两个街区，它独特的形状是由于放置在地下铁路之上形成的。

公园成为街区中间的一条步行走廊，也是公寓楼的“花园式入口”。这一对公寓楼曲折的墙将这个空间包围并统一起来。

建筑中间小一些的天井或院子（下图）是规划中最为私密的开放空间，因为它们只有楼里住户和客人才能看得到。

这一对公寓楼是克林顿总体规划的第一阶段。这里的 652 套住房中有 40% 是为中低收入居民提供的。剩下的商品房分布于综合体的上面几层。

一反纽约市里高楼在大道旁而较低的楼在街区中心的惯例，这些公寓遵守了靠近第十大道的边缘高度不能超过八层的规定。

这样的设计也保护了原有的低层建筑群（参见第 207 页）和一家加油站。加油站位于街区凹进去的一个角上。它的上面是一个悬挑花园（下图的下方右侧，对页照片前景）。

这对公寓楼是最先根据城市设计规范设计的建筑，它们要证明这份总体规划的空间组织原则是合理的。

许多大型单体建筑都要在曼哈顿的天际线上一争高下，而这些建筑的形式却遵守着街区、邻里和城市格局的整体城市结构。

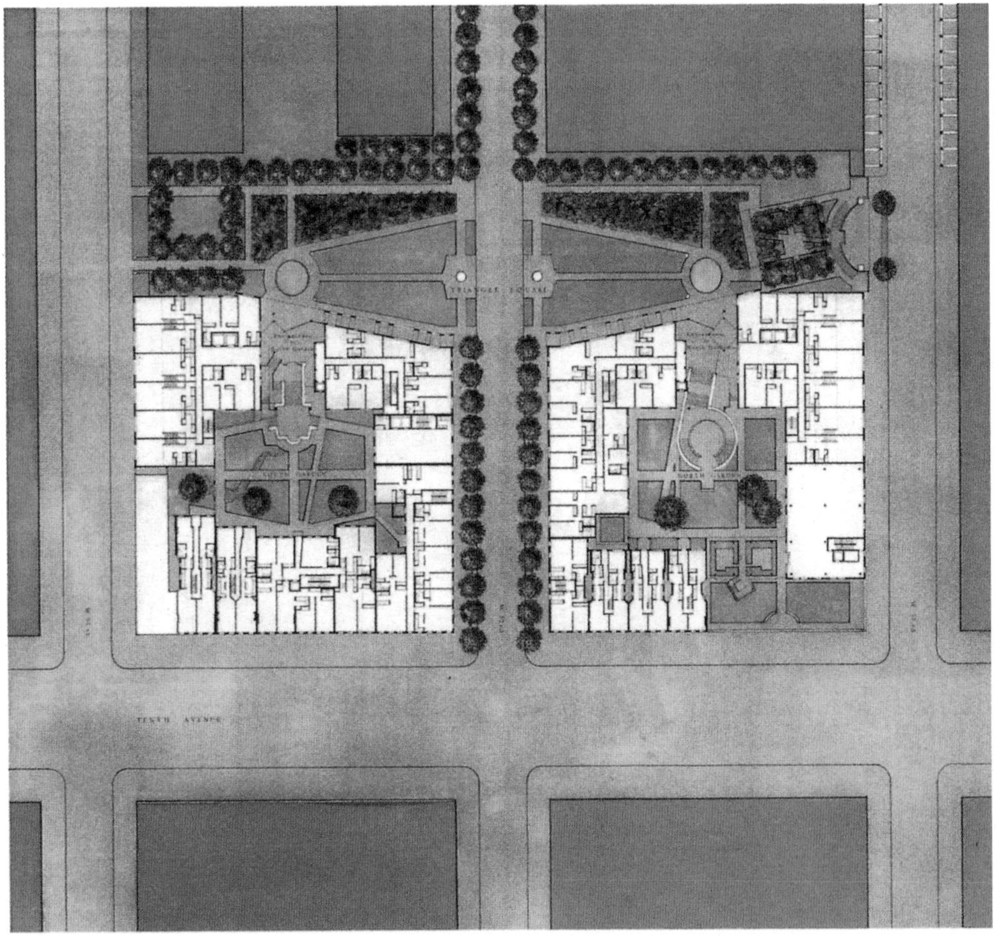

洛杉矶市中心区

洛杉矶，加利福尼亚州，1993 年

虽被称作“寻找中心的城市”，洛杉矶实际上有着非常完善的中心区。尽管与比佛利山或圣莫妮卡这些有名的社区相比，洛杉矶中心区可能显得名不见经传，但是它很早以来就对周边大都市区域的商业、政府、社会生活和文化起着重要作用。

洛杉矶最早是西班牙人定居的村落，始建于 1781 年，在 19 世纪初的后几年进入了快速发展期。到 20 世纪 20 年代时，洛杉矶市区已经成为城际铁路网的枢纽。随着一波又一波外来人口的充实，铁路走廊沿线已有的（比如帕萨迪纳）和新建的（如好莱坞）城镇快速增长。因为距离海岸或市中心的工作仅几分钟车程，这些“电车郊区”象征了洛杉矶地区能提供的美好生活。

随着南加州繁荣发展和汽车使用量增加，战后出现了一个公路建设的火热期。大量新建的交通运输基础设施带来的一个不良后果就是，这个区域的电车系统衰落了，作为区域性枢纽的市中心也随之衰落。无处不在的汽车及其培育的发展模式最终让洛杉矶市中心和其他曾经特点鲜明的社区丧失了明确的实体边界和特征。

市中心如今的衰落在规划者和市民领袖中间引起

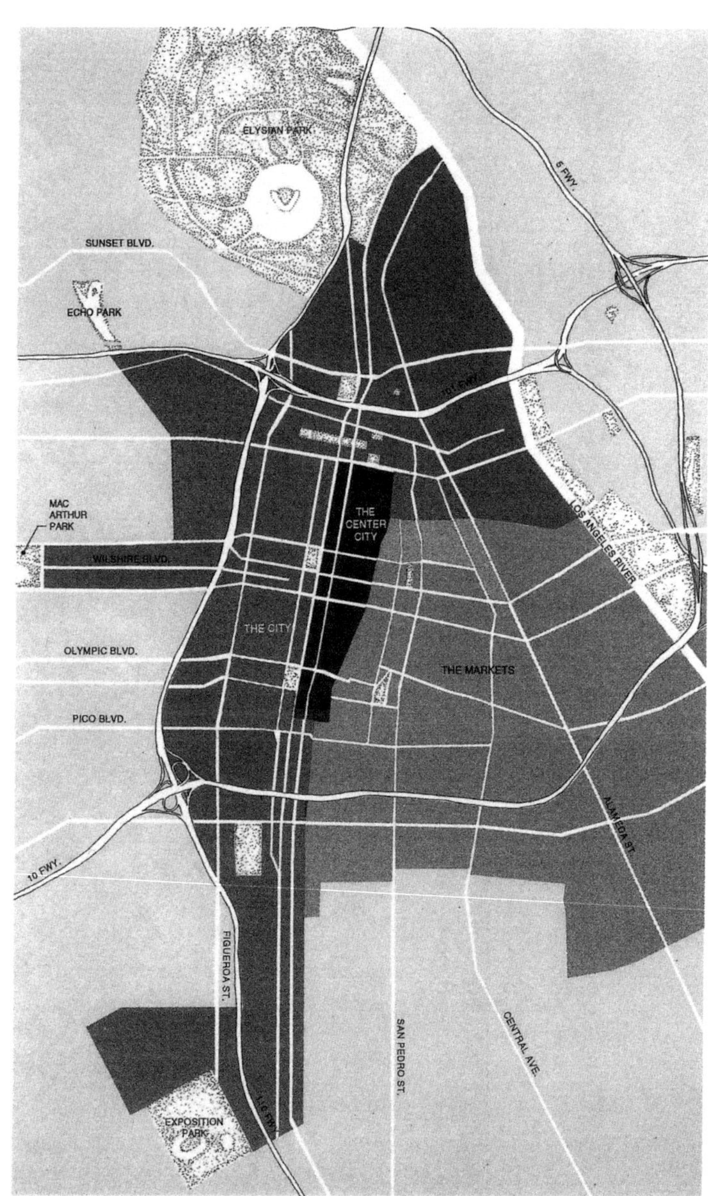

市中心区概念规划（左图）划分出各具特色而相互独立的三个部分——城市区、中心城区和市场区。每个部分都有自己的历史、特点以及特有的活动和功能模式。

规划的项目之一，中央大广场二期（对页）位于中心城区，其目的是通过翻新既有建筑和建新办公楼和住宅来遏制市中心的衰落。人气旺盛的中央大市场旁边将新建一个广场。这一复兴举措得益于附近交通条件的改善：新开通的地铁红线站和具有传奇色彩的“天使铁路”缆车（对页图片的塔后可见，以及下方的历史照片）。它预计将于 1994 年重开。

规划预测洛杉矶在2020年的景象不仅包括实体的变化（右图标注了一种可能情形），而且还有经济社会方面的变化。规划集政策和设计手段于一体，勾画了一个实体框架来指导洛杉矶市中心区逐步建设。新的开发规范让增长以可预测的方式出现。

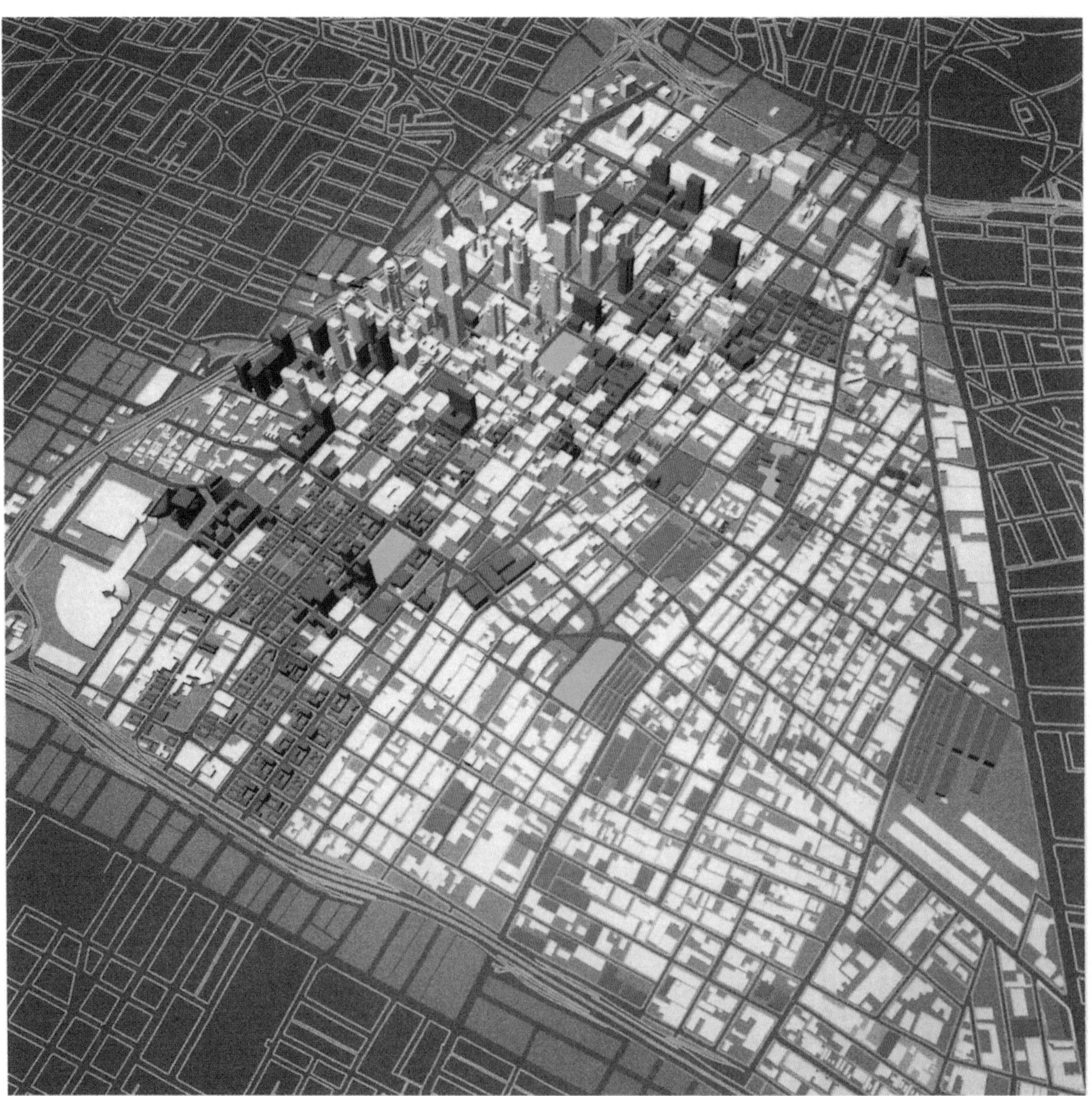

高强度的高层开发和土地投机模式造成了洛杉矶市中心边缘满是停车场（左图）。

这一带的土地最早是为了建高层办公楼而清理出来的，但通常结果都是做了几十年的停车场。虽然这样的地方可能规划了盈利性的建筑，但是因为地价上涨和市场条件很差的缘故，任何形式的开发都难以开展。

这份战略性规划要把这些名不副实的区域转变成经济自足、适于步行、功能多样的邻里。通过逐步的开发，这些地方会因为它们离市区的工作中心较近而获益。

了重大争论，争论的焦点就是：洛杉矶的中心位置是否需要一个主导性的城市核心。在这个汽车主导的时代，在一个有着多个副中心并立的区域，有人提出疑问：究竟还要不要继续强调传统的城市中心。

最近完成的洛杉矶中心区战略性规划主张：一个强有力的城市核心区对于区域未来的经济、社会和环境可承载性至关重要。这份规划要促使被重新激活的市中心成为洛杉矶大都市区域突出的商业、工业、旅游、文化和行政中心。

这份战略性规划计划通过重建新居民总计达到 10 万人的一系列安全、卫生、步行主导、多功能邻里和城区来完成目标。复兴后的中心城区将继续承担区域经济引擎的角色，并且同时将直接或间接地提供约 100 万份工作。

这里能集中多种人和活动，得益于过去和规划的数十亿美元区域性基础设施投资。作为区域中交通最方便的地方，市中心区是现有公路网络和洛杉矶新规划的轨道交通系统的枢纽（正在建设中）。

该战略性规划同时强调了紧迫的环境问题。它试图加大配套服务良好的城市区域的密度，希望通过这种方式来遏制洛杉矶区域分布广泛的郊区蔓延（目前超过了 13000 平方公里）。这种紧凑的发展格局是为了补偿正出现在郊区边缘的具有破坏性的低密度开发。

这份规划是由代表着广泛利益群体的 65 位委员所组成的委员会，经过长达五年的公开过程形成的。由洛杉矶当地的建筑师伊丽莎白・穆尔和斯特法诺・波利佐伊迪斯领导的城市设计师团队吸收了众多知名事务所（安德雷斯・杜安伊和伊丽莎白・普拉特－兹贝克、汉娜 / 奥林和所罗门公司）的负责人。另外，经济、交通、历史保护、环境管理和社会服务等领域的顾问也参与到这个过程中。

四场合作设计研讨会和长达数月的激烈讨论最终得出一份同时包含实体设计和政策指引的规划。这份文件的概念结构将市中心区分成三大部分：“城市”区混合了办公、零售、市政、住宅和娱乐用途；“市场”主要聚集了多种大型制造业和批发业，其中还包括混有住宅、零售和各种社会服务的区域；两者之间的“城市中心”覆盖了市中心的历史核心区，还有剧场、服装和珠宝区。

几个更大的实体“框架”将主导未来几十年里市中心的改造。交通运输框架将提高整个区域的通达性，并改善市区内部的动线。这个结构当中还包括：等级分明的街道系统、更完善的步行连接、多种公共交通和停车设施。

市中心区的开放空间框架包括扩宽的街道和人行道，以及新开发的市民公园和广场。这些元素构成了规划中新住宅区的背景。

第三个框架与建造形式有关，它对用途、密度和建筑设计都提出了指导意见。新的开

市中心区规划的开放空间框架（下图）中最主要的构成元素是四个大公园和几条林荫大道。最近重新设计的潘兴广场（Pershing Square）就是其中一个公园，另外三个大小差不多的公园则是新建的。

除这些市政空间之外，规划中还有许多小公园，满足着各个小区、邻里和机构的需要。这些公园（图中没有标出）将广泛分布在规划区域的各个角落。

每天进入洛杉矶市中心区的人当中，有 60% 是一个人开车来的。规划改善区域公共交通系统的目的，就是要让这样的司机改用其他出行方式。

规划中重轨和轻轨的排列都是交通框架的核心要素。这个框架对于市中心区未来的增长和维持自身存在发展至关重要。

地铁红色线最近开通了市中心段，它在未来将并入 640 多公里的区域交通网络。与此相比，洛杉矶的城际轨道交通系统在它全盛的 20 世纪 20 年代就达到了 1600 多公里。

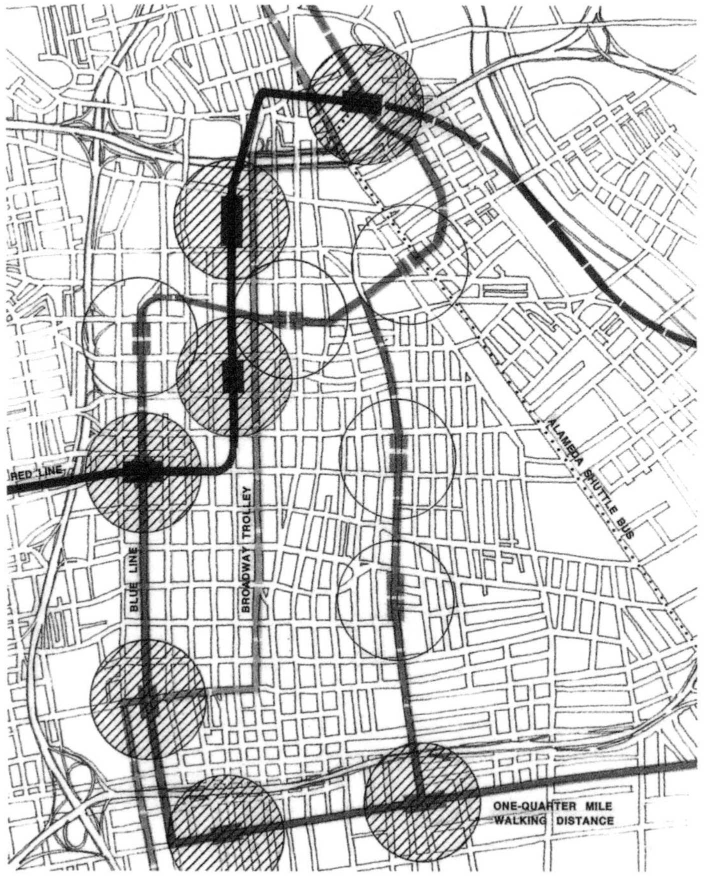

16 项“催化工程”（见右图和本页后面的示例）分布在市中心区的多个地区和邻里中。

这些多目的、多用途的项目结合了交通基础设施、开放空间、景观和建筑等元素。它们是为了刺激洛杉矶市中心区产生社会、实体和经济变革而策划的。

发规范旨在让市中心的开发过程更加清晰、更加可预测，即将取代现有的功能分区。

作为实施这份战略性规划的前提条件，好几项初步准备工作已经开展了。其中包括：提供清洁、安全的街道；修改关键的政策和审批流程，好为市中心和外围区域的经济发展铺平道路；并且采用刺激经济发展的新政策。

后续工作包括：扩大区域内现有的工业基础，实施新的就业发展计划，历史文化资源保护，创建中等收入邻里以及一系列发展交通运输和开放空间的措施。规划中还提出多种方法高效而人道地处理流浪、贫困和犯罪问题。

16 个“催化项目”已经作为启动市中心投资和开发周期的措施提出。这些工程广泛分散在“城市区”、“中心城区”和“市场区”，而且类型多样：交通基础设施建设，扩大各个地区的商业和公共活动，改善邻里之间的连接和进出通道，还有提供新的工作机会和经济适用房。

洛杉矶战略性规划涵盖的范围非常大——许多市中心范围内的方案其实将影响整个大都市区域。但是，过去的规划试图制定目标蓝图，而这份规划却靠着众多渐进的步骤通过公私联合投资来为未来发展“播种”。在资源有限的今天，这很可能是重建洛杉矶市中心和其他美国大都市区域的最佳方式。

大部分催化项目（参考这两页的示例）都展示了某种形式的公私合作关系。选择它们既是因为眼前的利益，也是因为它们能引起未来的投资。

虽然每个项目都要与所处的特定位置相适应，但是它们都突出了几个普适性的目标：经济增长、社会公平、交通便捷和社区发展。

圣外比安纳教堂（St. Vibiana Cathedral）周围的空地（下方左图）已经确定开发成住宅组团。教堂旁计划新建的广场是这个项目的焦点，这个项目将联合天主教洛杉矶教区共同实施。

南方公园广场（底部）也是一个催化项目，是战略性规划当中的四个主要市政开放空间之一。广场四周的建筑用于商业、机构和居住等用途。

市场广场（下方右图）融合了多家与市中心区的批发业有关联的零售市场。作为新规划的“市场”区的支柱，这个兼有室内和室外空间的设施天天都有新鲜果蔬、鱼、肉、鲜花等货物出售。

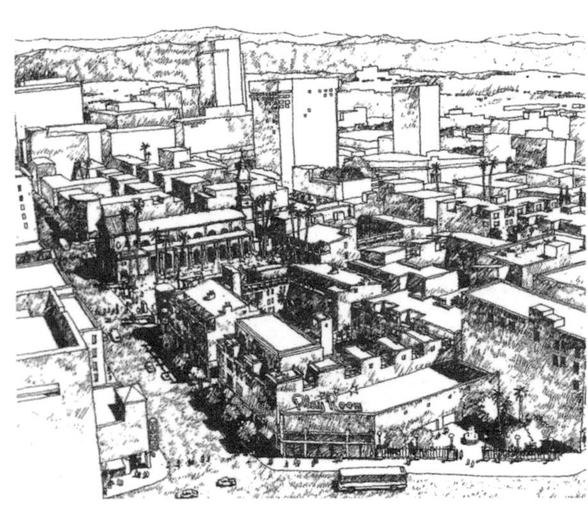

洛杉矶的新会议中心（下图）现在单独坐落在市中心区的边缘。该催化项目将这一重要的设施融合到市中心区的城市肌理和城市生活当中。

项目中还规划了一家会议酒店、连接到市中心原酒店区的摆渡车、通向第七大街零售区的人行通道，以及通往菲戈罗拉大街（Figuroa）的斜坡。

百老汇剧场区曾经体现了南加州蓬勃发展的电影业，但是自20世纪40年代以来就衰落了。这个项目将几个历史悠久的剧场组织起来，形成一个明确的区域性休闲娱乐区。

社区建筑学

文森特·斯卡里（Vincent Scully）

为本书撰文的几位建筑师都认为，塑造其作品的那些原则（其中包括建立公共空间、步行尺度、邻里特征等）不但适用于郊区环境，而且在城市中心也一样适用。这或许没错，而且有一两个项目可以提供佐证。但是，本书大部分篇幅处理的情形中最有特色的是在郊区。而且，鉴于实际上当代还有很多积极治疗城市中心的策略也没有在本书提及，比如对邻里及其居民的历史性保护。所以，本书的标题“新城市主义”未免显得过于宽泛。

“新郊区主义”的标签可能更加贴切，因为将书里这些项目联系在一起的“新”主题，正是如何重新设计现在大部分美国人所生活的广阔区域——这片从空心化的大都市中心蔓延到正被迅速鲸吞的广阔村野之间的土地。所以，本书的主要议题就是：如何将蔓延的汽车郊区重新塑造成有意义的社区。而且，“走向一种社区建筑学”（本书的副标题）才是这本书的主要内容。如此说来，本书讨论的是尺度合适、功能恰当的建筑，也就是在自然界中塑造人类环境，以及建设整个人类社会。

所有的人类文明都要以这种或那种方式来保护人类免受自然的侵害，缓和自然铁律施加的影响。而建筑正是人类在做出这种努力时所采用的一大策略。它为人类提供庇护，让人安心。建筑的目的是通过给人类社区创造一种实体环境，以调和个人与自然界之间的关系。个体在这个环境里可以与其他人产生联系，而自然也在一定程度上被隔绝，被圈住、驯化，从而自然本身也被人化了。这样，建筑就在坚如磐石的自然秩序中建造了自己的现实模型。人类正是生活在这个模型中；他们迫切地需要它，如果它崩溃的话，人类会无所适从。

不幸的是，现在事实正是如此，而且不止是在美国。但是，就像当代史中常见的，这个模式在美国能最清楚地感受到。这其中部分的原因是，美国人在过去这一代里实际上破坏了很多种社区。这个破坏过程从二战结束后就开始了，那时仅存的电车轨道（小镇和郊区等地方的生命线）因为汽车行业的发展而被收购、拆除。不管怎么说，公共交通自从 1914 年以来就随着汽车数量的上升而衰落了。60 年代的“城市改造”运动彻底完成了对公共交通的摧毁，并显露出这场灾难的本来面目。汽车曾经是而且现在仍然是混乱的使者，城市的破坏者。改造运动把很多美国乡镇撕裂开，让高速公路穿过乡镇的中心，希望让富有的郊区购物者进城而使其复兴。结果却适得其反：汽车创造出郊区购物中心，老城区最后一点活力也被抽干吸尽。这很是讽刺，市中心的社区为了吸引“传说中的”郊区购物者，却让改造运动把自己给摧毁了。沿着 95 号州际公路及其众多接口从新英格兰到佛罗里达一路，能亲眼看到这个灾难性的过程遍及从纽黑文的橡树街到迈阿密的欧弗敦——这条公路的尽头。沿线的社区被生生撕裂，也没有机会再形成新社区；很多市区的居民开始失去理智（谁又不会呢？）。他们当中很多是战时从南方乡村被吸引到大都市的军工厂工作的非裔。那些工厂

300 万人口的理想城市（勒·柯布西耶，1922 年），沿主路的景观

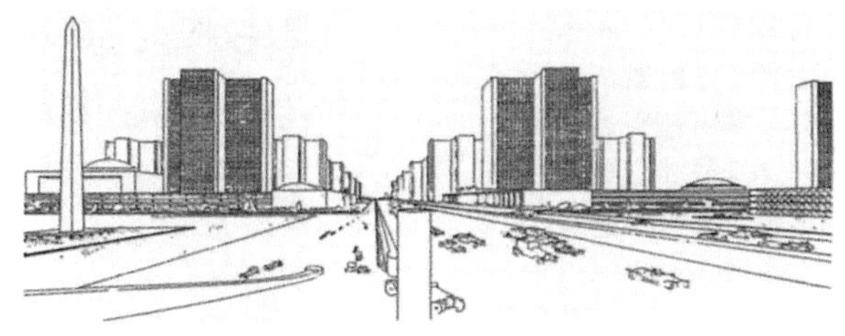

为了再次寻求南方的廉价劳动力而不顾强烈的质疑，陆续搬走。随后，大都市在财政恐慌中以前文所述的方式进行了改造，结果市民的处境就是：在高架桥的桥墩下，没有了工作；在一片离奇的废弃土地上，住房、教堂、商店，尤其是给人以方向的城市街道网格都被扔进了地狱。

与此形成鲜明对比的是，弗兰克·劳埃德·赖特曾说的“现实的铁腕”把城市人口封锁在天堂般的郊区之外。但是，郊区也催生出神经疾患，因为在路上要耗费无尽的时间而到达目的地后却百无聊赖。很快，恐惧就发生作用。它就在紧闭的车门之后，特别是因为可能有路上的疯子、立交桥上的狙击手，或者下错出口可能发生的事，恐惧便是理所应当的了。

不管这个社区解体过程中还有什么别的因素，汽车（我们是有多喜爱它啊）始终是罪魁祸首。它不仅消灭了社区的实体结构，还让我们以为社区提供的精神庇护可有可无，好像有汽车带来的个人自由就足够了。它是制造深度幻觉的装置，也可以说是它让整个社会变得疯狂。实际上，未来几年我们很快就能看到，汽车和我们以为的文明能否共存。

早在 60 年代，就有人在书里写并在课堂上讲这些观点了——即便是那时候，美国社会最终的结果也足可预见了——明显有些年轻人听进去了。彼得·卡尔索普，70 年代就读于耶鲁大学，似乎正是其中之一。他提出的“公共导向型开发”，在拉古纳西落成，是一次重组郊区以使其密度支持公共交通的尝试。其基本形状是放射状的大道（像凡尔赛的那样），从中心地带的公共建筑和公共空间（其中包括一块“村庄绿地”）向外延伸。有人想到了康涅狄格州纽黑文市 17 世纪时的网格规划，其中心位置也是一大块绿地。但是，随着网格式规划西迁到美洲大陆的多数城市，绿地和公共空间在个人贪欲的影响下渐渐消失。卡尔索普现在尝试复兴这种规划方法，这与过去 30 年来许多组织尝试保护或修复公共空间的做法类似。人们会想起纽黑文历史保护信托基金的玛格丽特·弗林特在 1967 年为保护纽黑文绿地原有的规模和设施所领导的斗争。的确，那一年的战斗或许算得上当代保护运动的真正起点。那年，纽黑文的邮局和市政厅在改造运动中保留下来；而且随后，参议员洛厄尔·韦克还叫停了对低收入邻里的野蛮拆迁。通过这些斗争，第一次在现代，广泛的群众运动找到了迫使建筑师和当局官员等人按照知情公众的意愿办事的方法和政治影响力。

那场运动，现在由国家历史保护信托基金（National Trust for Historic Preservation）领导，确实好像反映了现在大部分美国民众重建社区的心声。和 19 世纪 70 年代殖民复兴运动（Colonial Revival）兴起时一样，现在几乎所有人都清楚：社区是美国遗失得最为明显的，也正是本世纪中期被当作典范的现代主义建筑和规划完全不能提供的。原因有很多，其中最主要的是：英雄时代的现

利华兄弟公司总部大楼，纽约市（SOM，建于1952年）

惠特尼美国艺术博物馆，纽约市（马塞尔·布劳耶，建于1963年）

代主义建筑师（赖特、勒·柯布西耶、密斯·凡德罗、格罗皮乌斯及其追随者）都蔑视传统城市——西方建筑的杰作，是经过几百年一点一点积累起来的——并且决心用他们具有个性的、乌托邦式的、独特的方案来取代它们。勒·柯布西耶的“光辉城市”（Ville Radieuse）便是其中影响最大的；它为美国的改造运动提供了一个基本模型。两者甚至连涉及的社会结构都出奇地一致，都是商务城市（“cites d'affaires”），穷人是完全被排除在外的。德国的现代主义者根据他们的“zeitgeist”（时代精神）的概念，提出了具有同样灾难性的想法：决不允许已经做过的事情再做一遍，甚至不能保留下去。所以，希尔伯斯海默尔（Hilbersheimer）提出了绵延数里的高层混凝土建筑——那地狱般的景观——成为50年代集体住宅的基本雏形，但是其中大部分在不到二十年里就因为完全不宜居住而被炸毁了。

这些对城市产生重大影响的方案中，存在着对这个世界真正的憎恨，那是社会造成的。但是这其中还有别的东西，那就是因为审美产生的强烈鄙视。国际主义风格的现代派建筑师把抽象画当作模型，他们逐渐地想像抽象画家那样不受任何束缚，摆脱曾经塑造和限制了建筑的一切，不仅要摆脱静力学（形式一定是漂在空中的），摆脱屋顶、窗户、装饰等等，而且最主要的是要摆脱其所在的整个城市环境对建筑施加的束缚：不论是城市还是社区。他们的建筑要打破区划法规的约束，不需要对街道产生何种影响，而且不受所在场地上已有的和周围的一切约束。它们要像利华大厦（Lever House）、泛美大厦（Pan Am Building）或者惠特尼博物馆（Whitney Museum）甚至古根海姆博物馆（Guggenheim Museum）那样自由地把旧的城市规划拆开，破坏，或者（也许更准确地说）用其秩序作为翻腾跳跃的背景。它们首先必须抽象；无论如何，它们也不能受周围古典主义或地方特色的细节或者任何类型的风格所左右。这都快构成不道德行为了。除了这些，现代派还有一种疯狂行为，在现在很多建筑师当中仍然很流行。他们在复杂的现实面前碰了壁，却仍然坚信建筑是一个完全只与自身有关的游戏，是与形式创造相关的。他们疯狂到把建筑与语言学、文学联系到一起，而毫无理由地切断了建筑跟城市和人类生活的联系。这些建筑师声称要表现现代社会生活的混沌状态，并对其大加歌颂。其中有些假装崇拜汽车和“时空连续体”，就像他们之前有马里内蒂（Marinetti）假装崇拜暴力、速度、战争，乃至最后甚至崇拜法西斯主义。埃斯库罗斯貌似说过，“神想谁灭亡，先让其疯狂。”

应该说现在活着的建筑师或评论家中，几乎没有谁未曾被现代主义建筑所吸引，或者有人会不喜欢这成千上万的现代主义艺术作品。但是，城市问题必须要正面对待。国际主义风格也建造了很多美丽的建筑，但是其城市规划理论和实践却把城市给

玻璃住宅，新迦南，康涅狄格州（菲利普·约翰逊，建于 1949 年）

母亲之家（底部图片），栗树山，宾夕法尼亚州（文丘里和罗施，建于 1962 年）

楚贝克和维斯洛奇住宅（右图），楠塔基特岛，马萨诸塞州（文丘里和罗施，建于 1970-1971 年）

毁了。它制定了错误的法规。其最终的主题是个体性；所以它最纯粹的作品是郊区别墅，比如勒·柯布西耶的萨伏伊别墅（the Villa Savoie）和菲利普·约翰逊的玻璃住宅（Glass House）。这些作品歌颂了不受历史和时代束缚的自由个体。但是，没办法用它们来组建社区。特别是在玻璃住宅中，个体人类似乎从整个人类社会中完全解放出来。这其中的奥妙就是技术，那是个飘忽不定的东西；安装好制暖和照明设备之后，区区凡人就能把曾经保护他不受自然影响的其他东西都扔掉。他会很享受这种“遗世独立”的感觉。可是他的建筑不能也不会处理社会问题。

所以，现在处于“解构主义”阶段的新现代主义建筑，尽管在学院里面颇受欢迎——为什么不呢，它提供了理想的学术词汇，方便在教学中用于作图练习，而且不会受学术殿堂之外的东西影响而复杂化——却早就在建成环境这个更大的世界中衰落了。很明显，过去三十年或更长时间里最重要的进展就是古典主义和地域传统建筑的复兴。这些建筑总是要处理社区和环境的问题，并且要与主流现代主义建筑相融合。这一进展实际上始于 20 世纪 40 年代后期人们对 19 世纪美国本土建筑（我试着将其命名为“木棍和木瓦风格”）产生历史性的欣赏，并且首次在罗伯特·文丘里（Robert Venturi）1959 年的木瓦式海滩别墅中有了新的面貌。随后，文丘里接着在 60 年代早期的“母亲之家”（Vanna Venturi House）中重新审视了赖特的早期作品（直接由 19 世纪 80 年代的木瓦风格建筑而来），并且完全回归木瓦风格，就像 1970 年的楚贝克和维斯洛奇住宅（Trubek and Wislocki house）展示的那样。文丘里重新发现了一种基本的民居类型，它与不久之后意大利的阿尔多·罗西（Aldo Rossi）“回想起来的”（据他所说）类型非常接近。随后，许多别的建筑师也趋之若鹜，罗伯特·斯特恩（Robert A.M. Stern）是其中最早的一个。斯特恩很快就放弃了发明的冲动——他早期设计的房子，虽然也是基于木瓦风格的模型，但形式上却主要是解构主义的——转而努力学习怎样设计好传统建筑，以及如何用有意义的方式把它们组合起来。这里的重点不再是风格而是类型，往大了说，是文脉（context）。文丘里的作品再次走在了前面。他设计的普林斯顿大学胡应湘堂（Wu Hall）、费城的科学信息研究所和伦敦国家美术馆的塞恩斯伯里侧翼，都让原本明确的现代主义建筑朝着各场地原有的特定“风格”转变：普林斯顿的都

胡应湘堂，普林斯顿，新泽西州（文丘里、罗施和司各特·布朗，建于1983年）

铎式（Tudorish）、费城的国际主义、特拉法尔加广场（Trafalgar Square）的古典主义。这样，每座新建筑都以自身的特点让所在场地的风格得以巩固和补充，城市得到了修复而非遭到破坏。这一点在曾遭到过空袭的伦敦尤为明显，那里原来的建设方案真的就像查尔斯王子说的：现代主义建筑对英格兰造成的破坏甚至比纳粹空军还厉害。现在，文丘里不再假扮破坏者和创造者的神化角色，也不再像创造宗教那般发明新形式，而是立志担当更有人情味、更接地气的医者角色。他向务实作风的转变肯定受到了妻子丹尼斯·斯科特·布朗（Denise Scott Brown）的社区设计和倡导性规划的影响。所以，文丘里放弃了现代主义运动的反传统主张，转而相信自己属于一个历史悠久、前后相续的建筑传统。过去的城市就是在那个传统下正确地建造的，而且人类的需要也是那样得到了合理的满足。

如此看来，实际上是民俗和古典风格复兴的自然完成催生了安德雷斯·杜安伊和伊丽莎白·普拉特－兹贝克的作品。通过整体处理城镇的方式，它完成了此次复兴，并且为建筑和建筑师重新要来一整块环境塑造的领域。那个领域在过去几代里一直让所谓的专家霸占着，他们中有很多（比如各地险恶的交通运输部）要对把环境撕得支离破碎、让环境发生无可救药的病变负主要责任。正是因为有了这两位年轻的建筑师，以及他们在迈阿密大学的学生和同事，建筑重新回归其传统地位——营造城市的手段。

我在别的地方曾写道，杜安伊和普拉特－兹贝克（作为70年代早期耶鲁大学建筑专业的学生）是怎样把我的研讨班带到纽黑文的民居邻里，并向我们展示了那些单体建筑是以多么智慧的方式组合到一起的，而且它们是如何融洽地相互联系创造出一个城市环境的——如何有效利用地块，门廊如何与街道衔接，人行道如何与栅栏、树木共同构成整个肌理，街边停车比停车位好在哪里，如何让汽车井井有条。还有最重要的一点就是，如何复制并且要如何正确地将其复制得完全一致：从镟制木柱、正立面山墙到尖桩栅栏、人行便道和街道。这样，国际主义风格曾讨厌的一切，被德语“zeitgeist”（时代精神）判定为死亡的那些东西，又活过来了。对于在现代主义中浸淫颇深的我来说，那是新生命在所有事物中的显现。不过，无论如何也没有理由把最好的东西都归到过去。什么东西都可以重新拿过来再用；现在，就像建筑中常见的，总是有些既有模型可以采纳，有些已有类型可以使用。

所以要记得，对杜安伊和普拉特－兹贝克来说，这样的规划不是先出现的。首先有的是具有地域特色的建筑，因为毕竟是那些建筑物让老纽黑文的街道网格成为立体，从而形成场所。杜安伊和普拉特－兹贝克的批评者从未真正理解这一点。这同样也是一个类型问题。这些类型各有其特殊的细节和装饰，并且已经表明了它们能塑造人类文

威尼斯总体规划，佛罗里达州（约翰·诺伦；1926 年）

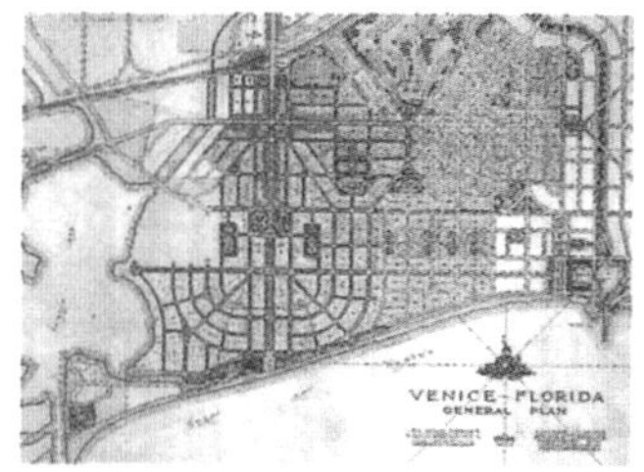

法兰西村，珊瑚阁，佛罗里达州（埃德加·阿尔布莱特，建于 1925 年）

明的场所，能融合成群组从而形成城镇。莱昂·克里尔（Leon Krier）也帮助我们看到了这一点；他是杜安伊和普拉特－兹贝克最重要的导师之一，而且要在海滨小镇造一栋漂亮的房子。

像“历史主义”这样的术语在这里是完全不相干的——时代精神的思维是“历史主义的”，这个却不是——不过与符号相关的一些辅助概念倒是与历史主义有关，这一点不必推脱。人类以两种不同却又有着密切关联的方式来体验视觉艺术作品：移情和联想。我们本身就有移情和联想，同时我们的文化也教我们如何移情和联想。最纯粹的现代主义想尽可能地消除文化印记——所以推崇抽象。可正是文丘里，在他划时代的《建筑的复杂性与矛盾》（Venturi 1966）和《向拉斯维加斯学》（Venturi 1972）中最先让人们重新认识到象征主义在建筑中的中心地位。他最早将符号学当作建筑学工具来使用。也是他，最早把文学批评本身（特别是燕卜荪的朦胧理论）引入当代建筑对话当中。面对这种情况，新现代主义者想把相关的主要建筑符号（那些与自然、场所和社区有关的符号）替换为次要的、转移注意力的符号（与语言学相关或者任何从人类心灵纷繁复杂的符号系统中挖掘出来的其他东西），从而转变方向来绕开它。

然而杜安伊和普拉特－兹贝克并没有这么做。他们始终关注着事物本身的现实状况。这也是为什么海滨小镇如此动人的原因。无论它实际上是什么——一个度假社区，一个现代肖陶扩（Chautauqua）——它不仅成功地树立起一个社区形象，一个广阔的自然中人类文明场所的符号，而且比我们时代里的任何建筑作品做得都要好。它做到这一点的途径，是通过用紧密的三维结构在佛罗里达的狭长海岸上将各种建筑类型聚在一起（几乎是挤在一块），让它们紧贴着闪光的白色沙滩、蓝绿色的海面和墨西哥湾狂野的天空。所以，海滨镇不仅仅是规划的事，不只是二维几何，而这个世纪有太多规划社区就是那样。确实，海滨镇的规划有着非同一般的身世。它不仅直接借鉴了凡尔赛和整个法国古典规划传统（华盛顿从中借鉴的也不比现代巴黎要少），而且与美国规划专业（在格罗皮乌斯在 30 年代到哈佛以前曾繁荣发展，而他来了之后将其摧毁了）有着深厚的渊源。

有人会想起约翰·诺伦（John Nolen）20 年代在佛罗里达州的作品，让·弗朗索瓦·勒琼的精美刊物《新城市：基础》（1991 年秋）登出了由约翰·汉考克为这些作品绘制的图画。海滨镇的规划形状在诺伦为威尼斯和克莱维斯顿（都在佛罗里达）所制定的规划中都有：网格、大半圆形、斜向的街道。诺伦在他的时代里当然不是独自一人。年轻的规划师，比如小弗雷德里克·劳·奥姆斯特德（Frederick Law Olmsted, Jr.）、弗兰克·威廉姆斯（Frank Williams）、亚瑟·舍利弗（Arthur Shurtlief）、亚瑟·科米（Arthur Comey）、乔治·福特和詹姆斯·福

联排住宅，海滨镇，佛罗里达州（瓦尔特·查特汉姆，建于1991年）

特等，每个人都至少有一个哈佛学位，他们（以及很多别的人）的名字也会让人想起来。这些规划师有一个共同的弱点，那就是：世纪初以来就对他们所谓的城市“拥堵”持有的偏见，让二战后现代派的反传统主义者和汽车狂所利用。不然的话，所谓的新城市主义很大程度上就是复兴古典主义和地方规划传统，因为它们早在国际风格的现代主义滥用其方法、扭曲其目的之前就存在了。

而杜安伊和普拉特－兹贝克与诺伦（海滨镇和威尼斯也一样）有一个基本的区别：他们制定的规范不但控制着规划，还控制着建筑。这样，他们可以确保小镇的三维现实能实现构想的概念，而他们自己不必设计镇里的每栋房子。所以，他们鼓励别的建筑师和建造商在这个总体的规范之内自由创作。而诺伦正常情况下无法施加这样的控制力。所以，他的街道往往形状不规整，轴线上满是加油站，整体的塑造和控制都不足够。目前来看，卡尔索普也有同样的问题。

但是杜安伊和普拉特－兹贝克学习的对象不只是诺伦，还有乔治·梅里克（George Merrick），珊瑚阁（Coral Gables）的开发商。这个项目他从1921年一直做到1926年，直到那年的飓风打垮了他，却没有扼杀掉他的小镇。梅里克是美国建筑界的真英雄之一，而且是一个不太像英雄的英雄。他是弗罗里达州的一个房地产商。那时房地产业蓬勃发展，好些地块每天能倒卖两三次，而实际上那些地还在水底。不过珊瑚阁的地并不是这样，那里还有一个非同寻常的规划，其中有致密的街道网格，网格中间是一个开放的英式花园。其形状可能受到那里的多个高尔夫球场影响，每个球场基本上都是汽车尺度的：20世纪20年代的汽车尺度，即，“开车”的尺度，珊瑚阁一开始就是为此设计的，尽管它一度有着不错的公共交通系统。我们不能因为那些漂亮的透视图上的林荫大道只有零星的几辆车而怪梅里克。谁能预见到这个“物种”后来的爆炸式增长呢？

可是杜安伊、普拉特－兹贝克以及罗伯特·戴维斯（Robert Davis）从珊瑚阁学到的，不只是如何能用郊区元素打造一个美好和谐的小城，还有一个特别的经验：那就是一切都要靠严格的建造规范来实现。梅里克正是有这样的规范，一开始能以西班牙风格，或更准确地说是地中海复兴风格塑造小镇，然后又引入法式、中式、南非海角荷兰式或南部殖民风格的乡村——都特别漂亮，特别是中式的。

1926年的飓风让梅里克破产并失去了对珊瑚阁的控制权；那些住宅（特别到二战以后）越来越向典型的郊区风格发展（变矮，铺开，少了些城市气质，更难自然地组团），而且地块也变得更大，这样一种特定的结构或尺度就消失了。但是规范有相当一部分保留下来，一个基本的城市秩序也继续维持着。那个秩序最后主要是靠着树木维持下来的。树木塑造了街道的形状，为街道挡住烈日，也是让这个地方变得特别并在各方面相统一

安布罗吉奥·洛伦泽蒂，好政府的寓言（壁画，1338–1340 年），市政厅，锡耶纳，意大利。

的主要建筑元素，而且还遮住了房屋糟糕的地方。

海滨镇的结构却不是由那里的树木限定的。常年多风的墨西哥湾沿岸并不同情它们，所以这个“丛林”最高只能长到房屋能够保护到的高度，但是立体地塑造街道的原则已经写进了规范。街道要尽可能窄——小汽车可以顺畅通行，但是街道要保持利于步行的尺度——尖桩篱栅、前门廊和连接紧密的建筑群紧贴在街道两旁。这里没有车棚，车库也很少。但是车辆在这里存活得很好，街道立面也保持完整。所以，这里最重要的场所营造因素是规范。它既没有“吹毛求疵”也没有“脱离现实”，而是非常基本、实在，而海滨镇的规范可能还不够严格。

非常奇怪的是，在专业的建筑出版物（而非更了解各种问题的一般大众出版物）上刊登最多的海滨镇房子，正是那些最激烈地挑战规范的，搞得好像原创性是建筑最主要的美德而颠覆社区是其最大的长处一样。瓦尔特·查特汉姆（Walter Chatham）设计的房子在这一点上做得尤为突出。每一栋房子都摧毁了一个类型；他自己的房子像一座原始主义的小屋一样，更适合放在大沼泽地公园中的一块沼泽上，却硬生生挤进一条文明的街道，让这里也多了一分野蛮。而这里的房子本来有人性化的窗户、平整的镶边和精致的门廊。小镇的核心区里，他设计的排屋做了这样两件事：中断檐口线，并且从中间垂直地分割各个单元；别的排屋如果这样的话一定会破坏组团。而罗伯特·戴维斯仍然鼓励查特汉姆（反正大家不管怎样都喜欢他），继续让他设计房子，或许是认为他决不妥协的个性代表着一般秩序中有益的标新立异，也有可能是因为他的设计总是能见诸纸端。

进一步说，看看像弗兰克·盖里（他的作品似乎是解构主义的，但又太温和、富有

（被他们远远超过）专业圈的认可，这可以看作是一种错误的成功观，同时也暗示了建筑专业紧紧地掌控着所有曾属于其中的人（就像海军陆战队或是天主教会一样）。无论怎样，另一代人肯定会继续这项工作，这其中有合作伙伴，有杜安伊和普拉特－兹贝克带出来的人，还有和他们在迈阿密大学共事因而比他们更自由的人。能想到的一些名字有下面这些，当然还有别的（本书别的地方也提到过很多了）：荷西・赫尔南德斯、泰奥菲洛・维多利亚、玛利亚・瓜迪亚、荷西・特雷列斯、罗科・西奥、拉斐尔・波图翁多、杰弗里・费雷尔、查尔斯・巴内特、维克多・多弗、约瑟夫・科尔、杰米・科雷亚、马克・施门第、埃里克・瓦尔、斯科特・梅里尔、让・弗兰西斯・勒琼、雷蒙・崔阿斯、马拉李斯・内坡梅奇、加里・格林南、丹・威廉姆斯、莫妮卡・庞塞・德莱昂、理查德・麦克拉夫林、阿曼多・蒙蒂洛、索恩・格拉夫顿、苏珊娜・马丁逊、罗纳尔

地铁郊区，南布朗克斯，纽约（罗伯特·斯特恩，1976-1980 年）

多·莱恩斯、索尼娅·查奥、玛利亚·纳迪、弗兰克·马丁内斯、埃内斯托·布赫、道格拉斯·杜安伊、丹尼斯·赫克托、乔安娜·伦巴底、托马斯·斯佩恩，以及罗伯托·贝尔和罗萨里奥·马夸特，后两者迷人而气势恢宏的画作帮助这个流派设定了地中海风格的形象。

海滨镇确实太像是临时刻意拼凑而成的，似乎承受极大的破坏也不要紧。那么肯特兰镇可以吗？恐怕不行。但是这里的关键点很明显。所有的人类社区中都有着人和法规之间密集的互动。没有律法，社会就不得安宁，个人也不会有不必担惊受怕的自由生活。建筑完美地代表了这种状态。安布罗吉奥·洛伦泽蒂（Ambrogio Lorenzetti）在锡耶那通过他的画作《好政府的寓言》向我们说明了这一点。画中有一个盛产葡萄和粮食的农村。还有一个城墙围绕的城市。城墙后面，棱角分明的建筑紧挨着，围成的公共空间里有市民们在跳舞。城门之上有个卫兵在站岗。在这个宏大场景旁边的墙上，还画着一个城镇政府的形象。统治阶层各就其位，一个威风凛凛的人物居于正中，周围坐着智慧、勇敢、正义和节制四种美德的化身。在他下面，所有的市民都聚集在一起。每个人都穿着各具特色的服装，手里都抓着一条从最高统治者那里放下来的金色绳子。这条绳子就是法律，它约束着所有人而每个人也自愿遵守它，因为法律让他们自由。画面中间是和平的化身，舒服地斜倚在椅子上。

实际上，海滨镇非常像洛伦泽蒂的画中高塔密布的小城（炮台公园市在另一个尺度上也是如此），而且清晰地体现着这种必然的二元性。在这个角度上，将海滨镇的房屋及其组团方式与拉古纳西的相比较是非常有趣的。卡尔索普就曾经指出他无法在拉古纳西如此彻底地控制建筑状况。

更有趣的是参观海滨镇周边那些模仿它的其他墨西哥湾沿岸小镇。那些地方也有尖桩栅栏，它们对于模仿海滨镇确实很有帮助，还有凉亭和民风建筑也是。但是，那些路都太宽了，地块也太大；密度不太能看得出来，所以汽车仍然像是占据着支配地位，而公共法规的压力并没能真正得以实施。因此，这些海滨镇的衍生品都不足以成为令人信服的场所。它们不应该为此而受到鄙视，因为它们的大方向是对的，但这一点仍然显而易见：建筑从根本上来说不是单体建筑的事情，而是事关社区的塑造，而这要靠法规来实现（比如像在巴黎、乌鲁克和锡耶那那一样）。

还有，人们不禁会希望从海滨镇和其他一些正在成形的新城镇获得的经验可以用于解决低收入者的住房问题。低收入者的住房是社区最需要而且是被破坏最严重的。如果要在市中心解决这个问题，那里就要分解成原有的邻里。遗憾的是，这放在城市改造运动之前做的话会比现在容易得多，因为那时邻里的基本结构还在。但是，不管整个城市有多大，“步行五分钟”的原则也可以用来控制距离，而建筑物自身的尺度应该适应大多数美国人无论如何都想要的那种低楼层、郊区规模的环境。因此，我们所了解的“城市中心”能否被塑造成大多数美国人想要居住的地方才是真正的问题所在。

相比于曼哈顿众多街区中那些寻常开发的项目，本书例举的克林顿社区的确有了长足的进步。但是它的尺度还是过大，比维也纳 1919 年至 1934 年那段时间的大型公租房（Gemeindebauten）社区（它让人或多或少地想起这里来）大得多。它非常具有城市气质，有着合理的城市空间。但是在美国，不像欧洲，通常只有富人选择住在高层公寓。穷人几乎都渴望着住到据说每个美国家庭都赞不绝口的郊区独户别墅。他们最想要住在海滨镇。由于我们不再是现代主义的建筑师，我们的行动不再我行我素（按照我们的意愿去规定人们应该拥有什么而不是考虑他们想要什么），所以我们应该尽力想办法让他们得到自己想要的。建筑类型本身应该不会构成问题，特别是如果建筑基本视觉特征和个人的身份认同感都可以在更窄、更高甚至多户建筑类型当中体现的话。事实上，杜安伊和普拉特－兹贝克的一些基本建筑模型，以及梅兰尼·泰勒（Melanie Taylor）和罗伯特·奥尔（Robert Orr）在海滨镇设计的一些房子，是纽黑文普通社区里的那种两户或三户的木房子。那都是三层小楼，有门廊、凸窗和高高的正面山墙。这种木瓦结构的房子在 19 世纪是蓝领住的，分布广泛而密集，不过尺度适中。它们确立了街道风貌。

我又想起了一个快要被遗忘的项目：罗伯特·斯特恩 1976 年做的地铁郊区。斯特恩提出，南布朗克斯还有从地铁到下水道等城市服务设施，上面是被烧毁、废弃的土地，那里应该用来建造一个郊区社区。社区由按照街道格局分布的独户或双户住房组成。斯特恩运用的一些细节，也许是房屋类型本身，与纯正的地域建筑离得还比较远，因而在今天看来不够有说服力，但是他的基本想法是对的。HUD 后来在这片地区造了少量独户住宅，尽管这些房子没有社区组团带来的心理和实质的支持，但还是很快就被抢售一空。同样的房子建在了遍布纽约东北部的破败的少数族裔聚居区中，围在铁丝网栅栏中，装扮得很精致。

所以，有理由相信海滨镇的类型和相关的地域风格的模型，建造方便而经济，可以适应多种城市环境。仁爱之家（Habitat for Humanity）已经陆陆续续做了一些。但是它能不能获得足够的资金支持，成为一项城市规模的大型计划呢？海滨镇、肯特兰和拉古纳西能被开发商建成是因为其中有利可图。建穷人社区到底能不能赚钱？反正目前为止还没找到办法；也许私人投资加上各种精明的政府补助能做得到。在建筑学专业还不知该如何处理城市问题时，联邦政府就曾投入了那么多资金搞城市改造运动；而现在我们更明白该怎样合理使用投资了，希望政府能够重新考虑当务之急，能再适当地投入些资金。

比如芝加哥的“邻里技术中心”（迈克尔·弗里德伯格曾是其社区规划主管）这样的城市组织密切关注着杜安伊和普拉特－兹贝克以及卡尔索普等人的工作，想看看其中到底有没有可取之处。在芝加哥，他们当然处在很好的城市－郊区格局的中心，这里有卢普区（工作社区）、橡树公园（住宅社区），由高架郊区铁路完美地连接起来。但是这个格局正在瓦解，工作正在向芝加哥外围转移，现有东西方向的公共交通很难再很好地为其服务。就长远来看，卡尔索普的“TOD”经过调整之后也许在这里能够用上。

要说现有的这个或那个模式大有希望可能都言过其实。但是，决心很足。人们都沉浸在城市环境当中，但是在现有的基础上努力着。如果，比如说海滨镇在墨西哥湾以外的地方没有出现模仿者，那也是件悲哀的事情。海滨镇本身有时候好像快要被成功的包袱拖垮了。这个国家的每个人似乎都要在夏天去那里看一看，坐着车去把那里挤得透不过气。杜安伊说，唯一能拯救它的就是要有更多的海滨镇。这在最大的社会意义上说肯定是对的。比如，杜安伊和普拉特－兹贝克设计的温莎镇，其中有两个马球场，瞄准的就是最富有的客户。它在高尔夫球场周围以及海边提供了大型的“庄园”房屋。然而，温莎的中心是个有着密集街道网格的小镇，那是目前每个顾客都想去的地方。所以，能自由选择的富人选择了社区，或至少是选择社区的形象。全靠它生活的穷人又会有多需要社区呢？如果海滨镇等地方最终不能为此提供可行的模式，那么它们还是会和原来一样美丽，但也会非常令人遗憾。也许它们实际上将来会提供可行的模式，因为人类要靠象征来激发行动，而现在象征就出现在眼前了。

当大风从墨西哥湾吹起，乌云带着雷鸣滚滚而来，笼罩在这昏暗的小镇和这里耸立的房屋之上，人们就能真切地感受到大自然的权威和人类的兄弟情谊（尽管极其有限）。

撰稿人

1993 年 10 月 8 日，在第一次新城市主义协会会议的本书撰稿人：（前页图，顺时针自右下方开始）伊丽莎白·普拉特－兹贝克、伊丽莎白·穆尔、约瑟夫·科尔、杰弗里·费雷尔、杰米·科雷亚、芭芭拉·里滕伯格、马克·施门第、埃里克·威尔、斯蒂文·彼得森、维克多·多弗、斯特法诺·波利佐伊迪斯、丹尼尔·所罗门、安德雷斯·杜安伊、彼得·卡尔索普。未在图中的有：凯瑟琳·克拉克；编辑撰稿人者托德·W. 布雷西和文森特·斯卡里。摄影师亚当·奥尔。

托德·W. 布雷西是《场所，环境设计季刊》的助理编辑，并在纽约市立大学亨特学院的城市规划研究生项目教城市设计。他编辑了《纽约市的规划和功能区划》一书，还经常在各类刊物中发表关于城市设计和规划的文章，其中包括《大都市》杂志、《规划》杂志和《纽约新闻日报》。

彼得·卡尔索普自 1972 年以来就从事于建筑设计，并在 1983 年成立了卡尔索普事务所。在安蒂奥克大学毕业以后，他在耶鲁大学学习建筑学。卡尔索普在美国、欧洲、澳大利亚和南美洲举办过很多讲座，并在加州大学伯克利分校、华盛顿大学、俄勒冈大学和北卡罗来纳大学教过书。卡尔索普获得过许多的荣誉和奖项，并且被《新闻周刊》评为 25 个“前沿创新者”之一。

杰米·科雷亚有着建筑学和城市规划两个硕士学位，并且拥有宾州大学的城市设计和历史保护的证书。他是建筑与城市化工作室以及城市反工程办公室的合伙人之一，这两者都位于迈阿密。科雷亚在迈阿密大学的郊区和城镇设计这个研究生项目中担任讲师。

维克多·多弗和约瑟夫·科尔是南迈阿密 DKP 设计事务所的负责人。两人都是本科毕业于弗吉尼亚理工大学的建筑学专业，然后硕士也是建筑学专业，毕业于迈阿密大学并在那里任教。多弗在各种关于再开发和发展管理的会议上发表演说。科尔因为他在电子媒体和电脑辅助视觉化中的领先工作而得到广泛认可。

安德雷斯·杜安伊和伊丽莎白·普拉特－兹贝克在普林斯顿完成了建筑学和城市设计的本科学习，然后双双在耶鲁大学获得了建筑学的学位。在 1980 年，他们在迈阿密开始从事建筑设计和城镇规划。他们的公司承接了 70 多座新建城镇和社区复兴项目的设计。杜安伊和普拉特－兹贝克获得了许多奖励，包括弗吉尼亚大学的托马斯·杰斐逊奖以及两项佛罗里达州政府颁发的城市设计奖。公司在城市规划和建筑设计方面的工作已经蜚声海内外。他们都在一些重点大学教书并且在美国、加拿大、欧洲、加勒比地区和日本等地举办讲座。

杰弗里·费雷尔在俄勒冈设计学院获得建筑学学士学位，并且还在威拉姆特大学获得了公共政策的学位。他与安德雷斯·杜安伊和伊丽莎白·普拉特－兹贝克一起工作，身份是城镇设计师和规范编写者。费雷尔在迈阿密大学做城乡设计研究生项目的兼职教师，并与人合著了《城市是对未来的投资》一书。

伊丽莎白·穆尔和斯特法诺·波利佐伊迪斯是在洛杉矶职业的建筑师、规划师，两人从1990年便开始合伙。穆尔在史密斯学院取得艺术史的学士学位，并在普林斯顿拿到建筑学的硕士学位。她还曾在纽约的建筑与城市研究所深造。穆尔在美国很多所大学作为客座评论家教课，而且写过很多关于建筑和城市规划的文章。波利佐伊迪斯生长于希腊雅典，他的本科和硕士学位都是在普林斯顿大学的建筑与城市规划专业拿到的。他是南加州大学建筑学专业的副教授，并且写了很多关于南加州的城市和建筑史的文章。

斯蒂文·彼得森和芭芭拉·里滕伯格于1979年在纽约成立了他们的建筑和城市设计公司。他们的作品在美国以及国际上得到广泛报道和展出。彼得森和里滕伯格两人共同赢得了许多专业奖项以及国际设计竞赛。彼得森在康奈尔大学拿到了建筑学的本科和硕士学位。他在康奈尔大学和哈佛大学教书，并且写过很多篇文章。里滕伯格本科毕业于康奈尔大学，是耶鲁大学的建筑学副教授。她还在哥伦比亚大学、哈佛大学以及罗德岛设计学院教课。

马克·施门第是一位建筑师、城市规划师，在纽约、东京、圣胡安做过设计。他本科和硕士都毕业于佛罗里达大学的建筑学专业。他是弗吉尼亚大学城镇设计专业的副教授。施门第还在多所建筑学院教课，而且曾面向专业组织和社区团体发表演讲。他专注于为城市、邻里和新开发区制定总体规划和详尽的设计规范。

文森特·斯卡里本科和博士都毕业于耶鲁大学，并且从1947年开始在那里任教。斯卡里的著作包括《木瓦风格和木棍风格》、《美国建筑与城市规划》、《土地、寺庙、神祇与建筑：自然的与人造的》等等。他现在是耶鲁大学斯特林艺术史荣休教授以及威廉姆·克莱德·德维恩人文荣休教授。

丹尼尔·所罗门和凯瑟琳·克拉克是旧金山的所罗门建筑设计与规划公司的负责人。公司的作品得到广泛报道并获得许多奖项。所罗门拥有哥伦比亚大学的建筑学和斯坦福大学的艺术学学士学位，以及加州伯克利的建筑学硕士学位。他是加州伯克利的建筑学教授，从1966年起成为那里的全职教师。所罗门写过很多文章，并且经常在美国以及国外做演讲。克拉克本科毕业于弗吉尼亚理工大学，她现在已经是那里的副教授。克拉克曾在加州伯克利演讲并且现在是加利福尼亚工艺美术学院的兼职教授。

埃里克·威尔拥有迈阿密大学的建筑学硕士学位，并在那里担任城市设计的助理教授。威尔创立了该校的电脑视觉化实验室并担任主任。

致 谢

与新城市主义的合作精神相一致，这本书反映了许多人的共同投入和参与。首先是其设计作品在书中得以展示的建筑师：彼得·卡尔索普、凯瑟琳·克拉克、杰米·克里尔、维克托·多弗、安德雷斯·杜安伊、乔弗里·费雷尔、约瑟夫·科尔、芭芭拉·里滕伯格、伊丽莎白·穆尔、斯蒂文·彼得森、伊丽莎白·普拉特兹贝克、斯特法诺·波利佐伊迪斯、马克·施门第、丹尼尔·所罗门和埃里克·瓦尔。他们的作品和理念正是本书所关注的。我还非常感谢托德·W. 布雷西和文森特·斯卡里，这两位文采斐然的文章将这一新兴的运动放在了合适的社会、历史和学术语境中。

我还有很多人需要感谢。南希·布鲁宁，一位兼具才华、技能和经验的作者和编辑，在本书的写作中与我密切合作。这本书快完成的时候，我们简直能做到互相可以把对方的话接下去。克利夫顿·雷蒙，一位在简洁性和清晰度方面眼光相当精准的平面设计师，在这个过程中非常有耐心和原则。他容忍着我这样一个既是作者、又是设计师伙伴和朋友——这无疑是最麻烦的组合了。

很多朋友的支持和鼓励让我接下并完成了这项任务。也许他们早就知道，在写这本书的时候我才会不再喋喋不休地谈论它。罗恩·摩根、帕姆·肯齐、汤姆·萨金特、杰弗里·韦斯特曼、亚当·格罗斯、卡特·布拉夫曼、大卫·皮尔森和茱莉亚·布卢姆菲尔德就属于其中。还有些人在一连串将我引向这个项目的事件中发挥了重要作用。曾经的一个客户，加利福尼亚 S.H. 考维尔基金的纳撒尼尔·泰勒想要关于“新建的和有创意的”美国社区的信息，便无意中开启了这项尝试。他的要求反过来让我找到齐普·考夫曼，他在安德雷斯·杜安伊和伊丽莎白·普拉特－兹贝克事务所做过很多西海岸的项目。齐普首先向我介绍了很多重要概念和项目，最终它们也进入这本书里。马克·施门第，是我的老朋友（也是本书撰稿人），值得专门提一下。马克从很多角度上来说，都是我通向新城市主义的领路人，非常慷慨地为支持这本书付出了时间、学识和建议。

还有很多人帮我顺畅地打通本书的各个阶段。亚历山德拉·安德森、辛西娅·坎内尔、艾德·马昆德、布莱尔和赫莱茵·卡普兰·普伦蒂斯、欧文·爱德华兹、戴娜·梅西以及亚姬·梅里·迈耶帮我弄懂了复杂的出版流程。她们的建议非常宝贵。很多朋友在不同的阶段就本书以及策划做了评论。隆恩·杜宾斯基、史蒂夫·威斯曼、安·刘内丝、克里斯托弗·舒尔茨、克里斯汀·阿兹维多、安迪·哈里斯、欧文·卡普兰、哈里森·茹和薇恩·博格等人提供了洞见、观点和批评，所有这些都对本书最终的形式和内容产生了影响。乔尔·斯坦因是我在麦格劳－希尔的编辑，他从我们的第一次面谈开始便积极支持本书。他的视野和耐心对这个项目最终得以落地极其关键。简·帕米艾丽，也是麦格劳－希尔的编辑，负责本书的细节编辑。她的专业精神、判断力和热情让本书的一个部分变得远比我意料的要舒服得多。

在我做研究的过程中，我曾与设计本书项目的事务所的员工亲密合作。这些人是新城市主义的无名英雄，理当专门表扬一下。特别地，我希望感谢卡尔索普事务所的约瑟夫·斯卡加、雪莉·波提卡、马特·泰克、菲利普·埃里克森、卡瑟琳·常和利桑德拉·威廉姆斯；DKP 事务所的罗伯特·格雷；安德雷斯·杜安伊和伊丽莎白·普拉特－兹贝克事务所的哈维尔·伊格莱西亚、玛丽琳·艾弗里、理查德·席乐尔、汤姆·劳、胡安·卡伦桥、司各特·赫奇、麦克·瓦金斯、卡马尔·扎哈林、伊斯坎达尔·莎菲、戴娜·李特、埃斯特拉·威尔、伊尼德·杜安伊、马姬·特雷西、奥斯卡·马卡多和东尼·洛佩斯；穆尔和波利佐伊迪斯事务所的罗伯特·列维特、何晓健和米歇尔·马尔克斯；彼得森/里滕伯格的彼得·齐拉吉；所罗门建筑设计与规划公司的格雷·斯特朗、菲利普·罗兴顿、帕特丽夏·麦布雷耶。

很多与这场“运动”有关联的人——狄波拉·伯克、哈尔斯·巴雷特、司各特·梅里尔、比利·温伯恩、道格·斯托尔斯、让－弗朗索·勒琼、丹·卡里、克里斯托弗·肯特、大卫·莫内、罗伯特·吉布斯和里克·威廉姆斯——提供了关于书中所列项目的大量信息。他们慷慨地分享了海滨小镇、西拉古纳、马什皮公地、温莎小镇和其他项目最早时期的第一手资料。他们的所见所闻和逸闻趣事可以很容易地再写出一本书。

本书翻印了许多很棒的图片，照片、示意图或插图。我想感谢将作品借给本书的每位摄影师、建筑师、制图者和艺术家。特别要感谢托马斯·德尔贝克和现代效果公司的彼得·马吉亚，他们做了主要的照片彩印工作，还有我的老朋友艾丽卡·斯多勒，她从埃斯托资料库中找来大量的历史和现状图片。

还有很多人，主要是一些好朋友，他们

的贡献难以计量但是重要性丝毫不弱。我脑海里想到的有帕克·安德希尔、彼得－艾耶斯·塔兰迪诺、简妮特·马丽·史密斯、卡尔·塞维尔、霍华德·茨威格、贾德·阿林、希拉里·希尔曼、芭芭拉·阿尔－哈法尔、大卫·佩特、詹姆斯·巴伦、比尔·特鲁和伯特·斯特恩。我肯定，还有一些人，我只有在这本书交稿之后才能想起来。对他们，我只能表示最诚挚的歉意了。

　　最后，我要感谢我的父亲，马克斯·卡茨博士，是他让我在写这本书的时候不至饿死；并且要感谢我的母亲，本书正是要献给她。她鼓励我完成这个项目，但是非常遗憾，她没能活到看见它完成。

让城市更美好，让生活更幸福

——《新城市主义》译后记

万美文

虽然这本书出版于二十多年前的美国，但是我们的城市在近些年也暴露出与书中讨论的类似问题。即便国情相去甚远，新城市主义的解决思路未必不可以成为它山之石。

国内也已经有不少房地产开发项目和城市设计项目冠以“新城市主义”的名头，贯彻TOD理念的“站城一体”也越来越火。TOD的倡导者卡尔索普近年就经常在国内活动，并且以新城市主义的理念指导或参与了许多项目的设计。同样以治疗“城市病”作为目标，今年编制的北京城市副中心规划与新城市主义的原则就有很多相似之处。比如，规划中的“家园”和“小街区”概念与新城市主义的“社区”和“邻里”概念就有异曲同工之妙。“家园中心”就近满足居民的居住、就业、交通、教育、文化、医疗、休闲等需求，从家步行5分钟可达各种便民生活服务设施，步行15分钟可达家园中心，这些与新城市主义的要求也很接近。

就我个人而言，选择翻译这本书与我的工作有点关系。我所在的单位是西安一家国有大型建筑设计院，而其母公司则是全国最大的建筑企业。作为设计师、工程师、建造师当中的一个外行人，我虽然不大可能去学画图造房子，但至少希望能对建筑方面的知识有所涉猎，对其他同事在做的事情有所理解。翻译完这本书之后，原来对我来说毫不相干的社会新闻或者平时看到的一些熟视无睹的现象，现在已经有了完全不同的理解和看法。

西安历史悠久、文化浓厚；这里完整地保留着全国仅存不多的古代城墙，其独特风貌的城市也让来过的人印象深刻。可是这个经常登上“最具幸福感城市”榜单的城市也有着种种“城市病”。古城墙围住的中心城区已经呈现出“内城衰败”的迹象：城内主要是建了至少有几十年历史的政府机关、中小学、医疗机构以及回坊，而购物、娱乐、餐饮和文化等活动的目的地都在“郊区”，最高的楼、最贵的房、最繁华的商场、最热闹的街道统统都在城墙之外。我们成立了60多年的单位也早已从城里的大院搬到了新开发区。各郊区快速发展起来，而地铁等公交设施还跟不上，有的同事每天要开车从南郊一路堵着来北郊上班，晚上再一路堵回去。再加上住房紧张、雾霾严重、教育资源分布不均，这个城市亟需“治疗”（或按官方的说法，转变城市发展方式）。

就像本书所讨论的，转变城市发展方式必须要有好的设计、以人为本的设计。除了“以人为本”的追求，我认为好的设计应该有两个特点：处理矛盾的智慧和对未来的预见性。涉及尺度、结构、材料和功能等方面的实体设计不能天马行空，而是会受到各种局限，遇到各种矛盾，而正是在矛盾中做出妥协和有所偏向的选择才体现出设计者的个性和智慧。影响长远的框架性基础性设计，不能只考虑眼前，要预见未来的变化，洞察各种因素的动态作用，关注全生命周期（甚至寿命完结之后）的过程。城市规划、城市设计、城市基础设施和建筑的设计都需要设计者对自然、社会、人的深刻理解，妥善处理各种矛盾，以及对未来变化的长远视野。现在全国大搞“生态修复、城市修补”，无不是过去缺乏这种好的设计或者实施脱离设计所进行的补偿。

除了设计，建造、运营和治理是城市健康发展缺一不可的。拿治理来说，城市管理者的几乎每一项决策都是在现实的“两难”（甚至千难万难）中做出的选择。可是主要依靠行政手段治理的一个结果就是，拍板的人往往要“背锅”。本书提到美国的新城市主义者在编制规划时会召集当地居民、业主、开发商、政府官员与规划师建筑师们一起讨论。而我们有些地方关门搞规划，半夜发通知，事后搞听证，这样的管理方式不论出发点和结果如何，肯定会让市民“吐槽”。现在，全国自上而下推行“共建共治共享”的理念，无疑会增加全民参与，让城市治理水平不断提高。

不是每个城市都要成为国家中心城市、区域经济中心、国际化大都市，但是城市发展的质量如何却关系着生活在其中的市民能不能安居乐业。“宜居宜业”是每个城市的基本追求，只靠建住宅、搞产业园、提高绿化覆盖率还不够，还需要建设新城市主义者所向往的那种真正社区——用我们的话说，就是有生活气息、人情味浓厚的街坊邻里。我们单位移到北郊区时再造了一个“大院”（并没有大到占据整个街区、阻碍“密路网”，需要拆围墙的程度），临街是办公楼，后面就是十多栋家属楼，通勤距离为零。院子里面是全步行环境，车都在地下。院子中心有服务中心和一个小广场。外面单位的过来总是说羡慕我们员工很幸福。有同事说根本我们不需要“爱院如家”，因为这个“院”本来就是家。我后来才发觉，这不是正和新城市主义的理念很像吗？

话说回来，新城市主义只是欧美城市发展经验为我们提供的一个借鉴，不会成为包治百病的灵丹妙药。每个城市的自然条件、建成环境、人口情况、财政水平都各不相同，搞低碳城市、森林城市、海绵城市、智慧城市都须“一城一策，因地制宜”才行。

现在的城市还不够美好，所以需要我们共同奋斗！

图书在版编目（CIP）数据

新城市主义 ：走向一种社区建筑学 / (美) 彼得·卡茨 (Peter Katz) 著 ；万美文译. -- 北京 ：华夏出版社, 2019.1
书名原文：The New Urbanism
ISBN 978-7-5080-9411-3

Ⅰ. ①新… Ⅱ. ①彼… ②万… Ⅲ. ①城市建筑－建筑设计－案例 Ⅳ. ①TU2

中国版本图书馆 CIP 数据核字(2017)第 328651 号

The New Urbanism: Toward an Architecture of Community / by Peter Katz / ISBN:0-07-033889-2

北京市版权局著作权合同登记号：图字第 01-2015-1743 号

新城市主义：走向一种社区建筑学

作　　者　[美] 彼得 • 卡茨
译　　者　万美文
责任编辑　罗　庆

出版发行　华夏出版社
经　　销　新华书店
印　　刷　三河市万龙印装有限公司
装　　订　三河市万龙印装有限公司
版　　次　2019 年 1 月北京第 1 版
　　　　　2019 年 1 月北京第 1 次印刷
开　　本　787×1092　1/16 开
印　　张　18.25
字　　数　120 千字
定　　价　298.00 元

华夏出版社　地址：北京市东直门外香河园北里 4 号　邮编：100028
网址:www.hxph.com.cn　电话：（010）64663331（转）
若发现本版图书有印装质量问题，请与我社营销中心联系调换。